灌区灌溉水利用效率分析及用水优化管理

付 强 刘 巍 吕纯波 李天霄 李 影 著

科学出版社

北京

内 容 简 介

为提升灌区灌溉水利用效率，保证粮食安全，本书以国家粮食生产核心区——黑龙江省为研究平台，对灌溉用水效率指标的测算分析及灌区用水的优化管理两个方面进行介绍。本书共十一章，主要包括概述、灌溉用水效率指标体系及测算方法、灌溉用水效率时空分布规律、灌溉水利用效率影响因素分析、渠道渗漏模拟、渠道入渗影响因素分析、灌区水资源优化配置理论、灌区多水源优化配置实例分析、灌区灌溉制度优化、灌区节水潜力计算与评价、水足迹理论下的农业用水分析等内容。

本书结合大量实例，详细介绍了灌溉用水效率测算分析及优化管理的理论与方法，理论与实例联系紧密，拓宽读者思路，便于理解。本书研究内容对于提升灌区用水效率、优化用水管理方案具有较强的理论价值与实践意义，可供从事农业水土工程、水文学及水资源、系统科学及其他相关专业的教学和科研人员借鉴与参考。

图书在版编目（CIP）数据

灌区灌溉水利用效率分析及用水优化管理 / 付强等著. —北京：科学出版社，2020.8

ISBN 978-7-03-065722-0

Ⅰ.①灌… Ⅱ.①付… Ⅲ.①灌溉水－水资源利用－效率－研究 ②灌溉管理－用水管理－研究 Ⅳ.①S274.3

中国版本图书馆 CIP 数据核字（2020）第 131744 号

责任编辑：孟莹莹 程雷星 / 责任校对：樊雅琼
责任印制：吴兆东 / 封面设计：无极书装

科学出版社 出版
北京东黄城根北街 16 号
邮政编码：100717
http://www.sciencep.com

北京捷迅佳彩印刷有限公司 印刷
科学出版社发行 各地新华书店经销
*
2020 年 8 月第 一 版 开本：720 × 1000 1/16
2020 年 8 月第一次印刷 印张：15 1/4
字数：306 000
定价：99.00 元
（如有印装质量问题，我社负责调换）

51609059、51679039。此外还有黑龙江省杰出青年项目（JC2019005），黑龙江省专项资助博士后（2019M651247）、黑龙江省普通本科高等学校"青年创新人才培养计划"（UNPYSCT-2018004）项目支持等等。

前　言

水土资源是人类生存发展所需的最基本、最重要的自然资源。地球虽然有 71% 的面积为水所覆盖，但是淡水资源极其有限。在全部水资源中，仅有 2.53% 的淡水资源可被利用。我国的淡水资源可供水总量为 $2.8×10^{12}m^3$，占全球水资源的 6%，仅次于巴西、俄罗斯和加拿大，名列世界第四位。但是，我国的人均水资源量只有 $2300m^3$，仅为世界平均水平的 1/4，是全球人均水资源量较贫乏的国家之一。然而，中国作为农业大国又是世界上用水量最多的国家，约为美国年均淡水供应量的 2 倍。

近些年来，联合国教育、科学及文化组织（简称联合国教科文组织），联合国粮食及农业组织等对世界水资源发展问题做出多项报告，指出协调水资源的用量与效益是发展中国家和发达国家实现可持续发展的首要任务。我国作为农业用水大国也出台了一系列关于农业水资源可持续发展的政策文件，如《国务院办公厅关于印发国家农业节水纲要（2012～2020 年）的通知》《国务院关于实行最严格水资源管理制度的意见》《国务院办公厅关于推进农业水价综合改革的意见》《深化农田水利改革的指导意见》及 2019 年中央一号文件《中共中央　国务院关于坚持农业农村优先发展做好"三农"工作的若干意见》，稳定粮食产量，保证粮食种植的基本收益，推进灌区节水改造，发展高效节水灌溉是当前农业发展的主要战略性工作。而农业节水的第一步就是准确评测农业用水效率，在此基础上发现制约农业用水效率提升的问题，进而提出相应的优化节水管理措施。

本书立足北方灌区，针对灌区用水效率低下、水资源时空分布不均等问题，作者结合多年研究成果对灌溉用水效率与用水高效管理的研究内容进行系统介绍与总结。全书共十一章，将基础理论与实践应用相结合，围绕灌溉用水效率测算分析、渠道渗漏模拟及影响因素分析、灌区多水源优化配置及灌区节水潜力与水足迹这四个角度展开，期望本书能对不同区域灌区灌溉用水效率的协同提升及农业用水效益的可持续发展提供科学参考。

本书的第一、二章由付强、吕纯波、李天霄共同撰写，第三至第六章由刘巍撰写，第七、八章由李影撰写，第九至第十一章由付强、吕纯波、李天霄共同撰写。感谢国家自然科学基金"十三五"国家重点研究计划（2017YFC0406002）、国家杰出青年科学基金项目（51825901）、国家自然科学基金项目（51709044、

51679039、51479032）、黑龙江省自然科学基金项目（LH2019E009）、中国博士后科学基金项目（2019M651247）、东北农业大学"青年才俊"基金资助项目（18QC25、18QC28）对本书研究的支持。

　　在本书的撰写过程中，作者参阅和借鉴了大量国内外学者的有关论著，吸收了同行们的辛勤劳动成果，并从中得到了很大的启发，谨向各位学者表示衷心的感谢。同时，本书在撰写过程中还得到了东北农业大学硕士李玥、刘银凤、李佳鸿、肖圆圆、刘烨、鲁雪萍、李琳琪、周照强和杨丽妍等的大力协助，在此表示真诚的谢意。

　　本书内容是从多角度对我国水土资源高效利用的一次探索研究，由于作者水平有限，书中如若存在不足之处，敬请读者提出宝贵意见。

作　者

2019 年 9 月于哈尔滨

目　　录

第一章 概 述

第一节 研究目的与意义

黑龙江省是我国重要的商品粮基地，年均粮食产量可达全国总产量的1/10[1]。随着黑龙江省千亿斤粮食产能工程的逐步推进，农业灌溉用水需求量也逐年增大[2]。黑龙江省水资源总量相对丰富，但存在水资源时空分布不均、水土资源匹配不合理等现象，导致部分地区也面临着水资源匮乏的问题[3]。关于我国农业用水日益紧缺的情况，党中央、国务院对农业节水工作高度重视，提出了多项以节水灌溉工作为主线的重要政策方针：《水利发展规划（2011～2015 年）》[4]、《国家农业节水纲要（2012～2020 年）》[5]、《中华人民共和国国民经济和社会发展第十二个五年规划纲要》[6]、《国务院关于实行最严格水资源管理制度的意见》[7]等，上述文件均对我国农业可持续性发展中提高农业用水效率以解决农业水资源短缺问题的重要性进行了阐述。为适应新的形势与要求，黑龙江省自 2006 年起开展了灌溉水利用效率的测算工作，但逐年灌溉水利用效率的增幅效果并不显著[8, 9]。因此，有必要针对黑龙江省区域特点，从多角度、多层次开展黑龙江省灌溉用水效率的相关研究，深入分析黑龙江省灌区节水潜力的突破点。对缓解黑龙江省农业用水紧缺局面而言，提升农业灌溉水利用效率是一项紧迫而长期的任务，具有以下重要意义。

（1）针对区域性特点，丰富我国北方灌区灌溉水利用效率的相关研究。我国灌溉水利用效率的相关研究开展较晚，且多以南方灌区为研究对象，针对典型北方区域特点的灌区灌溉水利用效率的研究尚少[10]。自2006 年起，中国灌溉排水发展中心、中国水利水电科学研究院、武汉大学及我国的浙江省、四川省、陕西省等多个地区均逐步开展了对灌溉水利用效率不同方面的深入研究[11-17]。目前，黑龙江省对灌溉水利用效率的研究还停留在测算结果及田间节水技术上，对黑龙江省不同类型灌区灌溉水利用效率的规模结构、空间分布特点及影响因素等方面的研究还不够全面与深入。因此，有必要针对黑龙江省特殊的区域特点开展灌溉水利用效率的相关研究，这对于全国灌溉水利用效率的全面提升也具有促进作用。

（2）均衡提升黑龙江省灌溉水利用效率，不同类型灌区灌溉水利用效率同步发展。根据2007～2014 年中国灌溉水利用效率的测算结果，黑龙江省灌溉水利用效率多年平均值仅为 0.56，远低于欧美等农业发达国家和地区的灌溉水利用效率。截至 2015 年底，黑龙江省有灌区 30 余万个，地域广阔、节水技术普及程度低及管理方式落后等，在空间和时间上均会对灌溉水利用效率的规模及空间分布产生结构性或随机性的影响，拉大了不同类型灌区灌溉水利用效率的差距，使不同地区、不同类型灌区的灌溉水利用效率的提升潜力各不相同，进而导致全省灌溉水利用效率整体增长趋势缓慢。因此，需对黑龙江省灌溉水利用效率的时空分布特征进行研究。通过对黑龙江省不同地区及不同类型灌区灌溉水利用效率的分析与研究，可以让不同地区、不同类型灌区在农业灌溉用水中存在的问题更明确，这对整个黑龙江省灌溉水利用效率的均衡提升、农业水资源的可持续发展及水资源科学有效的管理均具有重要的意义[16, 18]。

（3）为灌区的节水工作的规划与发展提供理论参考[19]。灌溉水利用效率是评价区域灌溉用水情况的核心指标。农业灌溉涉及 3 个主要环节，包括灌区尺度、渠系尺度、田间尺度，因此，也相应地产生了灌溉水利用效率、渠系水利用效率、田间水利用效率等指标，这些指标共同构成了灌溉用水效率指标体系[9, 20, 21]。随着农业水资源问题的日益凸显，国内外学者逐步开展了关于灌溉系统效率指标的相关研究，深入挖掘了灌溉水利用效率的内涵，使用科学合理的方法测算了灌溉水利用效率，进而制订出节水计划，确定了农业灌溉节水潜力是当前农业灌溉水利用效率研究的主要方面[19, 22]。近些年来，随着我国各省份对灌溉水利用效率相关测算工作的逐步开展，对灌溉水循环理论研究的不断加深，工程性节水、管理性节水、作物真实节水及节水潜力等概念相继被提出。本书通过对各灌区不同气候特征、地理区域差异、水利工程设施配套情况、节水项目投资、灌区规划布局等多方面因素的研究，系统性分析各方面因素对灌区灌溉系统效率的影响情况，提出许多与实际相结合的节水理论及措施。这对于确认当前农业灌溉节水发展的重点和下一阶段的方向起到了铺垫性作用，也为农业节水计划提供了更加科学合理的目标与方案[23-26]。

（4）平衡各部门用水效益，促进黑龙江省地区的经济增长。随着国民经济的不断发展，非农产业对水资源的需求量也逐年攀升，农业用水与工业用水、环境用水、生活用水的竞争将日趋激烈[27]。随着黑龙江省千亿斤粮食产能工程的不断推进，农业用水量所占比例还会不断上涨，势必会挤占生活、工业、环境等方面的用水，黑龙江省的整体经济由于水资源紧缺而面临着重要的决策与挑战[28, 29]。因此，从提升用水效率的角度减少农业灌溉无效用水，对缓解农业与其他各行业的用水冲突、平衡农业水资源可持续利用与区域经济协调可持续发展之间的关系、减轻缺水问题对黑龙江省农业生产的制约、有效地增加农业水资源利用效益具有十分重要的意义[30, 31]。

第二节　研究区域概况

黑龙江省是中国位置最东北部的省份，西起 121°11′E，东至 135°05′E，南起 43°26′N，北至 53°33′N，东部和北部与俄罗斯隔江相望，南部接壤中国吉林省，西部毗邻中国内蒙古自治区。区域面积 47.3×10⁴ km² （含加格达奇和松岭区），占中国陆地面积的 4.9%，其中农用耕地面积 39.5 万 km²，占全国耕地面积的 1/9。

黑龙江下辖 12 个地级市和 1 个地区，分别为哈尔滨市、齐齐哈尔市、鸡西市、鹤岗市、双鸭山市、大庆市、伊春市、佳木斯市、七台河市、牡丹江市、黑河市、绥化市和大兴安岭地区，共计 67 个县（市）（统计截止时间为 2020 年 3 月 17 日）（图 1-1）。根据地理和气候因素分为四个区域，西部松嫩平原区（哈尔滨市、齐齐哈尔市、大庆市、绥化市），东北部三江平原区（佳木斯市、双鸭山市、鹤岗市、鸡西市、七台河市），东南部张广才、老爷岭区（牡丹江市），北部大小兴安岭区（伊春市、黑河市、大兴安岭地区）。

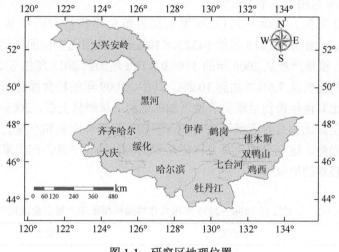

图 1-1　研究区地理位置

1. 气候与降水特征

黑龙江省属典型的温带大陆性季风气候与寒温带气候，冬季严寒漫长、夏季温润多雨。全省年均气温多在–5～5℃，年均降水量多介于 400～650mm，中部较多，东部次之，西部和北部较少。年积温在 1800～2800℃，全年无霜冻期平均在 100～150d。全省年均蒸发量在 900～1800mm，由南向北递减，松嫩平原蒸发量高于其他地区。2006～2015 年黑龙江省年降水量差异较大，见表 1-1。黑龙江省各地区年降水量总分布趋势：小兴安岭和张广才、老爷岭年降水量较大，松嫩平原相对较小。

表 1-1　黑龙江省 2006～2015 年降水量及水文年景

项目	2006 年	2007 年	2008 年	2009 年	2010 年	2011 年	2012 年	2013 年	2014 年	2015 年
降水量/mm	523.0	426.4	473.7	625.1	560.5	455.7	611.0	707.4	563.1	555.9
水文年景	平水年	枯水年	偏枯水年	丰水年	偏丰水年	偏枯水年	偏丰水年	丰水年	平水偏丰年	平水年

2. 粮食生产时空分布特征及用水概况

黑龙江省是我国重要的商品粮基地，2003～2014 年其粮食总产量实现了"十一连增"，黑龙江省亩[①]均水资源占有量仅为 368m³，仅占全国平均水平的 26.7%。2006～2015 年农业灌溉总用水量比例逐年增加，2015 年灌溉水量达到 303.02×10⁸m³，占当年总用水量的 85.3%。

由表 1-2 可知，2006～2015 年黑龙江省粮食作物播种面积从 2006 年的 1052.6×10⁴hm² 增加到 2015 年的 1432.8×10⁴hm²，其所占全国的比例从 10.0%增加到 12.6%。粮食产量从 2006 年的 3780.0×10⁴t 增加到 2015 年的 6324.0×10⁴t，其所占全国的比例从 7.6%增加到 10.2%，其中，2009 年的粮食播种面积及其所占全国比例相比其他年份均呈现显著性增加的趋势，从产量上看，2009 年的粮食产量及其所占全国比例并没有显著性增加。粮食作物播种面积和产量占全国的比例均呈现上升趋势，这充分表明黑龙江省是我国粮食核心产区，在国家粮食安全生产中占举足轻重的地位。

表 1-2　黑龙江省 2006～2015 年粮食作物播种面积和产量占全国比例

年份	播种面积			粮食产量		
	黑龙江省/10⁴hm²	全国/10⁴hm²	比例/%	黑龙江省/10⁴t	全国/10⁴hm²	比例/%
2006	1052.6	10495.8	10.0	3780.0	49804	7.6
2007	1082.1	10563.8	10.2	2965.5	50160	5.9
2008	1098.8	10679.3	10.3	4225.0	52871	8.0
2009	1313.3	10898.6	12.1	4353.0	53082	8.2
2010	1354.9	10987.6	12.3	5012.8	54648	9.2

① 1 亩≈666.67m²。

续表

年份	播种面积			粮食产量		
	黑龙江省/10⁴hm²	全国/10⁴hm²	比例/%	黑龙江省/10⁴t	全国/10⁴hm²	比例/%
2011	1375.9	11057.3	12.4	5570.6	57121	9.8
2012	1394.2	11120.5	12.5	5761.3	58958	9.8
2013	1403.7	11195.6	12.5	6004.1	60194	10.0
2014	1422.7	11272.3	12.6	6242.2	60703	10.3
2015	1432.8	11334.3	12.6	6324.0	62144	10.2

3. 粮食生产时间变化特征

根据《黑龙江统计年鉴》，绘制出 2006～2015 年黑龙江省玉米、水稻、大豆三种主要粮食作物的播种面积、产量和单位面积产量的变化曲线图。从黑龙江省2006～2015 年粮食作物播种面积变化来看（图1-2），2011～2015 年玉米的播种面积最大，水稻第二，大豆最小。水稻、玉米的播种面积整体上保持递增，玉米播种面积由 2006 年的 330.5×10⁴hm² 增加至 2015 年的 772.3×10⁴hm²；水稻的播种面积由 2006 年的 199.2×10⁴hm² 增加至 2015 年的 384.3×10⁴hm²；大豆播种面积呈波动下降趋势，由 2006 年的 424.6×10⁴hm² 减少至 2015 年的 235.5×10⁴hm²，其中2009 年播种面积最大，为 486.3×10⁴hm²，2013 年播种面积最小，为 230.2×10⁴hm²。

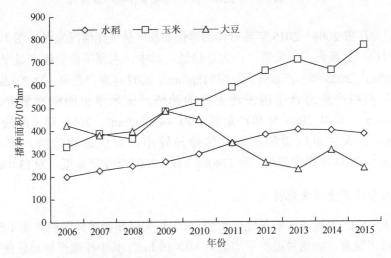

图 1-2 黑龙江省 2006～2015 年粮食作物播种面积变化

从黑龙江省 2006～2015 年粮食作物产量变化来看（图1-3），玉米产量最高，水稻第二，大豆最低。水稻总产量呈波动上升趋势，由 2006 年的 1360×10⁴t 增加至 2015 年的 2199.7×10⁴t，其中 2014 年产量最高，为 2251×10⁴t，2006 年产量最低。玉米总产量呈增长趋势，由 2006 年的 1453.5×10⁴t 增加到 2015 年的 3544.1×10⁴t。大豆的产量变动特征与播种面积变动特征基本一致，呈波动下降趋势，由 2006 年的 652.5×10⁴t 减少至 2015 年的 428.4×10⁴t，其中 2006 年产量最高，2013 年产量最低。

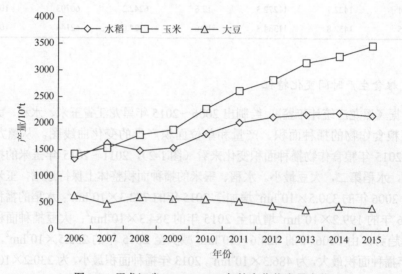

图 1-3　黑龙江省 2006～2015 年粮食作物产量变化

从黑龙江省 2006～2015 年粮食作物单位面积产量变化情况来看（图 1-4），水稻单位面积产量最高，玉米第二，大豆最低。其中，水稻单位面积产量平均值为 6777.1kg/hm²，2008 年单产最低，为 6191kg/hm²，2007 年单产最高，为 7072kg/hm²；玉米单位面积产量总体呈现波动上升的趋势，玉米单位面积产量平均值为 5345.3kg/hm²，其中 2007 年单产最低，为 4496kg/hm²，2014 年单产最高，为 6146kg/hm²；大豆单位面积产量总体差异较小，呈现波动趋势，平均值为 1633kg/hm²，2014 年单产最高，为 1740kg/hm²，2007 年单产最低，为 1390kg/hm²。

4. 粮食生产空间变化特征

2006～2015 年黑龙江省各地区水稻、玉米和大豆作物播种面积如图 1-5 所示。12 个地级市粮食作物播种面积平均值为 80×10⁴hm²，其中松嫩平原地区的哈尔滨市、齐齐哈尔市、绥化市和三江平原地区的佳木斯市 4 个地级市单位粮食作物播种面积均超过平均水平，占市级总数（未计大兴安岭地区，下同）的 33.3%。各市级播种面积分布差异相对明显，齐齐哈尔市播种面积最大，为 189.55×10⁴hm²；

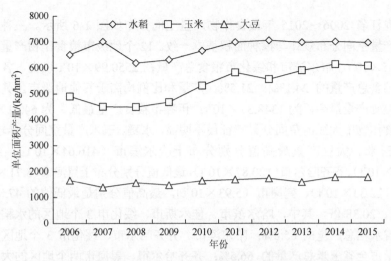

图 1-4 黑龙江省 2006～2015 年粮食作物单位面积产量变化

鹤岗市播种面积最小，为 18.09×10⁴hm²。水稻、玉米、大豆作物播种面积平均值分别为 15.15×10⁴hm²、40.44×10⁴hm²、24.41×10⁴hm²。其中，哈尔滨市、佳木斯市、绥化市的水稻作物播种面积均在 29×10⁴hm² 以上，占全省水稻总播种面积的 63%。哈尔滨市、齐齐哈尔市、绥化市的玉米作物播种面积均在 99×10⁴hm² 以上，占全省玉米总播种面积的 64%。大豆主产区齐齐哈尔市、黑河市的播种面积均在 60×10⁴hm² 以上，播种面积占全省大豆总播种面积的 44%。水田播种面积比例反映区域粮食生产水资源利用情况，水田播种面积平均比例为 18%，其中，鹤岗市、鸡西市、佳木斯市水田播种面积比例在 30% 以上，黑河市、牡丹江市水田种植面积比例全省最低，不及 10%，分别为 9.3%、1.8%。

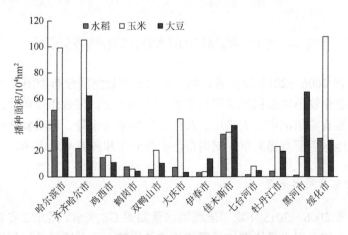

图 1-5 黑龙江省粮食作物播种面积空间分布

　　黑龙江省 2006～2015 年粮食作物产量空间分布如图 1-6 所示。三种粮食作物平均产量空间分布规律与播种面积基本一致。12 个地级市粮食作物产量平均值为 155.15×10⁴t。哈尔滨市和绥化市粮食总产量在 2550.99×10⁴t 以上，各占黑龙江全省粮食总产量的 24.1%和 21.5%，产量和比例均高于其他地级市。其中，哈尔滨市粮食产量最高，为 1348.37×10⁴t；伊春市粮食产量最低，为 64.41×10⁴t。三种粮食作物中大豆的空间分异特征最不明显，水稻、玉米产量空间分异较明显。水稻、玉米、大豆产量最高值分别分布于哈尔滨市（416.64×10⁴t）、绥化市（918.28×10⁴t）、齐齐哈尔市（120.87×10⁴t），最低值分别分布于黑河市（8.71×10⁴t）、伊春市（22.33×10⁴t）、鹤岗市（5.93×10⁴t），最高值分别是最低值的 47.83 倍、41.12 倍、20.38 倍。其中，哈尔滨市、佳木斯市、绥化市 3 个地区的水稻作物产量占全省水稻总产量的 65.8%；哈尔滨市、齐齐哈尔市、绥化市 3 个地区的玉米作物产量占全省玉米总产量的 66.5%；齐齐哈尔市、黑河市两个地区的大豆作物产量占全省大豆总产量的 41.8%。

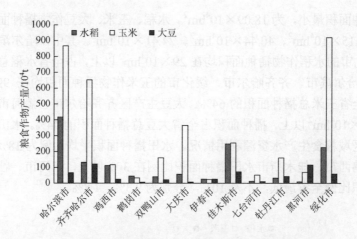

图 1-6　黑龙江省 2006～2015 年粮食作物产量空间分布

　　黑龙江省 2006～2015 年粮食作物单位面积产量空间分布如图 1-7 所示。12 个地级市粮食作物单位面积产量平均值为 5441kg/hm²。粮食作物单位面积产量较高的地区主要有哈尔滨市、大庆市、绥化市和佳木斯市等；而粮食作物单位面积产量较低的地区主要有黑河市、鹤岗市、七台河市和齐齐哈尔市等。

5. 粮食生产用水概况

　　黑龙江省 2006～2015 年农田灌溉用水量如图 1-8 所示。黑龙江省农田灌溉用水量及其占全省总用水量比例均呈现逐年增长趋势，而且通过其比例可以看出农田灌溉用水量占黑龙江省总用水量的绝大多数。同时，水田灌溉用水量占总用水量的比例在65%以上，整体上呈现平稳增加趋势，2015年最高，达86%。

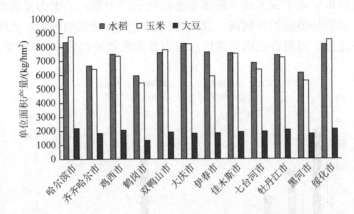

图1-7 黑龙江省2006～2015年粮食作物单位面积产量空间分布

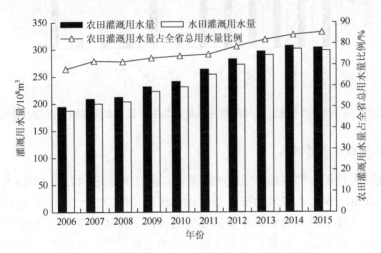

图1-8 黑龙江省2006～2015年农田灌溉用水量

黑龙江省2015年各地区农田灌溉用水量、总用水量、农田灌溉用水量占总用水量比例如图1-9所示。黑龙江省农田灌溉用水量与粮食产量空间分布格局大体一致，平均值为$23.76 \times 10^8 m^3$，哈尔滨市、佳木斯市农田灌溉用水量在$50 \times 10^8 m^3$以上，哈尔滨市粮食产量最高，其农田灌溉用水量居全省首位，为$56.06 \times 10^8 m^3$，佳木斯市农田灌溉用水量排第二，为$54.89 \times 10^8 m^3$，这是因为佳木斯市水稻播种面积较大，农田灌溉用水量较大。伊春市、七台河市、黑河市农田灌溉用水量不足$5 \times 10^8 m^3$，其中，七台河市农田灌溉用水量最小，为$2.09 \times 10^8 m^3$。黑龙江省农田灌溉用水量占总用水量比例平均值为 80.4%，其中，鸡西市、鹤岗市、佳木斯市农田灌溉用水量占总用水量比例分别为 94.5%、93.6%、92.7%。鸡西市、鹤岗市、佳木斯市坐落于国家商品粮重要基地的三江平原，其大力发展高耗水粮食作物水稻，水稻种植面积比例高，致使农田灌溉用水量比例较大。大庆市、七台河市、牡丹江市、黑河市农田灌溉用水量占总用水量比例较小，在 70% 以下。

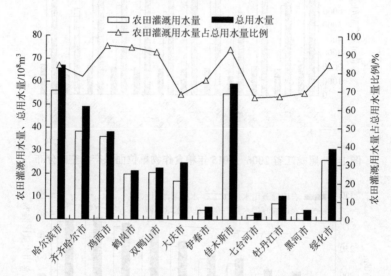

图 1-9　黑龙江省 2015 年各地区农田灌溉用水量、总用水量、农田灌溉用水量占总用水量比例

6. 土壤及主要作物

黑龙江省位于中纬度地区亚欧大陆东部，总土地面积 $47.3 \times 10^4 km^2$，东西长约 $9.3 \times 10^5 m$，南北 $1.12 \times 10^6 m$。总耕地面积和可开发的土地后备资源均占全国 1/10 以上，土壤有机质含量高于全国其他地区，土壤成分多样、类型丰富，由黑土、黑钙土、草甸土、白浆土等黑土型土壤的主要类型，以及部分沼泽土、少量低位暗棕壤的少数类型共同组成，适宜种植多种作物。其中，黑土、黑钙土和草甸土等区域占耕地面积的 60% 以上，黑土带涵盖 21 个市、县地区，是世界有名的三大黑土带之一。

黑龙江省有效灌溉面积为 $595.34 \times 10^4 hm^2$，农作物播种面积为 $1472.8 \times 10^4 hm^2$，其中，粮食作物播种面积为 $1409.8 \times 10^4 hm^2$，种植的作物主要有水稻、玉米、大豆。由于黑龙江省所处纬度较高，粮食作物生育期仅一季，不存在复种情况。其中，水稻种植区域主要为哈尔滨市、齐齐哈尔市、佳木斯市、绥化市，种植水稻面积均在 $32 \times 10^4 hm^2$ 以上，水稻产量占全省水稻总产量的 50% 以上；玉米种植区域主要为哈尔滨市、齐齐哈尔市、绥化市，种植面积在 $115 \times 10^4 hm^2$ 以上，玉米产量占全省玉米总产量的 79%以上；大豆种植区域主要为黑河市、省农垦总局所辖管区及齐齐哈尔市，各地区种植面积均在 $50\times10^4hm^2$ 以上。2016 年黑龙江省主要粮食作物播种面积见表 1-3。

表 1-3　2016 年黑龙江省主要粮食作物播种面积　（单位：hm^2）

地区	水稻	玉米	大豆	小麦	高粱
哈尔滨	558411	1209392	99746	—	2289
齐齐哈尔	324093	1249601	500476	815	7902
鸡西	165416	192387	59570	122	485
鹤岗	98909	76400	19319	—	95
双鸭山	79364	243966	65515	142	544
大庆	119051	446612	14503	2462	21058
伊春	40851	51182	132482	128	130
佳木斯	391998	526070	140788	54	8330
七台河	18572	125247	14554	—	1
牡丹江	40001	309272	130583	569	119
黑河	13761	219132	872637	90691	7503
绥化	357622	1158115	261425	1136	4729
大兴安岭	5	6581	144648	12016	74
农垦总局	1486671	620865	634767	4859	7322
绥芬河	—	217	672		
抚远	128933	9166	34612		

7. 水资源分布

黑龙江省河流交错、泡沼众多，主要水系有黑龙江水系、乌苏里江水系、松花江水系、绥芬河水系，主要湖泊有五大连池、镜泊湖、兴凯湖、连环湖，多年平均水资源总量达到 $798.87\times10^8m^3$。全省多年平均水资源利用率为39.76%，多年平均人均水资源量为831m^3，均高于全国水平。可见，黑龙江省水资源较为丰富。

但相比之下，全省多年平均地表水和地下水利用率分别为56.02%和43.91%，地表水的利用率低于全国 25 个百分点，地下水的利用率高于全国近 26 个百分点。可见，全省地表水资源的利用不足，而对地下水资源过度开采，黑龙江省 2003~2017 年水资源情况如表 1-4 所示。

表 1-4　黑龙江省 2003～2017 年水资源情况

年份	水资源总量 /10⁸m³	用水总量/10⁸m³		人均用水量 /m³	用水量/10⁸m³			
		地表水	地下水		农业	工业	生活	生态
2003	826.8	149.9	95.9	644.5	171.4	52.5	18.9	3.0
2004	652.1	155.5	104.0	679.7	186.3	53.0	19.2	1.0
2005	744.3	158.4	113.1	712.9	192.1	55.5	20.3	3.7
2006	727.9	171.8	114.4	748.9	208.3	57.5	20.0	0.4
2007	491.8	166.7	124.6	762.1	214.8	57.5	18.6	0.5
2008	462.0	169.6	127.4	776.6	218.2	57.6	18.8	2.5
2009	989.6	180.2	136.0	826.7	237.4	55.7	18.8	4.4
2010	853.5	178.9	146.1	848.8	249.6	56.0	17.6	1.8
2011	629.5	178.9	146.1	848.6	249.6	56.0	17.6	1.8
2012	841.4	197.4	161.5	936.1	294.9	41.7	16.3	6.0
2013	1419.6	194.9	167.4	944.8	308.3	34.0	17.1	3.0
2014	944.3	196.3	167.6	949.7	316.1	29.0	17.7	1.3
2015	814.1	196.7	157.7	929.5	312.5	23.8	16.2	2.6
2016	843.7	184.8	166.8	926.6	313.8	20.6	15.6	2.5
2017	742.5	188.9	163.1	930.7	316.4	19.7	15.4	1.5

注：数据来源于 2004～2018 年中国统计年鉴

在水资源利用中，黑龙江省农业、工业、生活和生态四个部门的多年平均用水比为 79.55：14.07：5.62：0.76，全国农业、工业、生活和生态四个部门的多年平均用水比为 62.85：22.77：12.52：1.86。农业用水高于全国水平，其他三个部门的用水比均低于全国水平。可见，农业用水是黑龙江省的主要用水部分。

8. 水利工程概况

2016 年，黑龙江省共有水库 1130 座，总库容达 $2.77 \times 10^{10}m^3$，其中，大型水库（$1 \times 10^8 m^3$ 以上）28 座，库容 $2.21 \times 10^{10}m^3$，占总库容量的 79.78%；中型水库（$1 \times 10^7 \sim 1 \times 10^8 m^3$）97 座，水库库容 $3.12 \times 10^9 m^3$，占总库容量的 11.26%；小型水库（$1 \times 10^5 \sim 1 \times 10^7 m^3$）1005 座，水库库容 $2.48 \times 10^9 m^3$，占总库容量的 8.95%。可以明显发现，大型水库对水资源的调控能力最强。2016 年全省使用农业节水灌溉设备达到了 38966 台，有效灌溉面积达到了 $5.95 \times 10^6 hm^2$，堤防长度 14514km，堤防保护面积 $3.84 \times 10^6 hm^2$；全省共有机电井 2.69×10^5 眼，针对黑龙江省近年来农作物种植面积增加的趋势，全省的机电井数量还将呈现持续增加的态势。2016 年黑龙江省水利工程供水情况示意见图 1-10。

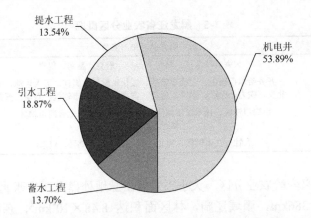

图 1-10 2016 年黑龙江省水利工程供水情况示意图

9. 农业分区概况

黑龙江省地势形态复杂多变，西北部、北部和东南部地区海拔较高，主要为山地、丘陵，东北部、西南部地区海拔较低，主要为台地、平原，其农业耕地条件居全国之首。农业综合分区是根据不同地势地形将农业用地划分为适于不同作物生长的区域。据此，黑龙江省将农业划分为四个农业分区，其位置分布如图 1-11 所示，分别是大小兴安岭、松嫩平原、三江平原以及张广才、老爷岭农业分区，其农业分区行政规划见表 1-5。

图 1-11 黑龙江省农业分区分布图

表 1-5 黑龙江省农业分区概况

农业分区	所含县（市）名称	市县合计
大小兴安岭	大兴安岭辖区、黑河、孙吴、逊克、嘉荫、伊春	8
松嫩平原	齐齐哈尔市辖区、大庆市辖区、绥化市辖区、嫩江、五大连池、北安、铁力、巴彦、木兰、通河、宾县、哈尔滨市辖区、双城、五常	32
三江平原	鹤岗市辖区、佳木斯市辖区、双鸭山市辖区、七台河市辖区、依兰、虎林、密山	16
张广才、老爷岭	牡丹江市辖区、方正、延寿、尚志、鸡西、鸡东	11

（1）大小兴安岭农业分区。大小兴安岭山脉地处黑龙江省西北部，东西全长410km，南北 386km，疆域辽阔，林区面积达 $8.48 \times 10^4 km^2$，森林覆盖率达到79.83%，是我国重点国有林区和天然林主要分布地区。富饶茂密的森林资源和纯净的冰雪旅游资源，是大小兴安岭地区未来的重点发展方向，生态旅游和森林观光项目具有十分巨大的发展潜力。

（2）松嫩平原农业分区。松嫩平原地处黑龙江省的西南部，覆盖区域面积约$8.15 \times 10^4 km^2$，占黑龙江省总面积的 17.23%，行政区域包括齐齐哈尔市、大庆市与绥化市的区划全境，以及黑河市西南部和哈尔滨市西南部地区等 32 个县（市）。其地形主要为平原，松花江、嫩江等主要河流水系流经其境内。其农业分区内以水稻、大豆、玉米为主要粮食作物，但由于森林覆盖率低，干旱、低温、秋早霜等自然灾害影响粮食生产，松嫩平原地区粮食产量波动较大。

（3）三江平原农业分区。三江平原地处黑龙江省东北部，行政区划包括佳木斯市、鹤岗市、双鸭山市、七台河市及鸡西市大部分地区和哈尔滨市部分地区等 16 个县（市）。三江平原由黑龙江、乌苏里江和松花江交汇而成，区域内部水资源丰富、降水量充沛，水资源总量达到 $187.64 \times 10^8 m^3$，土壤肥沃并且地处高寒地区，病虫害发生相对较少，其良好的地理优势为农业发展提供了有利条件，尤其是三江湿地，年降水量丰富，可达到500～600mm，集中降水时间段为 6～8 月，与农作物需水时间段吻合，为农作物高产和优质提供了有利条件，是黑龙江乃至国家重要的商品粮基地。

（4）张广才、老爷岭农业分区。张广才、老爷岭地处黑龙江省东南部，总面积 $71300km^2$，行政区域包括牡丹江市全境、哈尔滨市部分地区及鸡西市少数地区，地形复杂，地貌多样，多为丘陵、山地，海拔 100～1000m，立体气候明显，海拔对气候的影响超过纬度。水资源较丰富，光、热资源良好，是全省最适宜种植水稻的农业区。存在的问题为作物生长期短，积温不足，对单一粮食生产有不利影响，但为林、牧、副等多种经营模式提供了较有利的生态条件。

参 考 文 献

[1] 周立青，程叶青. 黑龙江省粮食生产的时空格局及动因分析[J]. 自然资源学报，2015，30（3）：491-501.

[2]　王斌. 黑龙江省粮食生产与耗水问题探讨[J]. 节水灌溉，2015，（12）：77-80.

[3]　成琨，付强，任永泰，等. 基于熵权与云模型的黑龙江省水资源承载力评价[J]. 东北农业大学学报，2015，46（8）：75-80.

[4]　李原园，郦建强，李宗礼. "十二五"水利发展总体布局与建设主要任务——《全国水利发展"十二五"规划》解读之一[J]. 中国水利，2012，（19）：13-17.

[5]　国务院办公厅. 国家农业节水纲要（2012～2020 年）[Z]. 国办发〔2012〕55 号.

[6]　国家发展和改革委员会. 中华人民共和国国民经济和社会发展第十二个五年规划纲要[M]. 北京：人民出版社，2011.

[7]　国务院. 国务院关于实行最严格水资源管理制度的意见[Z]. 国发〔2012〕3 号.

[8]　付强，刘巍，刘东，等. 黑龙江省灌溉水利用率分形特征与影响因素分析[J]. 农业机械学报，2016，47（9）：147-153.

[9]　付强，刘巍，刘东，等. 黑龙江省灌溉用水效率指标体系空间格局研究[J]. 农业机械学报，2015，46（12）：127-132.

[10]　贾宏伟，郑世宗. 灌溉水利用效率的理论、方法与应用[M]. 北京：中国水利水电出版社，2013.

[11]　冯保清. 我国不同尺度灌溉用水效率评价与管理研究[D]. 北京：中国水利水电科学研究院，2013.

[12]　崔远来，熊佳. 灌溉水利用效率指标研究进展[J]. 水科学进展，2009，20（4）：590-598.

[13]　谢先红，崔远来. 灌溉水利用效率随尺度变化规律分布式模拟[J]. 水科学进展，2010，21（5）：681-689.

[14]　胡荣祥，贾宏伟，王亚红，等. 2014 年度浙江省农田灌溉水有效利用系数测算分析[J]. 浙江水利科技，2015，（5）：12-15.

[15]　蔡守华，张展羽，张德强. 修正灌溉水利用效率指标体系的研究[J]. 水利学报，2004，35（5）：111-115.

[16]　李志军. 陕西省灌溉水利用系数测算分析研究[D]. 杨凌：西北农林科技大学，2013.

[17]　刘玉乐. 天津市灌溉水利用率测算研究[D]. 北京：中国农业科学院，2010.

[18]　Wang X Y. Irrigation water use efficiency of farmers and its determinants：evidence from a survey in northwestern China[J]. Journal of Integrative Agriculture，2010，9（9）：1326-1337.

[19]　崔远来，龚孟梨，刘路广. 基于回归水重复利用的灌溉水利用效率指标及节水潜力计算方法[J]. 华北水利水电大学学报（自然科学版），2014，35（2）：1-5.

[20]　孙文. 内蒙古河套灌区不同尺度灌溉水效率分异规律与节水潜力分析[D]. 呼和浩特：内蒙古农业大学，2014.

[21]　彭致功，刘钰，许迪，等. 灌溉用水管理评价指标体系构建及综合评价[J]. 武汉大学学报（工学版），2009，42（5）：644-648.

[22]　Hamilton J R，Willis D B. Irrigation efficiency，water resources，and long run water conservation[J]. Phytochemistry，2003，67（15）：1673-1685.

[23]　谭芳，崔远来，王建漳. 灌溉水利用率影响因素的主成分分析——以漳河灌区为例[J]. 中国农村水利水电，2009，（2）：70-73.

[24]　刘玉金. 基于主成分分析与多元线性回归分析的灌溉水利用效率影响因素分析[D]. 呼和浩特：内蒙古农业大学，2014.

[25]　姜楠. 区域灌溉水利用效率评价指标与方法的研究[D]. 杨凌：西北农林科技大学，2016.

[26]　Howell T A. Irrigation efficiency[J]. Encydopedia of Water Science，2003，DOI：10.1081/E-EWS 1200/0252.

[27]　杜绍敏. 黑龙江省水资源特征与可持续利用对策[J]. 黑龙江大学工程学报，2005，32（4）：96-99.

[28]　王人杰，吴玲. 试析黑龙江省农业水资源的利用与发展[J]. 科学导报，2015，（4）：129-130.

[29]　张广志. 黑龙江省农业水资源管理问题研究[D]. 哈尔滨：哈尔滨工业大学，2008.

[30]　姜虹. 试论黑龙江省农业水资源的可持续利用[J]. 黑龙江环境通报，2005，29（4）：9-11.

[31]　张文豪，李蕊，陈建. 发展农业节水灌溉促进水资源可持续利用[J]. 农业与技术，2015，（12）：43.

第二章 灌溉用水效率指标体系及测算方法

为了缓解因水资源供需矛盾而给我国带来的社会经济制约，自 2011 年起，我国出台了一系列提高用水效率的相关文件，如《国务院办公厅关于印发国家农业节水纲要（2012～2020 年）的通知》《国务院关于实行最严格水资源管理制度的意见》《国务院办公厅关于推进农业水价综合改革的意见》《深化农田水利改革的指导意见》以及 2019 年中央一号文件《中共中央　国务院关于坚持农业农村优先发展做好"三农"工作的若干意见》。稳定粮食产量，保证粮食种植的基本收益，推进灌区节水改造，发展高效节水灌溉是当前农业发展的主要战略性工作。而农业节水的第一步就是准确评价农业用水效率，本章测算方法的阐述，旨在为后续灌溉用水效率指标体系的相关研究提供数据基础。灌溉用水效率指标体系框架如图 2-1 所示。

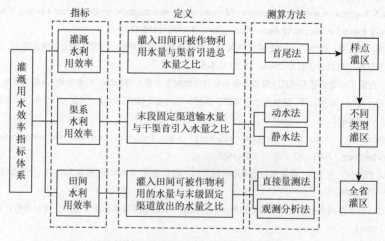

图 2-1 灌溉用水效率指标体系框架

第一节 灌溉水利用效率测算方法

一、样点灌区的选取

黑龙江省有灌区 30 余万个，这些灌区数量大、类型多、规模差距大，这让灌溉水利用效率的测算工作具有一定的难度。因此，灌溉水利用效率的测算，第一步工作是将灌区进行分类，进而从 30 余万个灌区中抽取代表总体灌区特征的样点灌区。样点灌区需根据灌区的类型，按照一定原则根据不同类型数量要求选取[1,2]。

1. 灌区分类

（1）灌溉水源。从水源上来看，黑龙江省灌区包括自流灌区、纯井灌区、提水灌区等，此外还存在多水源取水的灌区，如井渠结合灌区。由于存在水量平衡及水循环规律，不同类型灌区的灌溉水利用效率也存在较大的差距。

（2）灌区规模。通常根据面积将灌区分为大型灌区（30 万亩以上）、中型灌区（1 万～30 万亩）、小型灌区（1 万亩以下）。灌区规模的不同导致了灌区的布局、工程配备及管理方式的不同，灌区规模越大，其运行难度也越大，灌溉水利用效率也就越低。

（3）区域特点。由于地形地貌等自然因素，形成了不同类型灌区分布的区域性特点，例如，平原地区主要分布着提水灌区，丘陵则大多分布着大型、中型自流灌区，而山区则主要分布小型灌区。

2. 样点灌区选取原则

（1）代表性。综合考虑灌区的地形地貌、土壤类型、工程设施、管理水平、水源条件（提水或自流）、作物种植结构等因素，所选取样点灌区要能代表省级区域范围内同规模或同类型灌区。

（2）可行性。样点灌区应配备量水设施，具有能开展测试分析工作的技术力量及必要的经费支持，保证及时、方便、可靠地获取测试分析基本数据。

（3）稳定性。样点灌区要保持相对稳定，使得测试分析工作连续进行，获取的数据具有年际可比性。所有大型样点灌区均作为样点灌区纳入测试分析范围，中型样点灌区应基本保持稳定，小型样点灌区和纯井样点灌区可根据测试条件做出必要的调整[1]。

3. 样点灌区选取数量要求

（1）大型灌区。理论上，由于大型灌区数量少，且覆盖面积较大，基础设施相对较为齐全，需将所有大型灌区纳入样点灌区范围内。在实际情况中，由于部分大型灌区的修建年代较为久远，数据的保存及获取具有难度，可将此部分灌区剔除，但要尽量满足大型灌区的数目不得少于所有大型灌区的 70%。

（2）中型灌区。中型灌区根据设计灌溉面积可分为 3 档（1 万～5 万亩、5 万～

15 万亩、15 万～30 万亩），每一档的样点灌区数量要大于相应档次灌区总数量的
5%，且应包括自流和提水两种取水类型的样点灌区。

（3）小型灌区。黑龙江省小型灌区数量有 30 余万个，由于数量众多，且灌溉
面积没有下限，在实际操作中，将灌溉面积小于 100 亩的灌区剔除，但应同时包
含不同取水类型的样点灌区。

（4）纯井灌区。根据不同的灌溉类型，即喷灌、滴灌、低压管道等，分别选取具
有代表性的样点灌区，且应满足纯井样点灌区在全省范围内均匀分布；同时还应考虑
土壤类型、作物种植结构等因素，尽可能选取能满足不同因素条件下的样点灌区。

　　基于上述条件，本书通过对部分样点灌区的考察及相关部门的数据调研，最
终选取 2009～2014 年黑龙江省样点灌区的灌溉水利用效率指标测算值为研究对
象。样点灌区按大型灌区、中型灌区、小型灌区和纯井灌区进行分类选取，共选
取灌区 115 个（大小兴安岭地区由于气候等因素不适于作物生长，灌区数量稀少，
暂不予研究），黑龙江省样点灌区统计及分布见表 2-1 和图 2-2。

表 2-1　黑龙江省样点灌区统计及分布

灌区规模与类型		数量/个	灌区名称
大型灌区	提水	7	绥滨、兴凯湖、悦来、八五九、幸福、江川、响水
	自流引水	16	蛤蟆通、查哈阳、龙头桥、友谊、长阁、引汤、梧桐河、西泉眼、跃进、江东、鸡东、音河、龙凤山、倭肯河、卫星运河、香磨山
	小计	23	
中型灌区	1 万～5 万亩 提水	4	超等、红旗、泰来、云山北
	1 万～5 万亩 自流引水	20	九佛沟、延寿县盘龙、金沙、东方红、五常山河、保山、柳河、建业、延寿县山河、知一、兰河、马延、延寿县新城水库、河东、延寿县东明、集贤、云山南、三岔口、五常、兴和
	1 万～5 万亩 小计	24	
	5 万～15 万亩 提水	5	红卫、肇农、新河宫、中心、星火
	5 万～15 万亩 自流引水	4	绥化幸福、和平、汤旺河、富密
	5 万～15 万亩 小计	9	
	15 万～30 万亩 提水	1	涝州
	15 万～30 万亩 自流引水	1	向阳山
	15 万～30 万亩 小计	2	
	小计	35	
小型灌区	提水	3	托古、三家子、仓粮
	自流引水	4	沙沟子、周山水库、八一、红旗水库
	小计	7	

续表

灌区规模与类型		数量/个	灌区名称
纯井灌区	土渠	28	八五〇农场6队、八五〇农场14队、八五〇农场23队、八五〇农场27队、铁西村、西亚村、桦树村、久阳村、古城1、古城2、古城3、古城4、长寿乡万发、一曼村、八五三农场5分场7队、八五三农场6分场1队、八五三农场1分场11队、八五三农场1分场14队、二九一农场1分场20队、二九一农场1分场30队、二九一农场1分场31队、二九一农场1分场32队、二道河农场、八五六农场1站、八五六农场2站、八五六农场7站、八五六农场10站、大兴农场科技园区
	渠道防渗	3	平安村、巨胜村、新富村
	低压管道	0	
	喷灌	14	富欣井灌区、七星农场喷灌、龙江井灌、五明里、太平乡、一心乡勇敢、依安喷灌、肇东、安达、讷河、甘南、林甸、甘南音河1、甘南音河2
	微灌	5	依安、杜蒙、林甸、甘南长山、肇州
	小计	50	
总计		115	

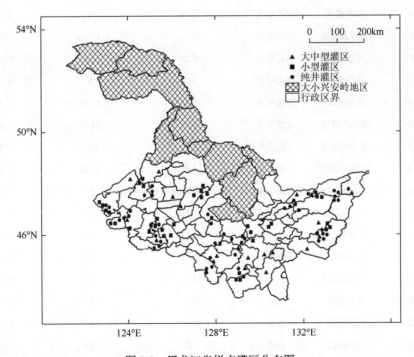

图 2-2　黑龙江省样点灌区分布图

黑龙江省共有 32 个大型灌区，截至 2015 年除二九〇灌区、江萝灌区、临江灌区、乌苏镇灌区和青龙山灌区 5 个灌区还处于建设中，虎林灌区、德龙灌区、勤得利灌区及富南灌区 4 个灌区实灌面积较小，其灌溉用水效率相关指标既不能反映本灌区实际，又无法代表黑龙江省大型灌区水平，未列入样点灌区名单，其他 23 个运行中的大型灌区全部列为样点。大型样点灌区基本情况见表 2-2。中型样点灌区选取 35 个，其中自流灌区 25 个，提水灌区 10 个，具体统计信息见表 2-3。小型样点灌区为 7 个，其中自流灌区 4 个，提水灌区 3 个，具体统计信息见表 2-4。

表 2-2　黑龙江省大型样点灌区基本情况

序号	灌区名称	取水类型	设计灌溉面积/万亩	有效灌溉面积/万亩	灌区地形
1	梧桐河灌区	自流引水	36.14	17.33	平原
2	香磨山灌区	自流引水	30.8	10.3	平原
3	西泉眼灌区	自流引水	30.51	14.7	平原
4	友谊灌区	自流引水	34	12.8	平原
5	查哈阳灌区	自流引水	65.49	65.5	平原
6	鸡东灌区	自流引水	31.19	29.1	丘陵
7	蛤蟆通灌区	自流引水	31.14	17.96	平原
8	引汤灌区	自流引水	40.25	10.97	平原
9	音河灌区	自流引水	32	8	平原
10	长阁灌区	自流引水	30.44	17.19	丘陵
11	龙凤山灌区	自流引水	39.71	38.75	丘陵
12	倭肯河灌区	自流引水	32.3	12.5	平原
13	卫星运河灌区	自流引水	32.49	17.65	平原
14	龙头桥灌区	自流引水	43.1	20	平原
15	江东灌区	自流引水	32.25	19.92	平原
16	跃进灌区	自流引水	32.01	3.66	平原
17	悦来灌区	提水	30.89	18.53	平原
18	八五九灌区	提水	31.11	15	平原
19	幸福灌区	提水	30.6	15.8	平原
20	江川灌区	提水	31.01	25.5	平原
21	兴凯湖灌区	提水	167	112.97	平原
22	响水灌区	提水	33.98	20.35	丘陵
23	绥滨灌区	提水	35.26	14.15	平原

表 2-3　黑龙江省中型样点灌区基本情况

序号	灌区名称	取水类型	设计灌溉面积/万亩	有效灌溉面积/万亩	灌区地形
1	延寿县新城水库	自流引水	3.1	2.7	丘陵
2	延寿县东明	自流引水	4.79	3.1	平原
3	延寿县山河	自流引水	2.4	1.4	平原
4	河东	自流引水	2.93	2.93	丘陵
5	马延	自流引水	4.1	2.6	平原
6	保山	自流引水	1.6	1.1	平原
7	柳河	自流引水	1.01	1.2	平原
8	九佛沟	自流引水	1.85	0.35	丘陵
9	东方红	自流引水	1.2	0.65	丘陵
10	兰河	自流引水	2.6	2.6	平原
11	建业	自流引水	2.1	1.4	平原
12	兴和	自流引水	3.2	4.3	平原
13	集贤	自流引水	4.18	3.2	丘陵
14	知一	自流引水	1.2	1.6	丘陵
15	金沙	自流引水	1.05	0.5	平原
16	三岔口	自流引水	4.61	3.4	丘陵
17	五常山河	自流引水	1	0.9	平原
18	云山南	自流引水	5.5	3.2	平原
19	五常	自流引水	8.3	4	平原
20	富密	自流引水	12.7	13.01	丘陵
21	绥化幸福	自流引水	6.9	5.7	平原
22	和平	自流引水	8.6	10.8	丘陵
23	向阳山	自流引水	16.86	15	平原
24	汤旺河	自流引水	10	10.85	平原
25	延寿县盘龙	自流引水	1.2	0.42	平原
26	云山北	提水	4.02	4.78	平原
27	泰来	提水	3.15	4.2	平原
28	星火	提水	12.5	10	平原
29	涝州	提水	29.9	29.9	平原
30	肇农	提水	7.2	6	平原
31	中心	提水	16.87	9.8	平原
32	新河宫	提水	15	9	平原
33	超等	提水	2.89	0.4	平原
34	红卫	提水	7.03	5	平原
35	红旗	提水	3.17	1.4	平原

表 2-4　黑龙江省小型样点灌区基本情况

序号	灌区名称	取水类型	设计灌溉面积/万亩	有效灌溉面积/万亩	灌区地形
1	沙沟子	自流引水	0.32	0.32	平原
2	周山水库	自流引水	0.14	0.14	平原
3	八一	自流引水	0.3	0.3	平原
4	红旗水库	自流引水	0.3	0.3	平原
5	托古	提水	0.5	0.5	平原
6	三家子	提水	0.4	0.4	平原
7	仓粮	提水	0.75	0.75	平原

为使测算分析得到的农业灌溉水有效利用效率具有可比性，各测算年度的样点灌区应尽量保持相同。自 2006 年启动全国农业灌溉水有效利用效率测算分析工作以来，黑龙江省各类型样点灌区选取严格按照全国灌溉水有效利用系数测算分析技术指南要求，无论是灌区工程状况还是管理水平，均选取代表黑龙江省同类型灌区平均水平的为样点，近几年虽然有些样点灌区进行了灌区工程改造，但并未造成样点灌区与全省同类灌区的平均变化之间的较大差异。样点灌区占全省灌区比例情况见表 2-5。

表 2-5　样点灌区占全省灌区比例情况

灌区规模与类型		全省灌区情况		样点情况		样点占全省比例/%	
		数量/个	有效灌溉面积/万亩	数量/个	有效灌溉面积/万亩	数量	有效灌溉面积
大型	提水	15	240.24	7	222.3	46.67	92.53
	自流引水	17	319.49	16	316.33	94.12	99.01
	总计	32	559.73	23	538.63	71.88	96.23
中型	1万～5万亩 提水	53	78.3	4	10.78	7.55	13.77
	自流引水	179	315.4	21	42.65	11.73	13.52
	小计	232	393.7	25	53.43	10.78	13.57
	5万～15万亩 提水	30	125.53	5	39.8	16.67	31.71
	自流引水	39	225.05	4	40.36	10.26	17.93
	小计	69	350.58	9	80.16	13.04	22.86
	15万～30万亩 提水	2	44.9	1	29.9	50	66.59
	自流引水	3	59.25	1	15	33.33	25.32
	小计	5	104.15	2	44.9	40	43.11

续表

灌区规模与类型		全省灌区情况		样点情况		样点占全省比例/%	
		数量/个	有效灌溉面积/万亩	数量/个	有效灌溉面积/万亩	数量	有效灌溉面积
中型	提水	85	248.73	10	80.48	11.76	32.36
	总计 自流引水	221	599.7	26	98.01	11.76	16.34
	小计	306	848.43	36	178.49	11.76	21.04
小型	提水	8241	307.71	3	1.55	0.04	0.5
	自流引水	895	390.1	4	1.06	0.45	0.27
	总计	9136	697.81	7	2.61	0.08	0.37
纯井	土渠	245554	3744.64	28	201.55	0.01	5.38
	渠道防渗	8531	50	3	7.4	0.04	14.8
	低压管道	0	0	0	0	—	—
	喷灌	53315	1686.69	14	109.03	0.03	6.46
	微灌	932	200	5	0.61	0.54	0.31
	总计	308332	5681.33	50	318.59	0.02	5.61
全省总计		317806	7787.3	116	1038.32	0.04	13.33

二、灌溉用水效率首尾测算法

首尾测算法即通过测量灌区年田间净灌溉用水总量与从灌溉系统取用的毛灌溉用水总量的比值获取各灌区的灌溉水利用效率。目前，首尾测算法是被广泛应用的一种灌溉水利用效率测算方法，具体采用《全国灌溉用水有效利用系数测算分析技术指南》中给出的方法计算，公式如下：

$$\eta = \frac{W_净}{W_毛} \tag{2-1}$$

式中，η——灌区灌溉水利用效率；

$W_净$——灌区净灌溉用水总量，m^3；

$W_毛$——灌区毛灌溉用水总量，m^3。

在实际运用首尾测算法的过程中，为了能够反映灌区灌溉水利用效率的整体情况，并考虑黑龙江省作物生长规律，计算分析时间段为每年的4～10月。

三、黑龙江省灌区灌溉水利用效率测算方法

1. 大型灌区灌溉水利用效率均值计算

大型灌区灌溉水利用效率平均值 $\eta_{省大}$，依据各大型灌区灌溉水利用效率与毛灌溉用水量加权平均后得到。计算公式为

$$\eta_{省大} = \frac{\sum_{i=1}^{N} \eta_{大i} \cdot W_{样大i}}{\sum_{i=1}^{N} W_{样大i}} \qquad (2\text{-}2)$$

式中，$\eta_{大i}$——第 i 个大型样点灌区灌溉水利用效率；

$W_{样大i}$——年毛灌溉用水量，m^3；

N——大型样点灌区数量，个。

2. 中型灌区灌溉水利用效率均值计算

首先以样点灌区测算值为基础，按算数平均法，分别计算 1 万～5 万亩、5 万～15 万亩、15 万～30 万亩不同规模样点灌区的灌溉水利用效率平均值；然后按统计的 1 万～5 万亩、5 万～15 万亩、15 万～30 万亩样点灌区的年毛灌溉用水量加权平均得到全省中型灌区的灌溉水利用效率平均值 $\eta_{省中}$。计算公式如下：

$$\eta_{省中} = \frac{\eta_{1\sim5} \cdot W_{省毛1\sim5} + \eta_{5\sim15} \cdot W_{省毛5\sim15} + \eta_{15\sim30} \cdot W_{省毛15\sim30}}{W_{省毛1\sim5} + W_{省毛5\sim15} + W_{省毛15\sim30}} \qquad (2\text{-}3)$$

式中，$\eta_{1\sim5}$、$\eta_{5\sim15}$、$\eta_{15\sim30}$——1 万～5 万亩、5 万～15 万亩、15 万～30 万亩不同规模样点灌区灌溉水利用效率；

$W_{省毛1\sim5}$、$W_{省毛5\sim15}$、$W_{省毛15\sim30}$——省级区域内 1 万～5 万亩、5 万～15 万亩、15 万～30 万亩不同规模样点灌区的年毛灌溉用水量，m^3。

3. 小型灌区灌溉水利用效率均值计算

小型灌区灌溉水利用效率平均值 $\eta_{省小}$，以测算分析得出的各小型样点灌区灌溉水利用效率为基础，采用算术平均法计算省级区域内小型灌区灌溉水利用效率平均值。计算公式如下：

$$\eta_{省小} = \frac{1}{n} \sum_{i=1}^{n} \eta_{小i} \qquad (2\text{-}4)$$

式中，$\eta_{小i}$——第 i 个小型样点灌区灌溉水利用效率；

n——省级区域小型样点灌区数量，个。

4. 纯井灌区灌溉水利用效率均值计算

以测算分析得出的各类型纯井样点灌区灌溉水利用效率为基础，采用算术平均法分别计算土质渠道地面灌、防渗渠道地面灌、喷灌、微灌 4 种类型样点灌区的灌溉水利用效率；然后按不同类型灌区年毛灌溉用水量加权平均，计算得出省级区域纯井灌区的灌溉水利用效率 $\eta_{省井}$。计算公式如下：

$$\eta_{省井} = \frac{\eta_{土} \cdot W_{省土} + \eta_{防} \cdot W_{省防} + \eta_{喷} \cdot W_{省喷} + \eta_{微} \cdot W_{省微}}{W_{省土} + W_{省防} + W_{省喷} + W_{省微}} \qquad (2\text{-}5)$$

式中，$\eta_{土}$、$\eta_{防}$、$\eta_{喷}$、$\eta_{微}$——土质渠道地面灌、防渗渠道地面灌、喷灌、微灌 4 种类型样点灌区的灌溉水利用效率；

$W_{省土}$、$W_{省防}$、$W_{省喷}$、$W_{省微}$——省级区域土质渠道地面灌、防渗渠道地面灌、喷灌、微灌 4 种类型纯井灌区的年毛灌溉用水量，m^3。

5. 全省灌区灌溉水利用效率均值计算

省级区域灌溉水利用效率 $\eta_{省}$ 指省级区域年净灌溉用水量 $W_{省净}$ 与年毛灌溉用水量 $W_{省毛}$ 的比值。在已知不同规模与类型灌区的灌溉水利用效率和年毛灌溉用水量的情况下，省级区域灌溉水利用效率计算公式如下[3]：

$$\eta_{省} = \frac{\eta_{省大} \cdot W_{省大} + \eta_{省中} \cdot W_{省中} + \eta_{省小} \cdot W_{省小} + \eta_{省井} \cdot W_{省井}}{W_{省大} + W_{省中} + W_{省小} + W_{省井}} \qquad (2\text{-}6)$$

式中，$W_{省大}$、$W_{省中}$、$W_{省小}$、$W_{省井}$——省级区域大型灌区、中型灌区、小型灌区和纯井灌区的年毛灌溉用水量，m^3；

$\eta_{省大}$、$\eta_{省中}$、$\eta_{省小}$、$\eta_{省井}$——省级区域大型灌区、中型灌区、小型灌区和纯井灌区的灌溉水利用效率。

第二节　渠系水利用效率测算方法

渠系水利用效率是指从渠道系统流出的总灌溉水量与流进渠道系统的总灌溉水量的比值。渠系系统包括干渠、支渠、斗渠、农渠等不同类型的渠道，通常渠系水利用效率可通过测量不同类型渠道的渠道水利用效率加权相乘获取，因此，需分别对干渠、支渠、斗渠、农渠的渠道水利用效率进行测算，其测定方法主要分为静水法、动水法和经验公式法。

一、典型渠道的概化

由于灌区地形地貌等自然条件的复杂性，且个别灌区存在渠道分布无规则性及越级现象，灌区渠道无法按照干渠、支渠、斗渠、农渠、毛渠逐级设定，同时，由于时间、精力等实际因素限制，也无法对灌区所有渠道进行逐级逐条测算分析。因此，需将灌区内复杂的渠道系统进行等效的概化，其基本思想：选取一定数量能够代表同级、同类型渠道输水特性的等效渠道，包括长度和流量等效，进而再通过面积加权或流量加权得到各级渠道的综合渠道输水效率，最终得到整个灌区的渠系水利用效率[3, 4]。具体的公式如下。

面积加权法：

$$E_{级别} = \frac{\sum_{i=1}^{n} A_i E_i}{\sum_{i=1}^{n} A_i} \tag{2-7}$$

流量加权法：

$$E_{级别} = \frac{\sum_{i=1}^{n} Q_i E_i}{\sum_{i=1}^{n} Q_i} \tag{2-8}$$

式中，$E_{级别}$——灌区某级渠道的综合渠道输水效率；

n——某级渠道的典型渠道数量，个；

i——该级渠道的第 i 个典型渠道；

A_i——第 i 个典型渠道的控制灌溉面积，hm^2；

E_i——第 i 个典型渠道的渠道输水效率；

Q_i——第 i 个典型渠道的引水流量，m^3/s。

二、渠道输水效率测算方法

渠道输水效率定义为渠道的上下游断面的流量之比；上下游断面的流量之差为渠道输水损失，即渠道渗漏水。因此，渠道输水效率测量工作的实质性内容是测定渠道的渗漏水。由于不同样点灌区存在地形条件及工程状况的差异，灌区的渠系布局结构具有复杂性，加之管理水平、地下水埋深等因素对渠道渗漏产生的影响，这些因素都会给渠道输水效率的测算工作带来较大的阻碍。目前，普遍采用的渠道渗漏水的测量方法主要包括：动水法、静水法及经验公式法[1, 2]。

动水法的测量方式：选择具有代表性的渠段，要求中间无支流，在渠道流量和水位能够保持稳定的条件下，分别同时对上下游两个断面的流量进行观测，上下游流量之差即渠段渗水损失流量。静水法的测量方式：选择具有代表性的典型渠段，并将该渠段的两端封堵严实，观测该渠段在等时段内水位下降情况，以此确定渠道的渗漏水。经验公式法：通过前期大量的渠道输水效率测算结果及其影响因素的关系拟合出渠道输水效率的经验公式。3 种渠道输水效率测量方法比较见表 2-6。

表 2-6　渠道输水效率测量方法比较

测算方法	优点	缺点	适用性
动水法	测量步骤简单，不影响渠道正常工作，工作量小易于实施	存在误差，需选择能够满足测试条件的渠道	对精度要求不高，施测灌区的测算成本不高的条件下适用
静水法	精度高，其测量极限相对误差可达总渗漏损失的 7%	工作量大、耗时长，测量成本高	适用于中小型灌区
经验公式法	直接查算，方法简单	存在误差，无法全面掌握并收集渠道输水效率的相关数据	对精度要求不高

由于黑龙江省的气候特点及作物的生长规律，各样点灌区的大规模灌溉时间主要集中在 4 月和 7 月，维持时间 3～7d，其他时间段根据作物的生长状态，适当增加小规模的灌溉次数。因此，为不影响各个灌区在大灌时期的正常运行，黑龙江省样点灌区对于渠道输水效率的测量主要采用动水法。

动水法又称入流-出流法，由于该测量方法步骤简单易行，且测量成本较低，在我国具有广泛的应用。该方法根据各渠道沿线的水文地质条件，选择具有代表性、易于施测，且能够较长时间稳定运行的典型渠段，要求中间无支流。当渠段可满足相对稳定的水位和流量的条件时，同时观测上下游的断面流量，并观察上下游断面流量随时间的变化规律，进而推算出某次灌溉用水全过程中通过上下游断面的水量[4]。公式如下：

$$W_{上游} = \sum_{i=1}^{n} Q_{上游i} \cdot \Delta t_i \tag{2-9}$$

$$W_{下游} = \sum_{i=1}^{n} Q_{下游i} \cdot \Delta t_i \tag{2-10}$$

式中，$W_{上游}$、$W_{下游}$——某次灌溉过程中，渠道上下游断面的水量，m^3；

i——测量重复次数，次；

$Q_{上游i}$、$Q_{下游i}$——上下游断面第 i 次的流量监测结果，m^3/s；

Δt_i——第 i 次测量监测时间，s。

进而可以得出一次灌溉全过程该渠段的渠道输水效率 E_{ca} 和渠道渗漏水量 S 为

$$E_{ca} = \frac{W_{下游}}{W_{上游}} = \frac{\sum_{i=1}^{n} Q_{下游i} \Delta t_i}{\sum_{i=1}^{n} Q_{上游i} \Delta t_i} \tag{2-11}$$

$$S = W_{上游} - W_{下游} = \sum_{i=1}^{n} Q_{上游i} \cdot \Delta t_i - \sum_{i=1}^{n} Q_{下游i} \cdot \Delta t_i \tag{2-12}$$

三、越级渠道渠系水利用效率测算方法

在对灌区渠系水利用效率进行测算的过程中发现部分灌区存在渠道越级的情况，在大中型灌区该现象较为常见。大中型灌区由于其占地面积大，地形复杂，在渠系的规划过程中需考虑自然条件与预算成本等多方面的综合因素，因此，会将渠道设计成越一级或多级的情况。对于越级情况较为复杂的灌区，需对渠系水利用效率进行修正，否则会引起该灌区渠系水利用效率的测算误差。修正方法如下。

设定直接从干渠取水的农渠灌溉面积为 A_1，hm^2，即干-农渠道的控制灌溉面积为 A_1，hm^2；以此类推，干-斗渠道的控制灌溉面积为 A_2，hm^2；支-农渠道的控制灌溉面积为 A_3，hm^2；支-斗渠道的控制灌溉面积为 A_4，hm^2；A_1、A_2、A_3、A_4 的总面积之和为整个灌区的总面积 A，hm^2；田间净灌溉定额为 M；$E_{干}$、$E_{支}$、$E_{斗}$、$E_{农}$ 分别为干渠、支渠、斗渠、农渠的渠道输水效率。因此，在考虑渠系越级情况下，灌区的毛灌溉水量 $W_{毛}$ 为

$$W_{毛} = \frac{A_1 M_{毛}}{E_{干} E_{农}} + \frac{A_2 M_{毛}}{E_{干} E_{斗} E_{农}} + \frac{A_3 M_{毛}}{E_{干} E_{支} E_{农}} + \frac{A_4 M}{E_{干} E_{支} E_{斗} E_{农}} \tag{2-13}$$

不考虑渠系越级情况的灌区毛灌溉水量 $W_{毛}'$ 为

$$W_{毛}' = \frac{AM}{E_{干} E_{支} E_{斗} E_{农}} \tag{2-14}$$

将不考虑灌区渠系越级情况下的毛灌溉水量与考虑越级情况的灌区毛灌溉水量之比，定义为该灌区的渠系越级修正系数 K，计算公式如下：

$$K = \frac{W_{毛}'}{W_{毛}} = \frac{\dfrac{AM}{E_{干} E_{支} E_{斗} E_{农}}}{\dfrac{A_1 M}{E_{干} E_{农}} + \dfrac{A_2 M}{E_{干} E_{斗} E_{农}} + \dfrac{A_3 M}{E_{干} E_{支} E_{农}} + \dfrac{A_4 M}{E_{干} E_{支} E_{斗} E_{农}}} = \frac{A}{A_1 E_{支} E_{斗} + A_2 E_{支} + A_3 E_{斗} + A_4} \tag{2-15}$$

进而可以得出在考虑渠系越级情况下的渠系水利用效率 $\eta_{渠}$ 为

$$\eta_{渠} = KE_{渠} = KE_{干}E_{支}E_{斗}E_{农} = \frac{A}{A_1E_{支}E_{斗} + A_2E_{支} + A_3E_{斗} + A_4}E_{干}E_{支}E_{斗}E_{农} \quad (2\text{-}16)$$

第三节　田间水利用效率测算方法

一、典型田块的选取

在进行田间水利用效率测算工作时，对于种植面积超过该灌区总种植面积10%以上的作物，应当选取该作物类型的典型田块。具体的典型田块选取原则如下：①形状规则、边界清楚、面积适中、易于施测。②综合考虑地形、作物种植结构、灌溉方式、土地平整程度、土壤类型、地下水埋深等方面的代表性。③有固定的进水口、排水口，不选取串灌、串排的田块。④大型样点灌区应保证在上中下游分别选取典型田块，每种作物类型至少选取 3 块典型田块；中型样点灌区应保证在上下游分别选取典型田块，同样每种作物类型至少选取 3 块典型田块；对小型样点灌区而言，每种作物类型至少选取两块典型田块；纯井样点灌区按照土灌、渠灌、管道输水、喷灌、微灌等类型分别选取，每种作物至少选取 2 块典型田块。典型田块示意见图 2-3。

图 2-3　典型田块示意图

二、典型田块净灌溉用水量的测算方法

目前，典型田块净灌溉用水量的测算方法包括直接量测法与观测分析法。通过直接量测法得出的净灌溉用水量结果较为准确，但由于步骤烦琐，不易于实际施测。对净灌溉用水量的测量通常优先选取直接量测法，而对于不具备施测条件的灌区采用观测分析法。具体内容见图 2-4。

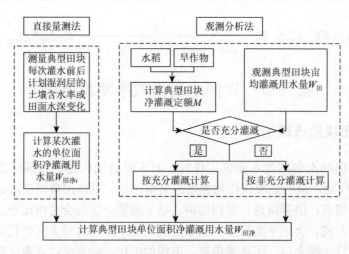

图 2-4　典型田块年亩均净灌溉用水量观测与分析方法示意图

1. 直接量测法

依据《灌溉试验规范》（SL 13—2015）中对净灌溉用水量测定方法的有关细则，作物的生育期内，需在每次灌水前后分别对不同作物典型田块计划湿润层的土壤质量含水率、体积含水率或田面水深变化进行观测，并计算出该次灌水过程单位面积的净灌溉用水量 $W_{田净i}$，进而得到某作物种类的典型田块的单位面积年净灌溉用水量 $W_{田净}$，计算公式如下：

$$W_{田净} = \sum_{i=1}^{n} W_{田净i} \tag{2-17}$$

式中，$W_{田净}$——典型田块某作物单位面积年净灌溉用水量，m^3/hm^2；

$\quad\quad W_{田净i}$——单次灌水典型田块单位面积净灌溉用水量，m^3/hm^2；

$\quad\quad n$——典型田块作物生育期总灌水次数，次。

2. 观测分析法

观测分析法首先通过观测实际进入典型田块的单位面积年灌溉用水量 $W_{田}$，结合当年的气象数据及作物结构等情况，根据水量平衡原理计算典型田块某种作物当年的净灌溉定额 M。然后，对 $W_{田}$ 与 M 进行对比分析，进而得出典型田块单位面积年净灌溉用水量 $W_{田净}$。

对一部分小型灌区与纯井灌区而言，由于灌区规模限制，不具备进行直接量测和观测的条件，对于这部分灌区可通过收集相邻灌区或作物种植结构、灌溉方式与该灌区相类似灌区的典型田块的试验结果，或通过灌区发展规划等资料获取不同水平年的净灌溉定额，进而确定该灌区的典型田块单位面积年净灌溉用水量。

根据直接量测法与观测分析法测算出的某种作物典型田块的单位面积年净灌溉用水量$W_{田净}$，可计算该样点灌区第i种作物的年净灌溉用水量，计算公式如下：

$$W_i = \frac{\sum\limits_{i=1}^{N} W_{田净} \cdot A_{田}}{\sum\limits_{i=1}^{N} A_{田}} \qquad (2-18)$$

式中，W_i——样点灌区第i种作物的年净灌溉用水量，m^3/hm^2；

　　　$W_{田净}$——样点灌区第i种作物每公顷净灌溉用水量，m^3/hm^2；

　　　$A_{田l}$——同片区或同灌溉类型第i种作物灌溉面积，hm^2；

　　　N——典型田块数量，个。

第四节　井渠结合灌区测算方法的修正

一、井渠结合灌区测算方法

井渠结合灌区是指取水水源为河流水与地下水的灌区。根据灌溉水利用效率的定义，渠道及田间的渗漏水均算为损失水量，而井渠结合灌区渠系中产生的渗漏水及田间渗漏水是地下水补给的主要来源之一，可见，井渠结合灌区的水循环过程具有复杂性。由于灌溉水来源的不同，在分别计算井灌区和渠灌区的灌溉水利用效率后，根据毛灌溉用水效率加权的方式计算全灌区的灌溉水利用效率[2]，公式如下：

$$\eta_{总} = \frac{W_{井} \eta_{井} + W_{渠} \eta_{渠}}{W_{井} + W_{渠}} \qquad (2-19)$$

式中，$\eta_{总}$——井渠结合灌区灌溉水利用效率；

　　　$\eta_{井}$——井灌区域灌溉水利用效率；

　　　$\eta_{渠}$——渠灌区域灌溉水利用效率；

　　　$W_{井}$——井灌区域毛灌溉用水量，m^3；

　　　$W_{渠}$——渠灌区域毛灌溉用水量，m^3。

井渠结合灌区中，灌溉回归水的存在会导致传统方法测定出的灌溉水利用效率结果存在较大误差，因此，需将回归水的影响考虑进去，进而对灌溉水利用效率进行修正。回归水可被重复利用的部分主要包括渗漏损失产生的地下水补给和可被下游田块利用的退水及地下水[5]。结合北方灌区的特点，回归水可被重复利用的部分总结为以下3个方面。

1. 渠灌区域直接用于作物蒸腾部分修正

浅层地下水可被作物的根系层用于作物的蒸腾蒸发，而深层地下水由于埋深较大，补给作物根系层的概率较小，因此，只考虑渠灌区的渗漏损失对作物蒸发蒸腾的影响。渠灌区的渗漏损失量$W_{损1}$计算公式如下：

$$W_{损1} = W_{渠} \times (1 - \eta_{渠}) \tag{2-20}$$

则补给作物根系层可被重复利用的水量为

$$W_{回1} = W_{损1} \times \beta \tag{2-21}$$

式中，β——土壤根系层可被作物回归水利用系数（渠灌区）。

则修正系数为

$$K_{修1} = \frac{W_{回1}}{W_{渠}} = (1 - \eta_{渠}) \times \beta \tag{2-22}$$

2. 井灌区域重复利用渗漏水量部分修正

在井灌区域的灌溉水量运行中，井灌水量除一部分用于作物蒸腾及其他不可避免的损失外，剩余水量补给地下水后又被重新抽取利用，如此往复。第一次抽取时，固定灌溉水量为$W_{井}$，则水量损失$W_{损2}$为

$$W_{损2} = W_{井} \times (1 - \eta_{井}) \tag{2-23}$$

损失的水量$W_{损2}$又经过土壤深层渗漏等无效损失后，得到的回归水量$W_{回2}$为

$$W_{回2} = W_{损2} - W_{井} \times \rho \tag{2-24}$$

式中，ρ——井灌区域由于深层渗漏或人为因素产生的水量损失系数。

因此，第1次灌水循环后，灌溉水利用效率的修正系数为

$$K_{修2} = \frac{W_{回2} \times \eta_{井}}{W_{井}} = (1 - \eta_{井} - \rho) \times \eta_{井} \tag{2-25}$$

第2次循环重复上述过程，当$K_{修n} < 0.1$时，$K_{修n}$的存在意义不显著，则不再进入下一次循环。

3. 渠灌区域地下水侧向渗漏部分修正

地下水入流项主要有渠道渗漏、田间渗漏、河流渗漏，由于渠灌区域整体离河流较远，因此水平渗漏的主要来源为渠道渗漏和田间渗漏，则水平渗漏量为

$$W_{损3} = W_{渠} \times (1 - \eta_{渠}) \tag{2-26}$$

$$W_{回3} = W_{损3} - W_{渠} \times \rho' \tag{2-27}$$

$$W_{渠水平} = \alpha \times W_{回3} \tag{2-28}$$

式中，$W_{渠水平}$——渠道水平渗漏量；

　　　α——水平渗漏而形成的回归水占渗漏水量的比例；

　　　ρ'——渠灌区域由于深层渗漏或人为因素产生的水量损失系数。

进而得到该部分的修正系数：

$$K_{修3} = \frac{W_{渠水平}}{W_{渠}} = \eta_{渠} \times \alpha \times (1 - \eta_{渠} - \rho') \qquad （2\text{-}29）$$

二、实例分析

结合一实例以说明井渠结合灌区灌溉水利用效率的修正方法。选取井渠结合典型样点灌区——和平灌区为研究对象，该灌区总面积 $5.78 \times 10^4 \text{m}^2$，其中，井灌区面积 $3.89 \times 10^4 \text{m}^2$，渠灌面积 $1.89 \times 10^4 \text{m}^2$。根据 2014 年呼兰河灌区的灌溉用水效率指标体系测算结果，呼兰河灌区的渠系水利用效率为 0.51，田间水利用效率为 0.9，利用传统灌溉水利用效率连乘法的公式，可得该灌区的灌溉水利用效率为 0.459。其中，井灌区大多采取就近取水的原则，且灌溉渠道级数少，单井控制面积小，井灌的渠系水利用效率为 0.65，田间水利用效率为 0.95，计算得到井灌区的灌溉水利用效率为 0.62。

1. 渠灌区域直接用于作物蒸腾部分修正

回归水利用效率是指实际利用的灌溉回归水量占重复用的灌溉回归水量的比值，尚未有有效的办法准确测出回归水利用效率，此处根据以往的测算研究结果，回归水利用效率的取值在 20%～50%，根据和平灌区水利工程条件与管理水平，和平灌区的回归水利用效率取 30%，因此，根据式（2-22）得到：$K_{修1} = (1-0.459) \times 0.3 = 0.1623$。

2. 井灌区域重复利用渗漏水量部分修正

由于井灌区的渠系级数较少，渠道在输水工程中的蒸发损失率取 5%，其他无益损耗率（人类活动及深层渗漏等）取 5%，则 ρ = 5% + 5% = 10%。根据式（2-25）计算出第 1 次的修正系数 $K_{修2}$ 为（1-0.62-0.1）× 0.62 = 0.1736，进而得到第 1 次修正后的灌溉水利用效率为 0.1736 + 0.62 = 0.7936，重复上述步骤，得到第 2 次修正系数为 $K'_{修2} = (1-0.7936-0.1) \times 0.7936 = 0.0844 < 0.1$，故不再进入下一次循环，最终得到井灌区域的灌溉水利用效率为 0.7936 + 0.0844 = 0.878。

3. 渠灌区域地下水侧向渗漏部分修正

根据以往的研究结果，水平渗漏约占渠道渗漏和田间渗漏的 10%，故 α 取 0.1，由于渠灌区域渠系规模较大，水面蒸发效率取 7%，无益损耗率取 5%，则 $\rho' = 7\% + 5\% = 12\%$。根据式（2-29）计算出 $K_{修3} = (1-0.459-0.12) \times 0.459 \times 0.1 = 0.0193$，则得到渠灌区域的渠系水利用效率为 $K_{修1} + K_{修3} + \eta_渠 = 0.1623 + 0.0193 + 0.459 = 0.6406$。

结合和平灌区的毛灌溉水量，利用式（2-19）得到修正后的和平灌区的灌溉水利用效率为 0.7742（表 2-7）。通过对比可以看出，全灌区、渠灌区域和井灌区域修正后的灌溉水利用效率均高于传统方法计算出的灌溉水利用效率，对井渠结合灌区而言，高出部分的效率值对应的水量是可以被有效利用的。

表 2-7　和平灌区修正灌溉水利用效率结果

灌溉模式	灌溉水利用效率	修正灌溉水利用效率	毛灌溉用水量/$10^4\,\text{m}^3$	修正综合灌溉水利用效率
井灌区域	0.62	0.878	1430	0.7742
渠灌区域	0.459	0.6406	1110.8	

参 考 文 献

[1] 贾宏伟，郑世宗. 灌溉水利用效率的理论、方法与应用[M]. 北京：中国水利水电出版社，2013.

[2] 刘巍. 黑龙江省灌溉水利用效率时空分异规律及节水潜力研究[D]. 哈尔滨：东北农业大学，2017.

[3] 王小军，张强，易小兵. 灌溉水利用系数时空分异分析与预测[M]. 北京：中国水利水电出版社，2014.

[4] 水利部农村水利司，中国灌溉排水发展中心. 灌溉水有效利用系数测算分析理论方法与应用[M]. 北京：中国水利水电出版社，2018.

[5] 谭芳，崔远来，段中德. 井渠结合灌区灌溉用水效率计算分析[C]//现代节水高效农业与生态灌区建设（下）. 中国农业工程学会，2010.

第三章 灌溉用水效率时空分布规律

由于不同类型灌区的地理特征、管理方式、工程状况等不同，黑龙江省不同类型灌区灌溉水利用效率的规模分布存在差距，提升速率不协调。这种不均衡的规模分布特点，使得黑龙江省的不同类型灌区灌溉水利用效率的差距不断增大，整体提升速度缓慢，多年来，黑龙江省灌溉水利用效率的增长速度处在全国排名中等靠后水平。因此，针对黑龙江省不同类型灌区灌溉水利用效率发展不均衡的问题，本章分别从时间和空间角度分析不同类型灌区的灌溉用水效率：在时间研究角度，以分形理论与位序-规模法相结合，探究黑龙江省不同类型灌区灌溉水利用效率发展不均衡的现象及未来灌溉水利用效率可均衡提升的潜力；在空间研究角度，利用地统计学理论研究黑龙江省灌溉用水效率的空间分布特征。

第一节 灌溉用水效率规模分布特征

由于尺度及配套设施投入不同，不同类型灌区的灌溉水利用效率区间分布各不相同。以黑龙江省为例，2009～2014 年灌溉水利用效率区间分布情况：大型灌区为[0.38, 0.40]，中型灌区为[0.41, 0.45]，小型灌区为[0.51, 0.54]。然而，仅通过区间分布情况不足以表征各类型灌区的复杂性分布特征，因此引入分形理论描述区间分布规模，以通过多指标表征灌溉水利用效率的分布情况。

一、规模分布规律研究方法

1. 分形理论简述

1973 年，分形理论最先由 Mandelbrot 创立，近些年来，随着分形理论的不断发展，其应用范围已扩展到自然科学、社会科学与思维科学等多学科与领域[1, 2]。目前，分形理论已经成为现代线性分析领域中的一个重要手段。分形理论是一种十分复杂的几何体理论，与传统数学方法对自然界中客观存在的复杂客体进行简化的方法相比，使用分形的方法来描述自然界中复杂客体会更加贴近客体本身真实情况。分形理论最大的优势在于其基于非线性的复杂系统构建模型模拟客体系统本身，并着重揭示其内部规律[3, 4]。目前判断研究客体是否具有分形特征的常用方法有以下几种：①人工判定法；②相关系数法；③强化系数法；④误差法；⑤分维值法；⑥拟合法。在以上 6 种常见的分析方法中，分维值法的应用最为广泛。分维值法中最重要的参数是分维值 D，可以直观地反映出事物的基本分形特征[5, 6]。

2. 位序−规模法简介

1913 年，德国学者 Auerbach 首次提出了位序−规模法，随着分形理论体系的建立与不断发展，位序−规模法与分形理论相结合的方式已在城市体系、交通网络及效率规模等领域得到较好的应用[7-11]。灌溉水利用效率受多种可变因素的影响，且各因素对不同类型灌区灌溉水利用效率的影响程度不同，使得不同类型灌区灌溉水利用效率的层次分布在数理统计角度上呈现复杂的分形特征。位序−规模法与分形理论结合在灌溉水利用效率的分布规律研究中已有所应用：2012 年王小军等、2016 年付强等均通过位序−规模法计算并分析了灌溉水利用效率的分维值及复杂性规律[12, 13]。

将位序−规模法与本章的研究内容相结合，对黑龙江省不同类型灌区的灌溉水利用效率规模分布特征进行研究，位序−规模法的公式（也称 Zipf 公式）如下：

$$P_i = P_1 r_i^{-q} \quad (r_i = 1, 2, \cdots, n) \tag{3-1}$$

式中，n——样点灌区数量；

r_i——样点灌区 i 的位序；

P_i——将所有样点灌区的灌溉水利用效率从高到低排序，位序为 r_i 的样点灌区灌溉水利用效率；

P_1——常数，表示首位序灌区的灌溉水利用效率；

q——Zipf 系数，该系数已被证实具有分形性质，与分维值 D 互为倒数，分维值 D 可以反映灌溉水利用效率规模分布的均衡趋势。为了直观起见，通常对式（3-1）进行自然对数变换，得

$$\ln P_i = \ln P_1 - q \ln P_i \tag{3-2}$$

对式（3-2）进行线性拟合，拟合直线的斜率的绝对值即为 Zipf 系数，对 Zipf 系数的估计，分为以下几种情况[14-17]：

（1）当 $q > 1$ 时，q 越大，表明高、低位序灌区的灌溉水利用效率差距越大；

（2）当 $q = 1$ 时，表示灌溉水利用效率不同区间分布较为均衡（线性分布，即首位序与末位序的灌溉水利用率之比恰为样点灌区总数）；

（3）当 $q < 1$ 时，q 越小，高、低位序灌区的灌溉水利用效率差距越小；

（4）当 $q \to \infty$，$P_i \to 0$ 时，研究对象只有一个灌区；

（5）当 $q \to 0$，$P_i \to 1$ 时，$P_i = P_1$，表示每个灌区的灌溉水利用效率均相等。

二、不同类型灌区灌溉用水效率规模分布

1. 年度变化情况

对 2009～2014 年黑龙江省不同类型样点灌区灌溉水利用效率进行统计分析，得出大型样点灌区灌溉水利用效率的取值分布特点与黑龙江省中型样点灌区灌溉水利用效率的取值分布特点较为相似的结论。因此，本章将黑龙江省大型样点灌区与中型样点灌区合并为黑龙江省大-中型样点灌区进行分析。通过对 2009～2014 年黑龙江省不同类型灌区灌溉水利用效率进行统计（表 3-1），可以看出，不同类型灌区的灌溉水利用效率大致呈现逐年增长的趋势（个别年份除外），其中，大-中型灌区的灌溉水利用效率从 2009 年的 0.3811 提升到 2014 年的 0.4491，小型灌区从 2009 年的 0.5061 提升到 2014 年的 0.5397，纯井灌区从 2009 年的 0.6758 提升到 2014 年的 0.7070，全省灌区由 2009 年的 0.5388 提升到 2014 年的 0.5712。

表 3-1　黑龙江省不同类型样点灌区灌溉水利用效率统计值

类型	2009 年	2010 年	2011 年	2012 年	2013 年	2014 年
大-中型灌区	0.3811	0.4130	0.4153	0.4321	0.4329	0.4491
小型灌区	0.5061	0.5214	0.5280	0.5350	0.5364	0.5397
纯井灌区	0.6758	0.6913	0.7097	0.7035	0.7063	0.7070
全省灌区	0.5388	0.5140	0.5626	0.5650	0.5681	0.5712

将黑龙江省 115 个样点灌区 2009～2014 年灌溉水利用效率由高到低进行排序，并对不同类型灌区的位序-规模与所对应的灌溉水利用效率绘制散点图，图 3-1 即为黑龙江省全省灌区、大-中型灌区、小型灌区及纯井灌区灌溉水利用效率的位序-规模图，从中可以直观地看出黑龙江省不同类型灌区 2009～2014 年连续 6 年灌溉水利用效率的变化特征。

图 3-1（a）为全省灌区灌溉水利用效率的位序-规模图，可以看出，黑龙江省灌区灌溉水的利用效率在 2009～2014 年呈现逐年上升的趋势，但与整体趋势相比局部又略有不同。例如，2011 年灌溉水利用效率在 0.42～0.43 范围内，明显低于其他 5 年；2013 年灌溉水利用效率在 0.45～0.55，明显高于其他 5 年。这是由于不同类型灌区规模特点不同，造成不同类型灌区灌溉水利用效率对于影响因素的响应机制不同。通过以往的研究发现，不同类型灌区的灌溉水利用效率对于自然因素的响应效果并不明显，而对灌区管理制度、工程条件、管理方式等其他人为因素的影响较为敏感。分别对大-中型灌区［图 3-1（b）］，小型灌区［图 3-1（c）］

及纯井灌区［图 3-1（d）］的位序-规模图进行对比：2009～2014 年黑龙江省大-中型灌区灌溉水利用效率的规模分布在 0.35～0.42，小型灌区灌溉水利用效率的规模分布在 0.40～0.48，纯井灌区灌溉水利用效率的规模分布在 0.46～0.86。通过对比分析可以看出，黑龙江省大-中型灌区的灌溉水利用效率相对较低，纯井灌区的灌溉水利用效率相对较高。整体上看，2009～2014 年黑龙江省不同类型灌区的灌溉水利用效率均呈现逐年上升的趋势，但不同类型灌区之间灌溉水利用效率的差距依然较大，这也是黑龙江省灌区灌溉水利用效率整体增长缓慢的原因之一。

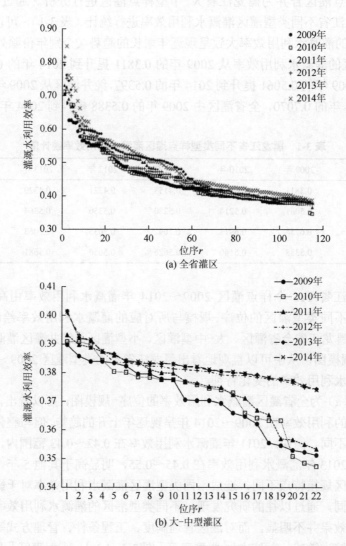

(a) 全省灌区

(b) 大-中型灌区

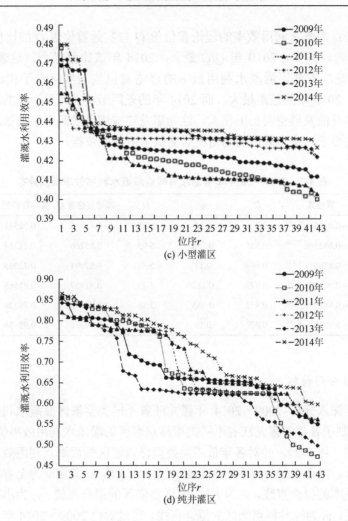

图 3-1　2009～2014 年黑龙江省不同类型灌区灌溉水利用效率位序-规模图

2. 年度变异规律

根据式（3-1），建立 2009～2014 年连续 6 年黑龙江省不同类型灌区的非线性回归模型（表 3-2）。由表 3-2 可以看出，2009～2014 年位序-规模表达式的拟合度 R^2 均在 0.9 以上，这表明位序-规模法能够较好地描述黑龙江省灌区灌溉水利用效率的规模分布特征；2009～2014 年所有回归模型的 q 值均小于 1，并且呈现出逐年增大的趋势，由此可以得出高位序与低位序灌区灌溉水利用效率的差距在逐年缩小；灌溉水利用效率的分维值 D 由 2009 年的 6.25 减小到 2014 年的 5.26，这表明黑龙江省各灌区之间灌溉水利用效率的差距正在逐年减小，均衡性呈现增强的趋势；灌溉水利用效率的理论首位值 Q 与实际首位值 Q' 的比值在[1.094，1.196]范围内，其中，2010 年 Q/Q' 最大，2014 年该比值最小，这表明 2009～2014 年黑龙江省灌区灌溉水利用效率的理论首位值与实际水平相比仍然有差距，其中，2010 年的差距最大，而 2014 年的差距最小，可见，黑龙江省灌溉水利用效率提升的发展空间仍旧很大，这为黑龙江省灌区灌溉水利用效率的提升提出了更高的要求，也为灌区的均衡发展提供了可行性依据。

表 3-2　2009～2014 年黑龙江省样点灌溉水利用效率规模分布

年份	表达式	R^2	q	D	理论首位值 Q	实际首位值 Q'	Q/Q'
2009	$y = 0.81766x^{-0.160}$	0.962	0.16	6.25	0.81766	0.70541	1.159
2010	$y = 0.85266x^{-0.168}$	0.965	0.168	5.95	0.85266	0.71314	1.196
2011	$y = 0.87091x^{-0.170}$	0.948	0.17	5.88	0.87091	0.73055	1.192
2012	$y = 0.91937x^{-0.182}$	0.977	0.182	5.49	0.91937	0.81568	1.127
2013	$y = 0.94293x^{-0.183}$	0.931	0.183	5.46	0.94293	0.79324	1.189
2014	$y = 0.99332x^{-0.191}$	0.979	0.19	5.26	0.99332	0.90836	1.094

3. 年度分形特征

进一步深入分析 2009～2014 年黑龙江省不同类型灌区灌溉水利用效率的分形规律，绘制了各年份黑龙江省不同类型样点灌区的灌溉水利用效率位序-规模双对数散点图（图 3-2），并对各年份不同类型样点灌区的灌溉水利用效率的对数进行线性拟合。拟合直线的斜率近似于 Zipf 系数（q 值），其中 y 为全省样点灌区灌溉水利用效率的拟合直线，y_1 为大-中型样点灌区的拟合直线，y_2 为小型样点灌区的拟合直线，y_3 为纯井样点灌区的拟合直线。通过对比 2009～2014 年不同类型样点灌区灌溉水利用效率位序-规模双对数拟合直线结果可以看出：2009～2014 年黑龙江省不同类型灌区的灌溉水利用效率规模分布均呈现出多分形结构；直线 y、y_1、y_2、y_3 的斜率均随着时间的推移逐年增大，这表明黑龙江省不同类型灌区的灌溉水利用效率规模分布的均衡性呈现逐年增强的趋势，其中，直线 y_3 的斜率在 6 年间的变化范围最大[-0.0980, -0.1525]，y_2 的斜率变化范围在 6 年中最小[-0.2006, -0.2096]，这表明在 2009～2014 年黑龙江省纯井灌区的灌溉水利用效率的均衡性提升最为明显，而小型灌区灌溉水利用效率规模分布的均衡性提升相对较弱；6 年中拟合直线 y_3、y_2 与 y 的斜率夹角呈现明显的减小趋势，这表明黑龙江省不同类型灌区的灌溉水利用效率的规模分布正在由多分形结构逐步向单分形结构发展，说明黑龙江省不同类型灌区的灌溉水利用效率正逐步呈现出均衡增长的趋势。

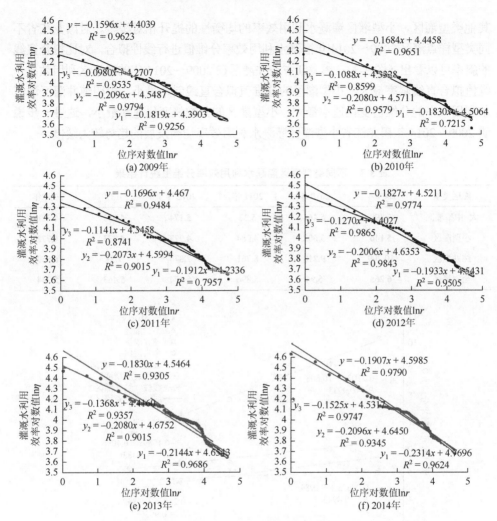

图 3-2 2009~2014 年黑龙江省样点灌区灌溉水利用效率位序-规模双对数散点图

4. 分维机制分析

进一步定量分析黑龙江省不同类型灌区灌溉水利用效率分维值（表 3-3）。从表 3-3 可以看出，2009~2014 年黑龙江省不同类型灌区的分维值 D 呈现逐年减小的趋势，其中大-中型灌区分维值的范围为[4.321, 5.498]，小型灌区分维值的范围为[4.772, 5.146]，纯井灌区分维值的范围为[6.559, 10.209]，全省灌区分维值的范围为[5.244, 6.265]。比较不同类型灌区灌溉水利用效率的分维值变化区间可以看出，纯井灌区的分维值区间取值最大，其次为全省灌区，大-中型灌区与小型灌区的分维值取值区间相似，小型灌区的分维值变化范围最小。这表明纯井灌区灌溉水利用效率的均衡性相对于其他类型灌区较弱，但其均衡性的提升幅度相对高于其他类型灌区，小型灌区灌溉水利用效率的均衡性的提升相对缓慢。对黑龙江省不同类型样点灌区 2009～2014 年灌溉水利用效率分维值进行线性拟合。对比拟合直线的斜率可以看出（图 3-3），黑龙江省纯井灌区在 2009～2014 年的灌溉水利用效率分维值拟合直线斜率最大，小型灌区的分维值拟合直线斜率最小，表明纯井灌区灌溉水利用效率的分维值变化速率最大，小型灌区的分维值变化速率最小，这进一步说明 2009～2014 年黑龙江省小型灌区灌溉水利用效率均衡发展的趋势较为缓慢。

表 3-3　不同类型灌区灌溉水利用效率分维值统计结果

灌区类型	2009 年	2010 年	2011 年	2012 年	2013 年	2014 年
大-中型灌区	5.498	5.464	5.23	5.174	4.665	4.321
小型灌区	5.146	5.002	4.984	4.973	4.773	4.772
纯井灌区	10.209	9.218	8.761	7.874	7.31	6.559
全省灌区	6.265	5.94	5.896	5.474	5.463	5.244

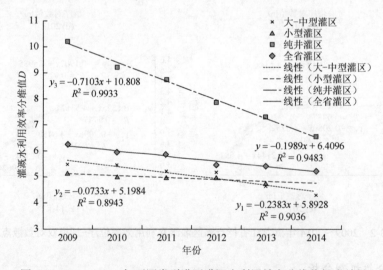

图 3-3　2009～2014 年不同类型灌区灌溉水利用效率分维值拟合结果

将 2009～2014 年大-中型灌区、小型灌区、纯井灌区及全省灌区的灌溉水利用效率均值与其分维值分别作为横纵坐标绘制散点图（图 3-4），并对其进行非线性拟合，得到的拟合结果如下。

大、中型灌区：

$$y_1 = -0.060x^2 + 0.5511x - 0.8189 \qquad R^2 = 0.820$$

小型灌区：

$$y_2 = -0.2573x^2 + 0.2464x - 5.363 \qquad R^2 = 0.920$$

纯井灌区：

$$y_3 = -0.226x^2 + 0.03154x + 0.5940 \qquad R^2 = 0.980$$

全省灌区：

$$y = -0.0244x^2 + 0.2510x - 0.0741 \qquad R^2 = 0.936$$

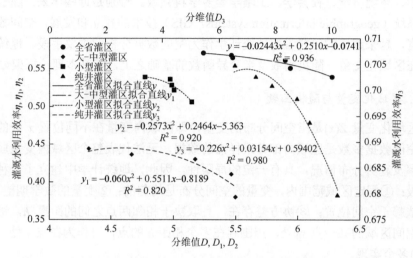

图 3-4　2009～2014 年黑龙江省不同类型灌区灌溉水利用效率-分维值散点图

从 2009～2014 年黑龙江省不同类型灌区灌溉水利用效率-分维值的拟合结果可以看出,不同类型灌区灌溉水利用效率与其分维值均呈现良好的二次函数关系,通过计算拟合曲线的顶点坐标可以得到黑龙江省不同类型灌区灌溉水利用效率的分维值与灌溉水利用效率的最优点(在灌溉水利用效率整体均衡增长的条件下,灌溉水利用效率可达到的最大值,即 D-η 最优点):当分维值 $D_1 = 4.58$ 时,大-中型灌区的灌溉水利用效率 η_1 最大为 0.4445;小型灌区的分维值 $D_2 = 4.79$ 时,灌溉水利用效率 η_2 可达最大值 0.5381;纯井灌区分维值 $D_3 = 6.98$ 时,纯井灌区灌溉水利用效率 η_3 可达最大值 0.7041;全省灌区分维值 $D = 5.13$ 时,灌溉水利用效率 η 可达最大值 0.5704。以上对黑龙江省不同类型灌区灌溉水利用效率-分维值关系的分析,可以为降低黑龙江省各个类型灌区的灌溉水利用效率的离散度,并均衡地提升黑龙江省各个类型灌区的灌溉水利用效率的可行性提供理论依据。

第二节　灌溉用水效率指标的空间分布特征

一、地统计学理论概述

对于空间格局的研究,需借助地理信息技术进行空间分析,目前常用的地理信息技术多基于地统计学理论。20 世纪 60 年代，地统计学逐渐建立成体系，早期地统计学主要用于研究地质现象的空间结构及空间估值等，在石油勘探及采矿业中被广泛应用。随着传统数理统计学方法在空间数据分析上局限性的凸显，地统计学逐渐成为空间数据分析的重要理论。时至今日，地统计学已经涉及地理学、生态学、环境科学、社会学、土壤学等多学科领域。特别是近些年来，随着地理信息系统（geographic information systems，GIS）技术的建立和发展，空间数据日渐丰富，越来越多的研究者将地统计学作为空间数据分析的主要手段。地统计学建立在区域化变量、随机函数及半变异函数的基础之上，其基本理论框架如下。

1. 区域化变量与随机函数

区域化变量 $Z(x)$ 是指空间分布的变量，即区域内变量在不同位置 x 处的属性值。空间数据多数是区域内部分采样点的数据，无法代表整个区域内变量属性值的概率及趋势分布情况，具有一定的局限性，因此，地统计学中建立了一种平稳性假设：①假定区域范围内，变量的空间分布是均匀的；②变量的数学期望存在，且不依赖于空间位置；③协方差存在，且取决于相邻两点之间的距离 h，进而得出在空间区域的某一点 x_0 处，周围存在多个相距 h 的点，可作为在点 x 处，变量 $Z(x)$ 的多个实现。

2. 半变异函数

地统计学的核心研究内容是空间变量的空间自相关性、空间变异性，以及空间变量的插值和模拟，以上研究内容的核心均是根据空间采样点的属性值来分析空间变量随空间位置的变化情况，进而估算出空间变量在未知点的取样值，这个研究的核心就是半变异函数。半变异函数计算公式为

$$r(h) = \frac{1}{2}\text{Var}[Z(x) - Z(x+h)]^2 \tag{3-3}$$

式中，$r(h)$——半变异函数；

　　　$Z(x)$——空间变量在 x 点的属性值；

　　　$Z(x+h)$——与 x 点空间距离为 h 的点的属性值。

半变异函数中有 3 个重要的参数（图 3-5）：块金值 C_0、基台值 $C_0 + C$、变程 a。其中，块金值 C_0 反映的是变量在最小抽样尺度下的测量误差；随着样点间距离逐渐增大，半变异函数 $r(h)$ 从初始块金值到达一个相对稳定值，该值即为基台值 $C_0 + C$；变程 a 为半变异函数由初始块金值到基台值时采样点的距离；块金值与基台值的比值 $C_0/(C_0 + C)$ 用以表征空间相关度，即系统变量空间相关性的程度。若 $C_0/(C_0 + C) < 25\%$，说明系统具有强烈的空间相关性；若 $C_0/(C_0 + C)$ 在 25%～75%，表明系统具有中等的空间相关性；若 $C_0/(C_0 + C) > 75\%$，说明系统空间相

关性很弱。$C_0/(C_0 + C)$ 也表示随机部分引起的空间异质性占空间系统总变异性的比例，如果比值 $C_0/(C_0 + C)$ 高，说明样本间的变异更多的是由随机因素引起的；反之，若比值 $C_0/(C_0 + C)$ 低，则表明样本间的变异性大多是由结构性因素引起的；若比值 $C_0/(C_0 + C)$ 趋近于 1，则表明变量在该区域内恒定变异。

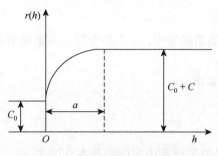

图 3-5　半变异函数示意图

3. 常见拟合模型

半变异函数通常可通过理论模型进行拟合，常见的拟合模型有线性模型、球状模型、指数模型、高斯模型等。以下为常见拟合模型的公式。

（1）线性无基台模型：

$$r(h) = C_0 + C\left(\frac{h}{a}\right) \quad 0 < h < a \tag{3-4}$$

（2）线性有基台模型：

$$\begin{cases} r(h) = Ah & 0 < h \leqslant a \\ r(h) = C_0 + C & h > a \\ r(h) = C_0 & h = 0 \end{cases} \tag{3-5}$$

（3）球状模型：

$$\begin{cases} r(h) = C_0 + C\left[\dfrac{3}{2} \cdot \dfrac{h}{a} - \dfrac{1}{2}\left(\dfrac{h}{a}\right)^3\right] & 0 < h \leqslant a \\ r(h) = C_0 + C & h > a \\ r(h) = 0 & h = 0 \end{cases} \tag{3-6}$$

（4）指数模型：

$$\begin{cases} r(h) = C_0 + C\left[1 - \exp\left(-\dfrac{h}{a}\right)\right] & h > 0 \\ r(h) = 0 & h = 0 \end{cases} \tag{3-7}$$

（5）高斯模型：

$$\begin{cases} r(h) = C_0 + C\left(1 - e^{\frac{-h^2}{a^2}}\right) & h > 0 \\ r(h) = 0 & h = 0 \end{cases} \tag{3-8}$$

式中，C_0——块金值；

C——偏基台值；

a——变程，在高斯模型中，a 不是变程，高斯模型的变程为 $\sqrt{3}a$；

h——空间距离；

A——拟合直线斜率。

4. 空间自相关

空间自相关分析是地统计学中常用的基本方法之一。1950 年 Patrick Moran 首次提出空间自相关性，之后的 20 年空间自相关性的研究一直在曲折发展，直到 1970 年，Waldo Tobler 进一步阐述了物体之间的相关性，由于不同物体的距离不同，它们之间的相关性也不同，这就是地理学第一定律。随后空间自相关被进一步阐述：变量在同一个分布区域的数据是相互依存、相互联系的，空间自相关主要是表达空间位置不同时，变量之间的相互依存关系，通常把这种依存及联系称为空间依赖。空间自相关分析主要用来分析空间数据的统计分布规律，它反映了属性值与相邻空间的相关性，是一种检测与量化取样值空间依赖程度的统计方法，也是进行深入空间分析的前提与基础。Moran's I 值（I）为空间自相关最常用的表征指标，公式为

$$I = \frac{1}{\sum\limits_{i=1}^{t}\sum\limits_{j=1}^{t} W_{ij}} \cdot \frac{\sum\limits_{i=1}^{t}\sum\limits_{j=1}^{t} W_{ij}(x_i - \overline{x})}{\sum\limits_{i=1}^{t}(x_i - \overline{x})^2 / t} \tag{3-9}$$

式中，W_{ij}——空间权重矩阵，可通过空间邻接方式和空间距离来确定；

x_i——区域单元 i 的属性值；

$\overline{x}$——各区域单元属性值的平均数。

常用标准化统计量 Z 来检验区域是否存在空间自相关关系，Z 的计算公式如下：

$$Z = \frac{I - E(I)}{\sqrt{\text{Var}(I)}} \tag{3-10}$$

当 Z 值为正时，表明存在正的空间自相关，也就是说，相似的观测值趋于空间集聚；当 Z 值为负时，表明存在负的空间自相关，相似的观测值趋于分散分布；当 Z 值为 0 时，观测值呈现独立随机分布。

5. 空间插值

克里金插值法也称局部空间插值法，是基于地统计学中变异函数发展起来的一种空间插值方法。1951 年，南非采矿工程师提出该方法，并将其应用到金矿的搜寻工作中，如今克里金插值法已经在多个领域及学科中被广泛应用，形成一套完整的理论体系。克里金插值法是建立在结构分析和变异函数基础上的一种无偏、线性、最优的空间插值方法，克里金插值法的关键在于空间权重系数的确定。该方法通过在插值过程中动态调节趋势函数来决定变量的取值，从而使插值函数处于最优状态，这种方法较传统插值方法改进之处在于：估算采样点观测样本属性值时，在充分利用现有采样观测点属性值空间分布特点的基础上，不仅考虑未知待插值点与邻近采样观测数据点的空间位置，还考虑各邻近插值点之间的位置，使其插值结果较传统方法更为准确、符合实际。根据不同数据类型及研究内容要求，目前常见的克里金插值类型包括区域化变量满足二阶平稳假设的普通克里金插值和简单克里金插值、多个变量相互关联的协同克里金插值、区域化变量非平稳的泛克里金插值以及适用于非连续取值的指示克里金插值等。概括克里金插值的过程如下：①数据处理，检验空间数据是否存在离群值，是否满足正态分布等；②模型拟合，选取合适的半变异函数模型 $r(h)$ 进行拟合；③模型检验，检验空间插值结果偏离程度。克里金插值的公式如下：

$$Z(u) - m(u) = \sum_{a=1}^{n(u)} \lambda_a(u)[Z(u_a) - m(u_a)] \tag{3-11}$$

式中，$\lambda_a(u)$——观测点 $Z(u_a)$ 的权重，该权重是通过变异函数计算出的统计意义上的权重；

$\quad\quad m(u)$、$m(u_a)$——$Z(u)$、$Z(u_a)$ 的平均值。

在未知点 u 处，设定限制条件及搜索半径，确定一个以未知点 u 为中心的区域范围，通过该区域内所有采样观测点的属性值，确定其相应权重，进而计算未知点的属性值。在简单克里金插值中，$m(u)$ 为已知常数；在普通克里金插值中，$m(u)$ 为变动的未知常数[18-20]。

二、基于地统计学的灌溉用水效率指标空间分布

1. 灌溉水利用效率空间自相关分析

对 2014 年 115 个样点灌区的灌溉水利用效率、渠系水利用效率及田间水利用效率进行数据检验和修正，以剔除离群值[21]。各灌溉用水效率指标经数据检验与

修正后，统计特征值见表 3-4。灌溉水利用效率、渠系水利用效率、田间水利用效率均服从正态分布，可进一步进行空间自相关分析。

表 3-4　灌溉用水效率指标体系统计特征值

指标	最大值	最小值	平均值	标准差	偏差系数	峰度系数	变异系数
灌溉水利用效率	0.75	0.26	0.54	11.03	0.08	0.88	0.2
渠系水利用效率	0.84	0.36	0.58	9.08	0.41	0.45	0.16
田间水利用效率	0.88	0.40	0.64	15.01	0.15	1.06	0.23

　　为了分析黑龙江省灌溉用水效率指标体系的空间分布规律，先对灌溉水利用效率、渠系水利用效率及田间水利用效率进行空间自相关分析，以探究灌溉水用水效率指标体系的空间异质性。利用 GS + 软件分析灌溉水利用效率在不同方向上的空间自相关变化情况，得出全方向（isotropic，ISO）和 0°、45°、90°、135° 4个方向的 Moran's I 值（图 3-6）。图 3-6 中，全方向在 124km 范围内灌溉水利用效率呈现空间正相关，在 124km 处空间自相关性消失，随着距离的不断增大，全方向上空间负相关程度逐渐显现，并呈现出随着距离增加，空间负相关程度逐渐增强的趋势。0°方向上，在距离 132km 内时，灌溉水利用效率呈现空间正相关，空间距离为 132km 时，空间自相关性消失；当距离大于 132km 时，呈现空间负相关；当距离在 173km 时灌溉水利用效率的空间自相关为 0；在 173～234km 范围

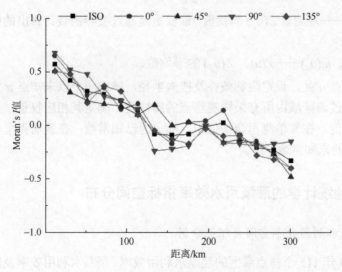

图 3-6　灌溉水利用效率空间自相关图

内，又出现空间正相关；当距离大于 234km 时，灌溉水利用效率的空间负相关程度逐渐增强。在 45°方向上，距离为 162km 内灌溉水利用效率呈现空间正相关，当距离大于 189km 时空间负相关程度逐渐增强。在 90°方向上，在 119km 以内，灌溉水利用效率呈空间正相关，在 119km 处，灌溉水利用效率的空间自相关消失，当距离大于 192km 时，灌溉水利用效率呈现出空间负相关，并保持相对平稳的趋势。在 135°方向上，距离在 125km 以内，灌溉水利用效率呈现出随着距离增大而逐渐减小的空间正相关性，当距离大于 125km 时，灌溉水利用效率呈现出随距离增大而增大的空间负相关性。

2. 渠系水利用效率空间自相关分析

图 3-7 为渠系水利用效率在各个方向上随距离变化的 Moran's I 值。当距离大于 155km 时，渠系水利用效率在各个方向上的空间自相关曲线相似度很高，空间自相关变化规律不明显，分析其原因，渠系水利用效率受地形条件、地下水位及衬砌措施等多方面因素影响，小范围区域内灌区的渠系水利用效率会存在一定的相似性，但不同区域灌区的渠系水利用效率的相似性存在不确定性，因此，会呈现出随距离变化规律不显著的情况。在 155km 内，渠系水利用效率的各个方向上的空间自相关性存在较大的差异性；距离在 34km 以内，各个方向上的渠系水利用效率均随着距离的增加而减小；距离在 34～155km，各方向上的空间自相关 Moran's I 值按从高到低依次排序为 0°、135°、ISO、45°和 90°，其中，0°方向在此距离范围内呈现先增大后减小的空间正相关，45°和 90°方向呈现空间负相关，而 ISO 和 135°的空间正、负相关性无明显规律。

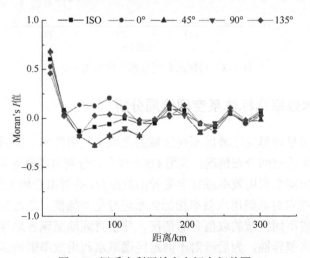

图 3-7　渠系水利用效率空间自相关图

3. 田间水利用效率空间自相关分析

图 3-8 为田间水利用效率空间自相关图。整体上看，田间水利用效率的空间自相关 Moran's I 值变化范围大于灌溉水利用效率、渠系水利用效率的变化范围，为(-0.74, 0.78)。其中，45°方向上的田间水利用效率 Moran's I 值变化范围最大，0°方向上的田间水利用效率 Moran's I 值变化范围最小，通过 Moran's I 值的变化范围可以看出，田间水利用效率的空间自相关性高于灌溉水利用效率、渠系水利用效率。ISO 上在 145km 处的 Moran's I 值为 0，0°方向上在 169km 处的 Moran's I 值为 0，45°方向上在 90km 处的 Moran's I 值为 0，90°方向上在 131km 处 Moran's I 值为 0，135°方向上在 128km 处的 Moran's I 值为 0，整体上各个方向上 Moran's I 值均随着距离的增加而减小，即呈现出随着空间距离增加，空间正相关程度减弱至 0，随即呈现出随着距离增大空间负相关程度逐渐增强的趋势。这表明田间水利用效率具有一定的区域相似性，相邻区域的田间水利用效率值相近。

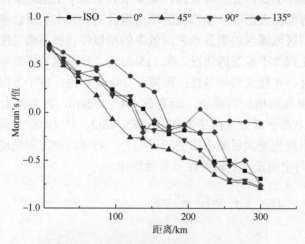

图 3-8　田间水利用效率空间自相关图

三、灌溉用水效率指标体系空间格局分析

为了进一步呈现黑龙江灌区不同区域的灌溉水利用效率、渠系水利用效率及田间水利用效率的空间分布情况，利用 GS + 软件，分别对灌溉水利用效率、渠系水利用效率及田间水利用效率进行半变异函数拟合，并对拟合模型结果进行检验，进而利用 GIS 技术对灌溉用水效率指标体系进行空间插值。通过空间插值得到各指标在黑龙江省不同区域的取值分布情况，便于直观地呈现各地区灌溉用水效率指标体系的空间差异性，为后续对不同地区灌溉水利用效率影响因素分析及节水计划的制订提供基础。

1. 灌溉水利用效率空间格局

利用 GS + 软件对灌溉水利用效率进行半变异函数拟合，拟合结果见表3-5，可以看出，各个方向上半变异函数拟合模型均选取指数模型。ISO 上的 R^2 值最大，最小均方根标准预测误差（root minimum mean squared error，RMMSE）最小，表明该方向上的指数模型拟合精度高于其他方向。通过对比不同方向上的 C_0 值可以看出，135°方向 C_0 最小，而45°方向的 C_0 最大，表明灌溉水利用效率在最小尺度内的测量误差，45°方向最大，135°方向最小。对比不同方向上的 $C_0/(C + C_0)$ 可以看出，除了90°方向上的 $C_0/(C + C_0)$ 小于0.25，45°方向上 $C_0/(C + C_0)$ 大于0.75，其他方向 $C_0/(C + C_0)$ 在0.25～0.75，这表明90°方向具有强烈的空间相关性，45°方向上的空间相关性较弱，其他方向呈现中等空间相关性。

表 3-5　灌溉水利用效率半变异函数模型拟合结果

方向	模型类型	C_0	$C_0 + C$	$C_0/(C_0 + C)$	A_0/km	R^2	RMMSE
ISO	指数	4.32	13.51	0.32	138	0.885	1.06
0°	指数	2.76	4.84	0.57	268	0.701	1.62
45°	指数	5.22	6.14	0.85	328	0.666	3.38
90°	指数	4.98	26.21	0.19	297	0.814	2.11
135°	指数	2.07	3.34	0.62	301	0.59	3.08

利用 ArcGIS 10.2 中的 Spatial Analyst 对灌溉水利用效率进行空间插值，插值检验结果见图3-9，进而得到2014年黑龙江省灌溉水利用效率空间趋势图（图3-10）。整体上看，黑龙江省灌溉水利用效率呈现出北高南低、西高东低的变化趋势，从图3-11的灌溉水利用效率空间分布中可以看出，全省灌溉水利用效率在0.35～0.45的覆盖面积最大，达43%，灌溉水利用效率在0.25～0.35所占面积最小，仅为8.9%；0.65～0.75的高值区灌溉水利用效率覆盖面积为21%，主要出现在哈尔滨南部、齐齐哈尔与绥化交界处、佳木斯西部以及双鸭山、鸡西的部分地区。

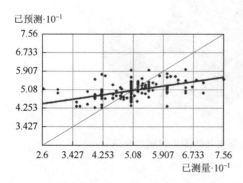

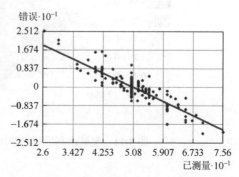

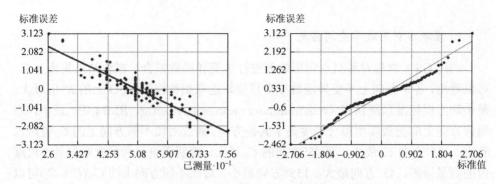

图 3-9　灌溉水利用效率空间插值检验结果

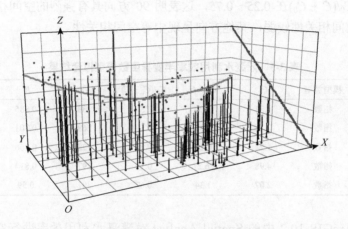

图 3-10　灌溉水利用效率空间趋势图

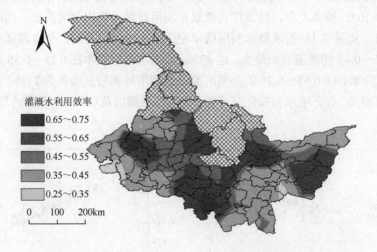

图 3-11　灌溉水利用效率空间分布（彩图见封底二维码）

2. 渠系水利用效率空间格局

渠系水利用效率在各个方向上的模型拟合结果见表 3-6。从表中可以看出，各个方向上半变异函数拟合模型均选取球状模型。ISO 上，渠系水利用效率的半变异函数拟合模型的 R^2 值大于 0.85，RMMSE 值为 1.38，拟合结果优于其他方向上的半变异函数拟合结果。从不同方向上的 C_0 值可以看出，ISO 上的渠系水利用效率在最小尺度内的测量误差较其他方向上的测量误差大，而 90°方向的渠系水利用效率在最小尺度下的测量误差最小。对比不同方向上的 $C_0/(C_0 + C)$ 可以看出，0°方向上，$C_0/(C_0 + C)$ 小于 0.25，表明 0°方向具有强烈的空间相关性，而 90°方向上的 $C_0/(C_0 + C)$ 高达 0.92，远高于 0.75，表明 90°方向上的渠系水利用效率空间相关性很弱，而其他方向上的 $C_0/(C_0 + C)$ 值在 0.25～0.75，具有中等空间相关性。

表 3-6 渠系水利用效率半变异函数模型拟合结果

方向	模型类型	C_0	$C_0 + C$	$C_0/(C_0 + C)$	A_0/km	R^2	RMMSE
ISO	球状	12.61	22.12	0.57	75	0.857	1.38
0°	球状	10.77	63.35	0.17	152	0.61	7.62
45°	球状	12.14	16.18	0.75	155	0.492	8.84
90°	球状	8.23	8.95	0.92	147	0.503	8.5
135°	球状	12.42	19.11	0.65	121	0.652	6.91

利用 ArcGIS 10.2 对 2014 年黑龙江省灌区渠系水利用效率测算结果进行空间插值（图 3-12～图 3-14）。从图 3-14 中可以看出，整体上渠系水利用效率呈现出北高南低，自西向东先增大后减小的变化趋势。渠系水利用效率在 0.45～0.55 的覆盖面积最大，为 31%；0.75～0.85 高值区的渠系水利用效率出现在齐齐哈尔、绥化、大庆的交界处；0.35～0.45 的渠系水利用效率低值区集中在黑龙江省东南部的鸡西、牡丹江、七台河的部分地区及西南部的大庆、齐齐哈尔部分地区。整体上渠系水利用效率与灌溉水利用效率的空间分布特征相似度较大（图 3-14）。

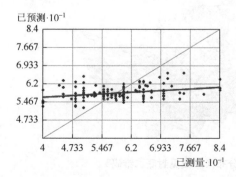
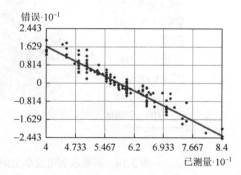

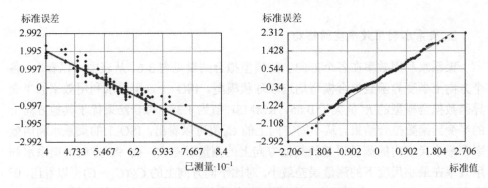

图 3-12　渠系水利用效率空间插值检验

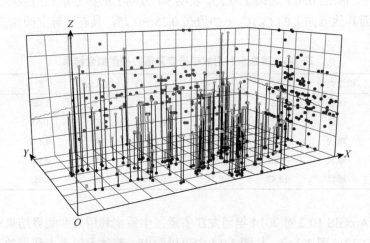

图 3-13　渠系水利用效率空间趋势图（彩图见封底二维码）

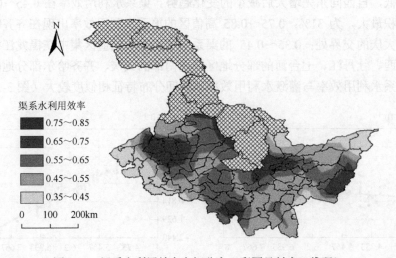

图 3-14　渠系水利用效率空间分布（彩图见封底二维码）

3. 田间水利用效率空间格局

田间水利用效率在各个方向上的拟合结果见表 3-7。除 0°方向上的半变异函数模型选取球状模型，其他方向上的半变异函数模型均为指数模型。其中，45°方向上的 R^2 值最小，RMMSE 值最大，表明该方向上的半变异函数模型较其他方向的拟合模型拟合精度低；C_0 值最大的为 45°方向，最小的为 ISO，表明 45°方向上最小尺度内的测量误差高于其他方向上的测量误差；比较 $C_0/(C+C_0)$ 值，可以看出 ISO 和 0°方向上的 $C_0/(C+C_0)$ 均小于 0.25，表明这两个方向上的田间水利用效率具有较强的空间相关性，其他方向呈现出中等空间相关性。

表 3-7　田间水利用效率半变异函数模型拟合结果

方向	模型类型	C_0	Sill	$C_0/(C+C_0)$	A_0/km	R^2	RMMSE
ISO	指数	2.7	11.26	0.24	203	0.915	1.02
0°	球状	4.1	27.33	0.15	357	0.57	9.76
45°	指数	5.2	8.81	0.59	382	0.51	11.22
90°	指数	3.79	5.26	0.72	331	0.735	1.36
135°	指数	3.1	10	0.31	270	0.885	1.06

对田间水利用效率进行空间插值，插值检验结果见图 3-15。田间水利用效率整体上呈现出南北高、中部低，西高东低的空间趋势特征（图 3-16）。0.78~0.88 的田间水利用效率高值区集中在大庆、齐齐哈尔交界处的富裕县、依安县、林甸县等部分地区，0.38~0.48 低值区的田间水利用效率则出现在鸡西中部的大部分地区（图 3-17）。

对比灌溉水利用效率、渠系水利用效率与田间水利用效率的空间分布图，可以看出：高值区均出现在大庆、齐齐哈尔、绥化交界处；鸡西西部的鸡东县 3 个效率指标均出现了最低值。鸡东县主要灌区为鸡东灌区，该灌区共有 7 个分区，属于大型灌区，水田灌溉面积占总面积的 72%。大型灌区灌溉用水效率目前偏低是黑龙江省普遍存在的主要问题之一。

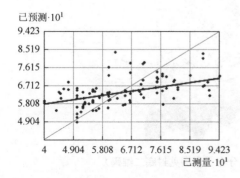

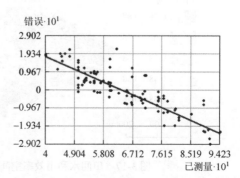

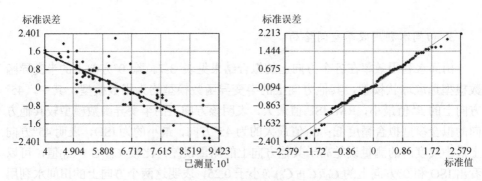

图 3-15　田间水利用效率空间插值检验

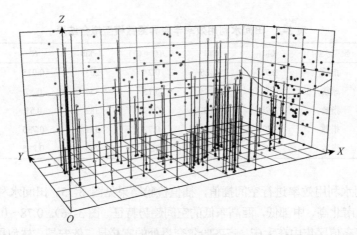

图 3-16　田间水利用效率空间趋势图（彩图见封底二维码）

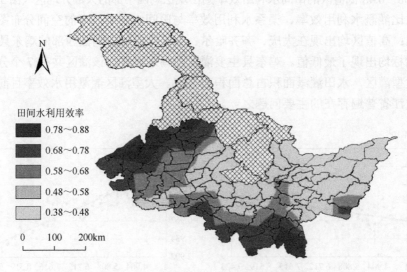

图 3-17　田间水利用效率空间分布（彩图见封底二维码）

参 考 文 献

[1] Glenny R W，Robertson H T，Yamashiro S，et al. Applications of fractal analysis to physiology[J]. Journal of Applied Physiology，1991，70（6）：2351-2367.

[2] Doerr V A J，Doerr E D. Fractal analysis can explain，individual variation in dispersal search paths[J]. Ecology，2008，85（5）：1428-1438.

[3] 朱华，姬翠翠. 分形理论及其应用[M]. 北京：科学出版社，2011.

[4] Herman P，Eke A. Fractal analysis of physiological time series：method and pitfalls of application[J]. Journal of Physiology（Cambridge），2000，595（6）：48-49.

[5] Mandelbrot B B，Wheeler J A. The fractal geometry of nature[J]. American Journal of Physics，1983，51（3）：286-287.

[6] Bains R. Fractal geometry-mathematical foundations and applications[J]. Biometrics，1992，9（4）：366-367.

[7] 闫永涛，冯长春. 中国城市规模分布实证研究[J]. 城市问题，2009，（5）：14-18.

[8] Berry B J L，Okulicz K A. The city size distribution debate：resolution for US urban regions and megalopolitan areas[J]. Cities，2012，29（4）：S17-S23.

[9] 戚伟，刘盛和. 中国城市流动人口位序规模分布研究[J]. 地理研究，2015，34（10）：1981-1993.

[10] Li S J. Rank-size distributions of Chinese cities：macro and micro patterns[J]. Chinese Geographical Science，2016，26（5）：577-588.

[11] 赵媛，牛海玲，杨足膺. 我国石油资源流流量位序-规模分布特征变化[J]. 地理研究，2010，29（12）：2121-2131.

[12] 付强，刘巍，刘东，等. 黑龙江省灌溉水利用率分形特征与影响因素分析[J]. 农业机械学报，2016，47（9）：147-153.

[13] 王小军，张强，古璇清. 基于分形理论的灌溉水有效利用系数空间尺度变异[J]. 地理学报，2012，67（9）：1201-1212.

[14] Surhone L M，Timpledon M T，Marseken S F，et al. Rank-Size Distribution[M]. Hong Kong：Betascript Publishing，2010.

[15] Cheng K M，Zhuang Y J. Spatial econometric analysis of the rank-size rule for urban system：a case of prefectural-level cities in China's middle area[J]. Scientia Geographica Sinica，2012，32（8）：905-912.

[16] Tsiotas D. City-size or rank-size distribution? An empirical analysis on Greek urban populations[J]. Theoretical & Empirical Researches in Urban Management，2016，11（4）：5-16.

[17] 汤韵，张榕晖. 台湾城市规模分布初探——基于位序-规模法则的分析[J]. 集美大学学报（哲学社会科学版），2011，14（2）：59-64.

[18] 刘爱利，王培法，丁园圆. 地统计学概论[M]. 北京：科学出版社，2012.

[19] 尹镇南. 地质统计学（空间信息统计学）基本理论与方法应用[M]. 北京：地质出版社，2012.

[20] 地质部情报研究所. 地质统计学[M]. 北京：地质出版社，1980.

[21] 付强，刘巍，刘东，等. 黑龙江省灌溉用水效率指标体系空间格局研究[J]. 农业机械学报，2015，46（12）：127-132.

第四章 灌溉水利用效率影响因素分析

影响灌溉水利用效率的因素众多而复杂，因此，探寻不同方面影响因素对不同地区灌溉水利用效率的直接与间接驱动机制，是提升灌溉水利用效率、进行节水管理与规划的前提和基础，也是一个值得深入研究和有待解决的技术难题。通过以往的研究得出，不同方面的影响因素对灌溉水利用效率的影响程度不同。有些因素，如灌区所在地理位置和地表地貌、土壤质地、气候特征等是相对固定的影响因素，属于自然因素；而灌溉用水量、作物种植结构、有效灌溉面积以及灌区工程状况等因素是可通过人的主观意愿来改变的，属于人为因素。因此，需从自然因素和人为因素两个方面，采用定性分析与定量分析相结合的方法对黑龙江省灌溉水利用效率的影响因素进行分析，以解构灌溉水利用效率变化的驱动机制。

第一节 灌溉水利用效率影响因素

根据对以往研究的总结，灌溉水利用效率的影响因素可大致分为自然因素和人为因素。其中，自然因素主要包括降水量、腾发量、地形地貌、土壤质地等；人为因素主要包括灌溉方式、节水灌溉面积比率、渠系衬砌率、灌区工程完好率、渠系结构复杂度、灌区工程配套率、灌溉用水量等。其中，大部分因素可通过定量分析的方式进行研究，而部分自然因素由于无法定量表征，只可通过统计分类的方式进行定性分析，如地形地貌和土壤质地等。根据黑龙江省样点灌区的调研情况，基于数据获取难易程度，并综合自然因素与人为因素两个方面，选取了10个影响因素进行定量分析，含义见表4-1。

表 4-1 灌溉水利用效率影响因素含义

变量	含义
降水量/mm	生育期降水量
腾发量/mm	生育期作物蒸发蒸腾量，利用彭曼公式计算
平均温度/℃	粮食作物生育期平均温度
节水灌溉面积比率/%	采取节水措施的灌溉面积占总灌溉面积的比例
渠系衬砌率/%	衬砌渠道占总输水渠道的比例
灌区工程完好率/%	符合正常运行标准的灌溉工程占所有灌溉工程的比例

续表

变量	含义
渠系结构复杂度	渠道等级数×渠道总长度/主干渠总长度
作物产量/10^4t	当年粮食作物总产量
灌区工程配套率/%	灌区现有灌溉工程设施占设计标准灌溉配套工程设施的比例
灌溉用水量/10^3m^3	年灌溉用水总量

资料来源：黑龙江省灌溉信息网、黑龙江省水利统计资料、《黑龙江统计年鉴（2014）》及黑龙江省水文局、灌排总站获取的黑龙江省样点灌区信息统计表

1. 自然因素

1）地形地貌

以 2014 年黑龙江省不同类型灌区灌溉水利用效率为例，分析丘陵、平原和山区 3 种地形下不同类型灌区的综合净灌溉定额和灌溉水利用效率的对应关系（图4-1）。从图中可以看出，不同类型灌区在不同地形条件下灌溉水利用效率的变化情况：4 种类型灌区除纯井灌区外灌溉水利用效率均表现出平原地形灌区＞丘陵地形灌区＞山地地形灌区，其中，大型和中型灌区平原地形灌区的灌溉水利用效率要明显高于丘陵地形灌区、山地地形灌区的灌溉水利用效率。经过计算，平原地形条件下全省灌区的灌溉水利用效率均值为 54%，净灌溉定额均值为 7746m^3/hm^2；山地地形条件下全省灌溉水利用效率均值为 47.75%，净灌溉定额均值为 7179m^3/hm^2；丘陵地形条件下，灌溉水利用效率均值为 50%，净灌溉定额均值为 7369m^3/hm^2。

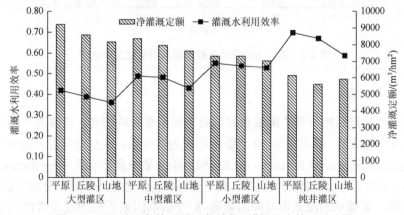

图4-1 不同地形条件下不同类型灌区灌溉用水情况对比图

2）土壤质地

土壤质地是指土壤的粒径、渗漏系数等因素，不同土壤质地的土壤粒径差异

较大，通常，土壤粒径越大，渗漏系数就越高。土壤质地对灌溉水利用效率的影响主要体现在田间用水环节及部分渠系输水环节，土壤质地直接影响土壤水分的渗漏情况。黑龙江省土地资源相对丰富，土壤种类多，通常情况下一个灌区内部会存在多种土壤质地，因此，为研究土壤质地对灌溉水利用效率的影响情况，对灌区土壤质地类型进行简单的概化与统计，选取灌区中所占比例最大的土壤类型作为该灌区土壤质地的代表进行分析。该分析方法可近似表征不同土壤质地的共性，难免会存在一定误差，仅作为趋势参考。图 4-2 中 5 种土壤为黑龙江省目前可获取的概化土壤质地类型，包括草甸土、黑土、壤土、砂质土和黏质土。对比 5 种土壤的灌溉水利用效率可以看出，壤土的灌溉水利用效率最大，为 0.59，其次为砂质土、黏质土和草甸土，黑土的灌溉水利用效率最小，为 0.42。对比净灌溉定额可以看出，砂质土的净灌溉定额最大，为 82570m^3/hm^2，黑土的净灌溉定额最小，为 9377m^3/hm^2。

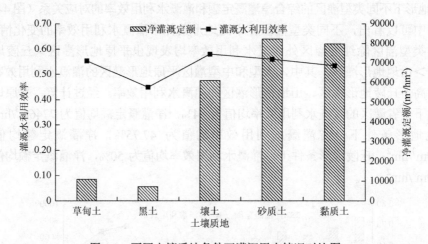

图 4-2　不同土壤质地条件下灌溉用水情况对比图

2. 人为因素

通过逐步回归模型筛选灌溉水利用效率的主要影响因素。以灌溉水利用效率为因变量，降水量、腾发量等 10 个影响因素为自变量，选择变量进入模型的显著水平（significance level for entry，SLE）和剔除变量的显著水平（significance level for stay，SLS）均为 0.05 的情况下，通过 SPSS 软件进行逐步回归分析（表 4-2）。结果显示，灌溉水利用效率与降水量等 8 个影响因素先后通过显著性检验，而平均气温和作物产量未通过显著性检验，被模型剔除。这表明平均气温和作物产量两个因素较其他影响因素对黑龙江省灌溉水利用效率的解释程度低，可被忽略。

表 4-2　逐步回归模型结果

序列	模型内变量	R^2	随机误差	F	P
1	渠系衬砌率、灌区工程完好率	0.519	0.485	85.74	0.000
2	渠系衬砌率、灌区工程完好率、节水灌溉面积比率、灌区工程配套率	0.574	0.452	82.14	0.000
3	渠系衬砌率、灌区工程完好率、节水灌溉面积比率、灌区工程配套率、渠系结构复杂度、降水量	0.604	0.374	79.16	0.000
4	渠系衬砌率、灌区工程完好率、节水灌溉面积比率、灌区工程配套率、渠系结构复杂度、降水量、灌溉用水量、腾发量	0.657	0.252	77.56	0.000

第二节　降水特征对灌溉水利用效率的影响

为了分析灌溉水利用效率与降水的相关性，对黑龙江省样点灌区的灌溉水利用效率与年降水量和降水时序分布差异分别进行回归分析[1-3]。由于对降水的数据量要求较大，在黑龙江省选取具有详细降水资料和灌区资料的 8 个大中型非井灌区作为研究对象，各样点灌区的实灌面积均在 1000hm² 以上，样点灌区的地理位置如图 4-3 所示，样点灌区遍布黑龙江省除大小兴安岭地区以外的松嫩平原区、三江平原区和张广才、老爷岭山地地区三大灌溉分区，具有一定的代表性。

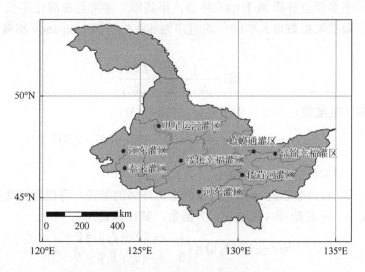

图 4-3　各样点灌区位置图

一、降水时序分布的混沌特征识别方法

年降水量这一单一指标不能完全反映降水对灌溉水利用效率的影响，降水在时序分布上的差异也可能会对灌溉水利用效率产生一定的影响。降水时间序列的混沌特征能够反映降水在时间分布上的差异，为了分析降水在时间分布上的差异对灌溉水利用效率的影响，对样点灌区月降水时间序列的 Lyapunov 指数和关联维数等混沌特征进行识别，并对灌溉水利用效率与降水时序分布混沌特征进行回归分析。

Lyapunov 指数可以表征混沌动力学系统中吸引子的全局特征[4, 5]，而关联维数是吸引子关联性的非线性度量[6, 7]，它们都能很好地反映混沌动力学系统的混沌性。要计算样点灌区月降水时间序列的 Lyapunov 指数和关联维数，首先要对样点灌区的月降水时间序列进行相空间重构。在进行相空间重构时，需要确定延迟时间 τ 和嵌入维数 m[8]，延迟时间 τ 可以采用自相关函数法确定[9]，嵌入维数 m 可以采用 Cao 方法确定[10]。

Lyapunov 指数的计算可以采用非线性局部方法，其计算步骤如下[11]。

以 $Y(t_1)$ 为参考点，寻找与参考点距离最近的点 $Y'(t_1)$，两点的距离可以表示为

$$L(t_1) = \| Y(t_1) - Y'(t_1) \| \tag{4-1}$$

取演化步长 $T = 1$，设在时间 $t_2 = t_1 + 1$，$Y(t_1)$ 和 $Y'(t_1)$ 分别演化到 $Y(t_2)$ 和 $Y'(t_2)$，两点的距离：

$$L'(t_1) = \| Y(t_2) - Y'(t_2) \| \tag{4-2}$$

从第一个参考点计算到 $Y(t_1)$ 的终点，得到每个参考点在演化步长 T 内的误差增长率，最后取指数增长率的平均值作为非线性局部 Lyapunov 指数均值的近似估计：

$$\text{LEE} = \frac{1}{N-1} \sum_{i=1}^{N-1} \ln \frac{L'(t_1)}{L(t_1)} \tag{4-3}$$

要计算关联维数，可以先由下式计算关联积分：

$$C(r, m) = \lim_{N \to \infty} \frac{2}{N(N-1)} \sum_{1 \leqslant i < j \leqslant N} H(r - \| Y_i - Y_j \|) \tag{4-4}$$

式中，N——重构相空间点的个数；

r——以 Y_i 为中心的 m 维嵌入空间中的球体的半径，可视为标度尺度；

$H(x)$——单位阶梯（Heaviside）函数，其计算式为

$$H(r - \| Y_i - Y_j \|) = \begin{cases} 1 & r - \| Y_i - Y_j \| \geqslant 0 \\ 0 & r - \| Y_i - Y_j \| < 0 \end{cases} \tag{4-5}$$

则关联维数 D_2 为

$$D_2 = \lim_{r \to 0} \ln C(r) / \ln r \qquad (4\text{-}6)$$

采用最小二乘法，对 $\ln C(r)\text{-}\ln r$ 图进行拟合，拟合直线的斜率即为关联维数 D_2 的估算值[12]。

二、灌溉水利用效率与年降水量的回归分析

对 2013 年黑龙江省样点灌区的灌溉水利用效率与年降水量进行回归分析，得到结果如图 4-4 所示。可以看出，灌溉水利用效率与年降水量线性拟合的决定系数 R^2 仅为 0.0021，无明显相关性；灌溉水利用效率与年降水量二次曲线拟合的决定系数 R^2 虽然提高到了 0.3192，但其回归方程未通过 0.05 显著性水平的 F 检验，仍不能说明它们有明显的相关性。这说明年降水量几乎不会影响黑龙江省样点灌区的灌溉水利用效率，这与王小军等[13]的研究结果相一致。

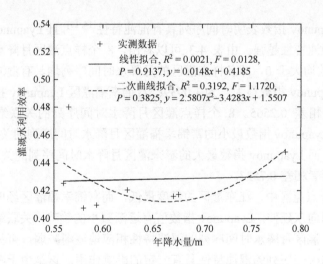

图 4-4　灌溉水利用效率与年降水量的相关关系

三、灌溉水利用效率与降水时序分布的回归分析

1. 降水时序分布的混沌特征识别结果

对黑龙江省各样点灌区月降水时间序列进行相空间重构，并分别计算各样点灌区月降水时间序列重构相空间的 Lyapunov 指数和关联维数，计算得到的各样点灌区混沌特征值见表 4-3。

表 4-3　各样点灌区月降水时间序列混沌特征值

灌区名称	Lyapunov 指数	关联维数
卫星运河灌区	0.9670	2.6269
江东灌区	0.9925	2.6501
富锦幸福灌区	0.8374	3.0296
倭肯河灌区	0.8921	2.8353
蛤蟆通灌区	0.8444	2.8416
泰来灌区	1.0939	2.2769
绥化幸福灌区	0.9480	2.8291
河东灌区	0.9978	2.6893
均值	0.9466	2.7224
方差	0.0761	0.1962
极差	0.2565	0.7527

正的 Lyapunov 指数表明时间序列具有混沌特性[14, 15]，且 Lyapunov 指数越大，时间序列的混沌特性越强。由表 4-3 可以看出，8 个样点灌区月降水时间序列的 Lyapunov 指数均大于 0，即各样点灌区的月降水时间序列均具有混沌特性。其中泰来灌区 Lyapunov 指数最大，为 1.0939；富锦幸福灌区 Lyapunov 指数最小，为 0.8374，两者相差 0.2565。8 个样点灌区月降水时间序列的关联维数的均值为 2.7224，其中 Lyapunov 指数最小的富锦幸福灌区月降水时间序列的关联维数最高，达到 3.0296，而 Lyapunov 指数最大的泰来灌区月降水时间序列的关联维数最低，为 2.2769，两者相差 0.7527。

在 8 个样点灌区中，江东灌区的经度最低，而富锦幸福灌区经度最高。随着灌区位置由西向东延伸，Lyapunov 指数值有逐渐减小的趋势，关联维数值有逐渐增大的趋势，灌区月降水时间序列的混沌特性相应地逐渐减弱，可见灌区的经度对灌区月降水时间序列的混沌特性具有一定的影响作用。这是由于随着经度的增高，灌区越来越远离内陆而靠近东太平洋，来自东太平洋的水汽对其影响逐渐加剧，进而影响到灌区降水的时间分布。

2. 灌溉水利用效率与降水时序分布混沌特征的回归分析

对黑龙江省样点灌区的灌溉水利用效率值与计算得到的降水时序的混沌特征值进行回归分析，得到结果如图 4-5 和图 4-6 所示。从图 4-5 可以看出，Lyapunov 指数在线性拟合中的决定系数为 0.7831，通过了显著性水平为 0.01 的 F 检验，表明 Lyapunov 指数与灌溉水利用效率具有较高的相关性；在二次曲线拟合中，Lyapunov 指数与灌溉水利用效率的相关性有显著的提高，二次拟合曲线的决定系数达到了 0.9243，其 F 检验的 P 值为 0.0016，在 0.01 的显著性水平上非常显著。灌溉水利用效率与 Lyapunov 指数的二次拟合曲线在拐点(0.85, 0.41)处达到极小值，拟合曲线在拟合区间内的绝大部分都在拐点右侧呈上升趋势，这与其线性拟合趋势相同，表明灌溉水利用效率与 Lyapunov 指数存在较强的正相关性。

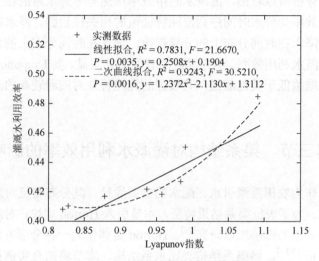

图 4-5　Lyapunov 指数与灌溉水利用效率的相关关系

从图 4-6 可以看出，关联维数在线性拟合中的决定系数为 0.7625，通过了显著性水平为 0.01 的 F 检验，表明关联维数与灌溉水利用效率具有较高的相关性。在二次曲线拟合中，关联维数与灌溉水利用效率的相关性也有显著的提高，关联

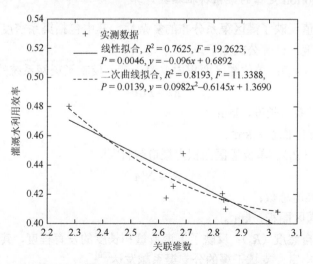

图 4-6　关联维数与灌溉水利用效率的相关关系

维数与灌溉水利用效率的二次拟合曲线的决定系数达到了 0.8193，且二次拟合曲线的回归方程通过了 0.05 显著性水平的 F 检验。灌溉水利用效率与关联维数的二次拟合曲线在拟合区间内并不存在拐点，呈现出与其线性拟合相同的下降趋势，表明灌溉水利用效率与关联维数存在较强的负相关性。

通过以上分析可以看出，灌溉水利用效率虽然与年降水量的相关性不高，但是灌溉水利用效率与降水时间序列混沌特征值的相关性较强。降水时间序列混沌特征能够表征降水在时间分布上的分异规律，降水在时间分布上的差异在较大程度上影响着灌溉水利用效率。泰来灌区的表现尤其明显，其 Lyapunov 指数高于其他灌区，关联维数低于其他灌区，其较强的混沌特性对应着较高的灌溉水利用效率水平。

第三节　渠系结构对灌溉水利用效率的影响

渠道输水作为农田灌溉引水、配水的重要途径，其分布特征对灌溉水利用效率有重大影响。为了表征渠系结果特征，本节引入 Horton 定律，对灌区渠系特征对灌溉水利用效率的影响加以研究[16]。Horton 定律作为一种分形方法，常用于分析水系结构特征[17-19]，将渠系结构类比水系结构，本节将结合实例揭示渠系结构对灌溉水利用效率的影响规律。

一、渠系特征表征

1. 基于 Horton 定律的渠系特征参数计算

渠系特征值反映了灌区渠系分布的复杂性，其中包括渠系密度、渠系频度及渠系结构自然度，计算公式如下。

渠系密度（R_d）：单位灌区面积内渠道长度，反映了渠网系统的发达程度。

$$R_d = L/A \tag{4-7}$$

式中，L——渠系总长度，km；

　　　A——灌区面积，km²。

渠系频度（R_f）：单位灌区面积内渠道数目[19]。

$$R_f = N/A \tag{4-8}$$

式中，N——渠道总数；

　　　A——灌区面积，km²。

渠系结构自然度（R_c）：反映了渠道数量和长度的发育程度，其值越大说明渠系构成层次越丰富，支撑干渠的分支渠系越发达[20]。

$$R_c = \Omega \cdot L / L_g \qquad (4\text{-}9)$$

式中，Ω——渠道分支级别；

　　　L——灌区内渠道总长，km；

　　　L_g——干渠长度，km。

2. 渠系结构分维数计算

Horton 认为在同一流域内河流的数目（N）、长度（L）等水系结构参数随河道级别呈几何级数变化，依据水系规律对渠系分维值进行计算，公式如下：

$$N_\omega = R_b^{W-\omega} \qquad (4\text{-}10)$$

$$L_\omega = L_1 R_l^{\omega-1} \qquad (4\text{-}11)$$

式中，R_b——渠系分支比；

　　　R_l——渠系长度比；

　　　ω——渠道级别序号；

　　　W——渠系最高级别；

　　　N_ω——第 ω 级渠道数目；

　　　L_1、L_ω——第 1 级、第 ω 级渠道的平均长度，km。

在 ω-lgN_ω 和 ω-lgL_ω 坐标上（ω 为横坐标）所求得的直线斜率绝对值的反对数分别表示 R_b 和 R_l 的值，即

$$R_x = 10^{|k_x|} \qquad (4\text{-}12)$$

式中，R_x——渠系结构参数（$x = b, l$）；

　　　k_x——ω-lgN_ω 和 ω-lgL_ω 图上回归直线的斜率。

分支比 R_b 是相邻渠道总数目的比值，一般在 3~5[21]；长度比 R_l 是相邻渠道长度的比值，一般在 1.5~3。

Horton 认为流域内不同等级水系的发育具有自相似特征，之后许多学者对水系分维结构特征开展了相关研究，建立了分维值与水系特征参数间的关系。La Barbera 和 Rosso 给出的水系分维值 D 计算式[22]为

$$D = \lg R_b / \lg R_l \qquad (4\text{-}13)$$

La Barbera 和 Rosso 认为水系分维值应在 1~2，平均值为 1.6~1.7[22]，Tarboton 等计算出的分维值在 1.7~2.5[23]。分维值越大说明水系越复杂，反之则越简单。

3. 灌溉水利用效率提升潜力

灌溉水利用效率提升潜力是通过提升灌区渠系分维值得到的灌溉水利用效率增长值，描述了渠系经过改造后对灌溉水利用效率的影响程度，计算公式为

$$\eta' = f(\eta, D+x, S, Q) - f(\eta, D, S, Q) \tag{4-14}$$

式中，η——灌溉水利用效率；

　　　η'——灌溉水利用效率变化值；

　　　D——渠系分维值；

　　　S——灌区有效灌溉面积，hm^2；

　　　Q——灌溉引水量，m^3；

　　　x——分维数增量。

二、实例分析

1. 渠系分布结构特性分析

1）灌区渠系特征

为便于分析各类分级渠系灌区的特征，由式（4-7）～式（4-12）计算出各类灌区的渠系特征值，见表4-4。

表 4-4　灌区渠系特征值

灌区类别	灌区个数	有效灌溉面积 S/km^2	分支比 R_b	长度比 R_l	渠系密度 R_d/(km/km²)	渠系频度 R_f/(条/km²)	渠系结构自然度 R_c
四级	41	78.27	5.00	2.85	392.56	730.46	53.98
三级	23	66.12	6.49	3.95	283.64	235.28	17.15
二级	11	49.09	5.28	4.19	142.49	42.417	7.1548

结果显示：①四级灌区分支比和长度比平均值是三类灌区中最低的，而其他三项渠系特征指标都是三类灌区之中最高的，且渠系频度和渠系结构自然度相比三级和二级灌区都是成倍地增加，说明四级灌区渠系结构最为复杂。四级灌区的渠系密度与其他两级灌区相差较大，说明虽然四级灌区渠系数目多且结构复杂，但渠系长度较短。四级灌区长度比和分支比在水系 Horton 定律的一般范围之内，说明四级渠系类灌区普遍能吻合水系分形规律，符合自然界的自组织优化结构。在这种结构下，灌区引水能有效地分配到灌区田间各处。②三级灌区平均有效灌溉面积略低于四级，以中型灌区为主。其渠系分支比是三类中最高的，长度比位于二级和四级之间。三级灌区中有些灌区分支比或长度比高于水系 Horton 定律普遍范围。分支比高是因为每级渠系之间数目相差过大，干渠少而农渠多，以分支较多的中短长度渠系输水为主；长度比较高是因为灌区中存在较长的输水干渠，而配水的斗渠、农渠较短。③二级灌区中

主要是小型灌区。其长度比为三类灌区中最高，说明该类灌区多以分支较少的长距离渠系输水为主。

2）灌区渠系分维值分析

根据式（4-13）计算得到各灌区分维值，见图4-7。所选取的样点灌区所得分维值集中在1～2.5，符合Horton定律水系分形的一般规律。分维值低于1的灌区共有10处，由式（4-13）可知是分支比小于长度比所致，此类灌区分支比均处于合理范围的上界。这10处灌区中只有1处为小型灌区，其他均为面积较大的灌区，面积较大导致渠系长度虽长但灌区单位面积内渠道数目少，渠系填充灌区效果不佳，使得分维值较小。有两处灌区分维值高于上限2.5，分别是红卫灌区和八一灌区。其中红卫灌区分支比高达11.347，长度比仅有2.38，农渠数目是斗渠的11倍，而总长度仅为斗渠的4倍，在修建渠道的过程中过多地注重数量，而没有开挖到合适的长度。分维值过高或过低都是因为在灌区渠道修建的过程中，自相似结构在部分地区遭到了人为的高度工程化破坏。渠系分维值越大代表渠系结构发展得越好，所研究灌区渠系分维值近一半在1.0～1.5，结构有待进一步的优化。

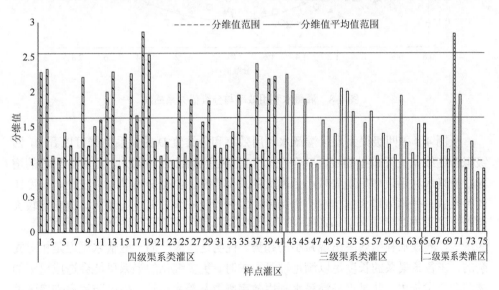

图4-7　样点灌区渠系分维值

2. 渠系分维结构对灌溉水利用效率的影响

1）灌溉水利用效率与分维值拟合

渠系水利用效率的高低对灌溉水利用效率有直接影响，渠系水利用效率与渠系长度、复杂度、衬砌率和土壤质地等有很大关系，而表征渠系特征的分维值可以从一个方面反映渠系输配水的合理性。过高或过低的分维值都不利于灌溉水利用效率的提高，结合分支比和长度比寻求相对最佳的分维值对提高灌溉用水效率有重要的理论意义与现实意义。对不同灌区的灌溉水利用效率和分维值进行相关性分析，结果见图 4-8，可以看出黑龙江省各灌区灌溉水利用效率变化的总体趋势。

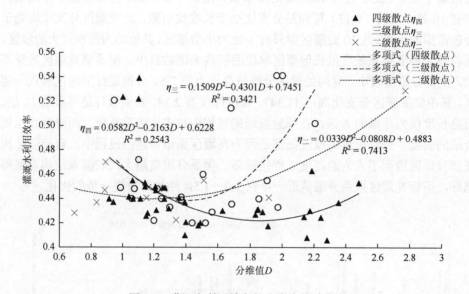

图 4-8　灌溉水利用效率与分维值关系曲线

　　从图 4-8 中四级渠系灌区灌溉水利用效率和分维值 D 的关系曲线可以看出，四级拟合曲线呈大开口抛物线，其存在一个趋势拐点(1.865, 0.422)。随着分维值的增大，灌溉水利用效率呈现先减小后增大的总体趋势。结合分维值与分支比、长度比的关系式，分维值增大的情况分为两种：①长度比一定，分支比增大。分支比较大的灌区多为面积较大的大中型灌区，在各灌区长度比相近时，随着一些灌区分支比的增大，灌溉水利用效率出现减小的趋势。说明这些灌区的一些输水渠道是相对冗余的，在各条渠系的长度足以满足灌溉需求时，更多细化的渠系可能会造成更多的渗漏和蒸发损失，此时提高灌溉水利用效率需要从渠系改造、提高防渗率来增强输水能力着手。②分支比一定，长度比减小。面积较小的小型灌区，普遍长度比较小，渠系数目分级发展完备时，灌溉水利用效率随着长度比减小而减小，说明渠系长度不够，不能有效地将灌溉水输送到各块田地，应该适当延长单位渠道长度，提高长度比，减少分支，来提高灌溉水利用效率。在分维值增加到一定数值以后，灌溉水利用效率又开始增长，这几个出现增长的灌区分别为音河灌区、悦来灌区、江东灌区、绥化幸福灌区和红旗灌区，这些灌区虽然分支比高、存在冗余渠系，但衬砌工程率较高，均达到 10%以上，其中悦来灌区干支斗农渠均有防渗处理，衬砌率高达 34%，灌溉水利用效率达到 0.463。

三级渠系灌区的灌溉水利用效率与分维值散点趋势线没有明显的形态特征，总体上表现为开口较小的抛物线形态，趋势拐点为(1.425, 0.439)，与四级渠系灌区相似，灌溉水利用效率随着分维值的增加先减小后增大，而增长趋势要明显于四级渠系。该类型灌区提高灌溉水利用效率分为两类，面积较大的三级渠系类灌区在较小的分维值有较高的灌溉水利用效率，面积较小的灌区考虑提高分维值。可以通过适当降低同等级渠系的长度，增加下一级渠系的长度，或者相对缩短上一级渠系的长度，变长渠为短渠来提高分维值。

所研究样点灌区中二级渠系灌区数目较少，所以散点分布表现出较高的相关性（$R^2 = 0.7413$），灌溉水利用效率随着分维值的增加始终呈增加的趋势，即在灌区渠系分级较少、渠道结构比较简单的情况下，增加渠系的分支比，能使灌溉水更高效地输送到田间，有利于灌溉水利用效率的提升。

通过分析，灌区不同分级渠系下，存在一个相对来说"最为合理"的分维值和趋势区间，也就是说，灌区渠系结构特征有一个相对最佳的供用水的分布安排，这将为大中小型不同规模、类型、形态和渠系分级的灌区在设计上提供技术参考，有利于节约投资，使工程效益达到最优。

2）分维值对灌溉水利用效率提升潜力的影响

渠系特征与灌溉水利用效率之间的决定系数（R^2）并没有达到显著性，也从另一个侧面说明了渠系结构特征只是影响灌溉水利用效率的一个方面。其他因素如灌区的地形地貌、灌溉引水量、灌区面积、渠系衬砌率等都会对不同灌区的灌溉水利用效率产生影响。由于各灌区有效灌溉面积和灌溉引水量各年变化差异不大，为了便于分析分维值单因素变化对灌溉水利用效率提升的具体数值，将分维值（D）、引水量（Q）和有效灌溉面积（S）与灌溉水利用效率进行拟合，应用 SPSS 19.0 的多元非线性回归，经过多次迭代，得到拟合公式：

$$\eta = 0.037D^2 - 0.137D - 0.011\ln S - 0.001\ln Q + 0.521 \quad R^2 = 0.623 \quad (4\text{-}15)$$

多元回归的相关系数 R^2 为 0.623，残差平方和为 0.009，接近于 0，说明灌溉水利用效率与各变量有较强的相关性。令分维值逐渐增大，其他变量不变，根据式（4-14）和式（4-15）计算灌溉水利用效率随分维值变化而产生的数值变化，将灌区按分维值由大到小排列，如图 4-9 所示。

由图 4-9 可知，D 在 1.8 以上的灌区，灌溉水利用效率随着 D 的减小整体呈显著下降趋势。D 值小于 1.8 的灌区，灌溉水利用效率随着 D 的减小波动显著，进而对分维值在 1.0～1.8 的灌区按照每隔 0.2 个单元区间进行划分并计算分析，如表 4-5 所示。

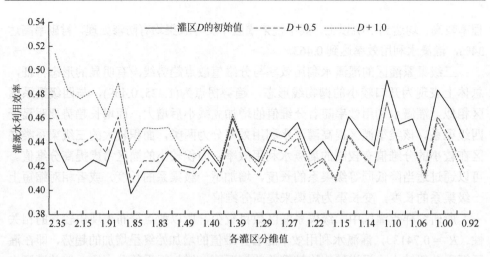

图 4-9　分维值增加对灌溉水利用效率的影响

表 4-5　灌溉水利用效率提升潜力值

D 的边界	D 增加值		灌溉水利用效率增加值	
	趋势拐点	增加显著	趋势拐点	增加显著
1.8	—	1.0	—	0.0350
1.6	0.5	1.0	0.0035	0.0210
1.4	1.0	1.5	0.0004	0.0280
1.2	1.5	2.0	0.0003	0.0370
1.0	2.0	—	0.009	—

　　由表 4-5 得出，渠系分维值介于 1.6～1.8 的灌区，灌溉水利用效率随分维值增加而变化的趋势转折点为 0.5，此时灌溉水利用效率开始呈增加趋势，分维值增加 1 时，灌溉水利用效率增长效果显著。D 在 1.4～1.6 的灌区，转折点对应 D 为增加 1.0，提升 1.5 个单位可以取得显著增效，而 1.5 是 D 为 1.2～1.4 的灌区灌溉水利用效率开始增加对应的分维数增量。由于各渠道输水型灌区的灌溉水利用效率年际浮动变化非常小，一般在 0.001～0.01，灌溉水利用效率增加值在 0.01 以上已可以算显著增加水平。

　　综合上述结果可以得出，渠系分维值现状在 1.8 以上的灌区，灌溉水利用效率与分维值增量呈正比关系，只要能增大分维值，灌溉水利用效率就会有所增长，通过前文分析已知增大分维值可以通过增大分支比或减小长度比实现，结合现实条件，可以增加渠系级数，在原有基础上开挖新的斗渠、农渠，增加此类较低等级渠道的数目或者延长下级渠道的长度，使得灌溉水能更快捷、高效地分配到灌区田间各处。分维值处于中等水平的灌区，分维值在达到一定阈值前灌溉水利用效率是随分形维数增加而减小或增加效果不显著的,此类灌区在规划提升灌溉用水效率措施时,可以对比改造渠系与其他工程措施的资金投入和产生的效益来决定是否选择增大分维值。而灌区分维值小于1的灌区,分维值提升2个单位灌溉水利用效率才开始微弱增加,这些灌区不建议通过改造渠系结构来提升灌溉水利用效率,而且为追求渠系复杂度而过度开挖会增加输水过程中的渗漏量,不利于灌区节水,可以通过增加渠系防渗率和节水灌溉面积等其他节水工程措施来提升灌溉水利用效率。

第四节　灌溉水利用效率影响因素的空间分析

灌溉水利用效率受灌区自然条件、灌溉工程状况、灌溉技术等因素的影响,且各影响因素存在空间变异性,不同地区各影响因素对灌溉水利用效率的影响程度也不尽相同,使得不同地区灌溉水利用效率的差异性显著。因此,为了考虑各影响因素的空间性对灌溉水利用效率的响应机制,本节采用地理加权回归模型进行灌溉水利用效率影响因素的空间分析。

一、地理加权回归模型

1. 模型简介

在一个空间系统内,各样点受随机或结构因素的影响,样点属性值随着空间位置发生变化。传统的回归模型在整体误差允许范围内能够满足所有采样点的因变量与自变量的关系。但针对空间每一个采样点而言,传统的回归模型将所有采样点的空间性质视为同质的假设条件,造成各采样点的局部空间特性被掩盖,所得到的采样点属性与各影响因素的关系只是所研究系统内的趋势关系,而非每一个采样点均适用。因此,传统的全局回归模型的适用性较差,对于空间内的每一个点会存在不同程度的误差。针对空间系统回归分析中存在的上述问题,英国的 Fotheringham 在研究空间非平稳性的过程中首次提出了地理加权回归(geographic weighted regression,GWR)模型,该模型是在传统全局回归模型的基础之上,基于空间局部光滑的思想,将采样点的空间数据嵌入回归方程中,对空间内的每一个采样点进行局部参数估计,进而通过各采样点空间回归模型的回归系数的变化情况,反映出各采样点的自变量在不同位置对因变量的影响程度[23]。由于地理加权回归模型能够针对空间各点的空间位置进行回归分析,回归结果的准确性得以极大地提升。目前,地理加权回归模型作为一种有效的空间建模方式已经在气象学、经济学、医学、森林学、生物学等多个学科得到了应用,而在农业水资源相关方面的研究,还需进一步探索[24-27]。

2. 地理加权回归模型计算过程

地理加权回归模型是在传统线性回归模型基础上的扩展，是一种直接使用空间观测数据与其相关联的坐标位置数据建立参数的空间建模技术。本节通过各影响因素的回归系数随地理空间位置的变化情况，直观地比较各影响因素对不同地区灌溉水利用效率的影响程度。地理加权回归模型结合样点灌区灌溉水利用效率的研究的一般形式如下：

$$y_i = \beta_0(u_i, v_i) + \sum_{j=1}^{n} \beta_j(u_i, v_i) x_{ij} \varepsilon_i \quad i = 1, 2, \cdots, n \tag{4-16}$$

式中，β_0——回归常数项；

(u_i, v_i)——第 i 个样点灌区的坐标；

$\beta_j(u_i, v_i)$——第 i 个样点灌区的第 j 个影响因素的回归系数；

ε_i——第 i 个样点灌区回归模型的随机误差。

地理加权回归模型中的回归系数受空间位置影响，它通过邻近观测值的子样本数据信息进行局域回归估计得到，公式如下：

$$\hat{\beta}(\mu_i, v_i) = [X^T W(\mu_i, v_i) X]^{-1} X^T W(\mu_i, v_i) XY \tag{4-17}$$

式中，$\hat{\beta}$——β 的估计值；

X——影响因素自变量矩阵；

Y——灌溉水利用效率；

W——位置(u_i, v_i)处模型赋予数据点的空间权重矩阵。

本节选择高斯距离加权确定空间权重 $W(u_i, v_i)$，即

$$W(u_i, v_i) = e^{\frac{1}{2}\left(\frac{d_{ij}}{b}\right)^2} \tag{4-18}$$

式中，b——基带宽度。b 可以看作是一个衡量模型光滑程度的参数，b 越大，则模型的光滑程度越高。b 的选择对地理加权回归模型的结果影响较大，在建立地理加权回归模型过程中，若 b 过大，则各点的空间回归参数值趋同，若 b 过小，则无法解释空间因素对因变量的影响程度。

二、影响因素空间分析

在进行回归分析之前，需要对各变量进行空间自相关检验，如果空间效应明显，则需要进一步采用空间建模技术进行分析，若不明显，则无须进行空间回归分析。计算灌溉水利用效率及其影响因素的 Moran's I 值（图 4-10），可以看出，灌溉水利用效率及其影响因素均呈现出不同程度的空间自相关，并随着距离的增大而减小，其中，腾发量、降水量及灌溉水利用效率随着距离增大，空间自相关性变化显著。

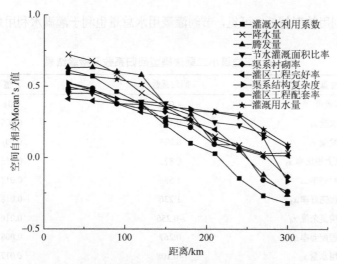

图 4-10　灌溉水利用效率及其影响因素空间自相关图

1. 正交最小二乘法模型回归结果

以灌溉水利用效率为因变量及通过逐步回归模型筛选出的主要影响因素 $x_1 \sim x_8$ 为自变量构建正交最小二乘法（orthogonal least squares，OLS）模型（表 4-6）。所建立的正交最小二乘法模型的回归系数均通过显著性检验，模型的修正 R^2 为 0.577，即所建立的正交最小二乘法模型能够解释灌溉水利用效率与各影响因素之间关系的能力为 57.7%。从表 4-6 可以看出，6 个影响因素与灌溉水利用效率正相关，其回归系数按从大到小的顺序为渠系衬砌率 x_4、灌区工程完好率 x_5、节水灌溉面积比率 x_3、灌区工程配套率 x_7、降水量 x_1、腾发量 x_2。通过比较各影响因素的回归系数可以看出：渠系衬砌率对灌溉水利用效率的影响程度最大，这表明目前黑龙江省提升灌溉水利用效率的主要工作是采取防渗措施，减少输水过程中不必要的渗漏损失；降水量和腾发量作为自然因素的代表，回归系数分别为 0.114 和 0.096，对灌溉水利用效率的正向影响程度低于人为影响因素。在人为影响因素中，需特殊说明的是灌区工程配套率，其回归系数仅为 0.267，与其他人为影响因素（渠系衬砌率、灌区工程完好率、节水灌溉面积比率）的回归系数差距明显，表明灌区工程配套率对灌溉水利用效率的影响程度并不显著，针对这一现象对部分灌区进行调研发现：由于技术屏障和管理缺陷等，一些节水灌溉设施并未在实际的节水灌溉工作中发挥作用，因此，应加强对节水灌溉设施的利用与管理。两个影响因素与灌溉水利用效率负相关：渠系结构复杂度和灌溉用水量。渠系结构复杂度代表渠系构成层次的丰富度，其值越高代表渠系越发达，渠系结构复杂度与灌溉水利用效率负相关，表明渠系的发育程度越高，灌溉水利用效率越低[28, 29]，因此，应重视渠系的布局与规划。灌溉用水量与灌溉水利用效率负相关，表明灌溉用水量越大，灌溉水利用效率越低，可见，节约灌溉用水总量也利于灌溉水利用效率的提升。

表 4-6　正交最小二乘法模型回归系数及检验结果

变量	回归系数	P 值
常数项	4.049	0.01
降水量 x_1	0.114	0.005
腾发量 x_2	0.096	0.001
节水灌溉面积比率 x_3	0.872	0.013
渠系衬砌率 x_4	1.586	0.012
灌区工程完好率 x_5	1.236	0.018
渠系结构复杂度 x_6	−0.256	0.016
灌区工程配套率 x_7	0.267	0.008
灌溉用水量 x_8	−0.108	0.017

2. 地理加权回归模型回归结果

变量均存在空间自相关性，因此有必要建立空间回归模型，以便分析各影响因素对不同地区灌溉水利用效率的影响程度。利用 GWR4 软件，建立黑龙江省 116 个样点灌区的灌溉水利用效率与各影响因素的地理加权回归模型，每一个样点灌区的影响因素都存在一组回归系数，统计值见表 4-7。

表 4-7　地理加权回归模型回归系数统计值

变量	最大值	最小值	平均值
常数项	16.287	−1.169	3.276
降水量 x_1	0.226	0.09	0.158
腾发量 x_2	0.177	0.056	0.082
节水灌溉面积比率 x_3	1.52	0.450	0.794
渠系衬砌率 x_4	1.838	0.767	1.392
灌区工程完好率 x_5	1.638	0.749	1.173
渠系结构复杂度 x_6	0.089	−0.495	−0.167
灌区工程配套率 x_7	0.444	−0.02	0.196
灌溉用水量 x_8	0.052	−0.091	−0.046

对比地理加权回归模型与正交最小二乘法模型拟合效果，地理加权回归模型的 Adjusted R^2 值为 0.736，大于正交最小二乘法模型的 0.577；对各样点灌区空间回归模型的标准化残差进行空间自相关检验，得到 Moran's I 值 = 0.086，$Z(I) = 10.965$（$P < 0.001$），残差的空间自相关性不明显，建立的地理加权回归模

型整体效果较好。这表明地理加权回归模型较正交最小二乘法模型可以更好地解释空间结构对灌溉水利用效率的影响。

3. 灌溉水利用效率影响因素回归系数空间分布

利用 ArcGIS 软件（Arctoolbox—Spatial Analyst—插值）对地理加权回归模型中各影响因素的回归系数进行空间插值，得到各影响因素回归系数的空间分布图（图4-11）。通过回归系数的分布情况可以比较各影响因素对不同地区灌溉水利用

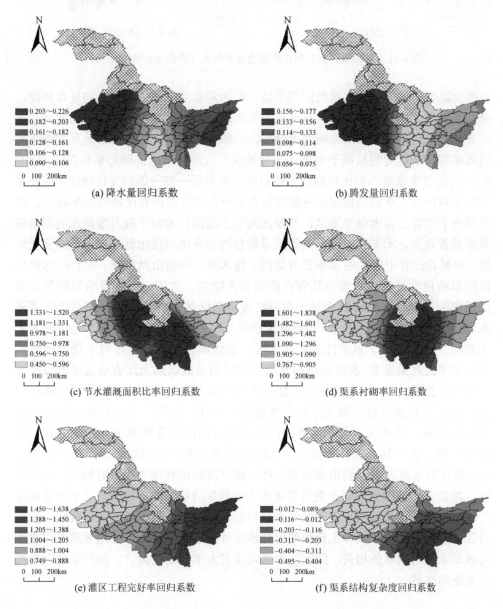

(a) 降水量回归系数　　　(b) 腾发量回归系数
(c) 节水灌溉面积比率回归系数　　　(d) 渠系衬砌率回归系数
(e) 灌区工程完好率回归系数　　　(f) 渠系结构复杂度回归系数

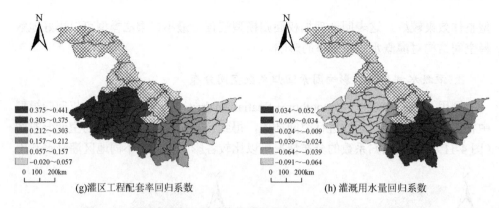

(g)灌区工程配套率回归系数　　　　　　　　(h) 灌溉用水量回归系数

图4-11　各影响因素回归系数的空间分布图（彩图见封底二维码）

效率的影响程度：①降水量的回归系数，自西向东呈现高—低—高的分布规律，降水量对黑龙江省西部的影响程度高于其他地区，对黑龙江省中部的通河县、方正县、延寿县、尚志市的影响程度最低。②腾发量对黑龙江省西部地区灌溉水利用效率的影响程度明显高于中部、东部地区，大部分地区的回归系数在 0.156～0.177。③节水灌溉面积比率回归系数自西向东呈低—高—低的变化规律，回归系数在 1.331～1.520 的高值范围内的面积占整个黑龙江省研究区域的 50%以上，这表明对于黑龙江省大部分地区，普及田间节水灌溉技术对于提升灌溉水利用效率具有显著效果。④渠系衬砌率的回归系数自西向东也呈现出低—高—低的变化规律，对黑龙江省中部的哈尔滨部分地区、佳木斯、双鸭山及鹤岗、七台河部分地区的影响程度最高，对黑龙江省西部的齐齐哈尔、大庆、绥化及哈尔滨部分地区的影响程度最低，这表明对于黑龙江省中部地区，加强渠系衬砌对提升灌溉水利用效率的效果更为显著。⑤灌溉工程完好率的回归系数自西向东呈逐渐增大的趋势，这表明对于黑龙江省东部地区，加强灌区的养护工作对于提升灌溉水利用效率的效果显著。⑥渠系结构复杂度的回归系数以黑龙江省东南部的穆棱市为中心呈扩散式递减，即渠系结构复杂度与灌溉水利用效率的负相关程度逐渐增强，表明渠系结构对于黑龙江省东南部的牡丹江、鸡西、七台河部分地区的影响并不显著。⑦灌区工程配套率的回归系数自西向东逐渐减小，黑龙江省东部的抚远县、饶河县、虎林市等部分地区出现负相关，表明对于黑龙江省西部地区，灌区节水灌溉设施利用率较高，对于提升灌溉水利用效率具有帮助，而东部地区增加节水灌溉设施对于提升灌溉水利用效率的效果并不显著，且小部分地区出现负相关。⑧灌溉用水量的回归系数自西向东呈低—高—低的变化规律，除牡丹江、佳木斯及哈尔滨和七台河的部分地区外，黑龙江省大部分地区灌溉用水量与灌溉水利用效率负相关，因此，对黑龙江省大部分地区而言，应科学合理地减少灌溉用水量。

参 考 文 献

[1] 刘烨. 黑龙江省粮食作物水分生产率时空分布规律及影响因素分析[D]. 哈尔滨：东北农业大学，2017.

[2] Fu Q，Liu Y，Li T X，et al. Analysis of irrigation water use efficiency based on the chaos features of a rainfall time series[J]. Water Resources Management，2017，31（6）：1961-1973.

[3] 付强，刘烨，李天霄，等. 水足迹视角下的黑龙江省粮食生产用水分析[J]. 农业机械学报，2017，48（6）：184-192.

[4] Rosenstein M T，Collins J J，De Luca C J. A practical method for calculating largest Lyapunov exponents from small data sets[J]. Physica D：Nonlinear Phenomena，1993，65（1-2）：117-134.

[5] 陈宝花，李建平，丁瑞强. 非线性局部 Lyapunov 指数与大气可预报性研究[J]. 中国科学 D 辑：地球科学，2006，（36）：1068-1076.

[6] Grassberger P，Procaccia I. Measuring the strangeness of strange attractors[J]. Physica D：Nonlinear Phenomena，1983，9（1）：189-208.

[7] Grassberger P，Procaccia I. Characterization of strange attractors[J]. Physical Review Letters，1983，50（5）：346-349.

[8] Deng J，Chen X，Du Z，et al. Soil water simulation and predication using stochastic models based on LS-SVM for red soil region of China[J]. Water Resources Management，2011，25（11）：2823-2836.

[9] 丁晶，王文圣，赵永龙. 长江日流量混沌变化特性研究——I相空间嵌入滞时的确定[J]. 水科学进展，2003，14（4）：407-411.

[10] Cheng K，Fu Q，Li T X，et al. Regional food security risk assessment under the coordinated development of water resources[J]. Natural Hazards，2015，78（1）：603-619.

[11] 吴浩，侯威，王文祥，等. 试用 Lyapunov 指数探讨气候突变及其前兆信号[J]. 物理学报，2013，62（12）：558-565.

[12] Dhanya C T，Kumar D N. Nonlinear ensemble prediction of chaotic daily rainfall[J]. Advances in Water Resources，2010，33（3）：327-347.

[13] 王小军，张强，古璇清. 基于分形理论的灌溉水有效利用系数空间尺度变异[J]. 地理学报，2012，67（9）：1201-1212.

[14] Wolf A，Swift J B，Swinney H L，et al. Determining Lyapunov exponents from a time series[J]. Physica D：Nonlinear Phenomena，1985，16（3）：285-317.

[15] Hu Z，Zhang C，Luo G，et al. Characterizing cross-scale chaotic behaviors of the runoff time series in an inland river of Central Asia[J]. Quaternary International，2013，311（9）：132-139.

[16] Li T X，Sun M X，Fu Q，et al. Analysis of irrigation canal system characteristics in Heilongjiang Province and the influence on irrigation water use efficiency[J]. Water，2018，10（8）：1101.

[17] 谢先红，崔远来，蔡学良. 灌区塘堰分布分形描述[J]. 水科学进展，2007，18（6）：858-863.

[18] 刘丙军，邵东国，沈新平. 灌区灌溉渠系分形特征研究[J]. 农业工程学报，2005，21（12）：56-59.

[19] 罗文锋，李后强，丁晶，等. Horton 定律及分枝网络结构的分形描述[J]. 水科学进展，1998，9（2）：118-123.

[20] 刘怀湘，王兆印. 典型河网形态特征与分布[J]. 水利学报，2007，38（11）：1354-1357.

[21] Kirchner J W. Statistical inevitability of Horton's laws and the apparent randomness of stream channel networks[J]. Geology，1993，21（7）：591-594.

[22] La Barbera P，Rosso R. On the fractal dimension of stream networks [J]. Water Resources Research，1989，25（4）：

735-741.

[23] Tarboton D G, Bras R L, Rodriguez-Iturbe I.The fractal nature of river networks[J]. Water Resources Research, 1988, 24 (8): 1317-1322.

[24] Shi H, Laurent J, Lebouton J, et al. Local spatial modeling of white-tailed deer distribution[J]. Ecological Modelling, 2006, 190 (1-2): 171-189.

[25] Goovaerts P, Xiao H, Adunlin G, et al. Gepgraphically-weighted regression analysis of percentage of late-stage prpstate cancer diagnosis in Florida[J]. Applied Geography, 2015, 62: 191-200.

[26] 马宗文, 许学工, 卢亚灵. 环渤海地区 NDVI 拟合方法比较及其影响因素[J]. 生态学杂志, 2011, 30 (7): 1558-64.

[27] 顾凤岐, 赵倩. 林木生长关系的 GWR 模型[J]. 东北林业大学学报, 2012, 40 (6): 129-140.

[28] 屈忠义, 杨晓, 黄永江, 等. 基于 Horton 分形的河套灌区渠系水利用效率分析[J]. 农业工程学报, 2015, 31 (13): 120-127.

[29] 王小军, 张强, 易小兵, 等. 灌区渠系特征与灌溉水利用系数的 Horton 分维[J]. 地理研究, 2014, 33 (4): 789-800.

第五章　渠道渗漏模拟

渠道渗漏是农业灌溉水资源的主要流失方式，因此，研究土壤灌溉过程中影响渠道土壤水分入渗的因素，研究各因素对入渗过程的影响程度，对入渗过程进行合理描述，可以降低灌溉过程中由于渠道渗漏而损失的水量，进而从减少渠道渗漏的角度提高灌溉水利用效率。

进行渠道入渗的室内模拟试验，分析入渗过程中的土壤水分运动过程并建立土壤水分运动模型，对渠道入渗过程进行数值模拟，研究各因素对入渗过程的影响，建立描述入渗过程的累积入渗量和湿润锋运移距离计算模型，具有以下几点重要意义。

（1）通过大田试验确定渠道入渗规律需要耗费大量的人力、物力，而且会受到季节等因素的制约；而通过室内试验模拟渠道入渗过程，可以设置不同的边界条件，而且不会受到外界因素的干扰，数据的收集和处理也比较方便。

（2）渠道底宽、入渗水头、边坡系数、土壤容重和土壤初始含水量是设计渠道断面时必须考虑的因素，研究各因素对累积入渗量和湿润锋运移距离会产生怎样的影响，探索它们之间是否存在一定的交互作用，可以为灌溉渠道的合理设置、减少渠道入渗过程中的损失水量提供理论参考。

（3）使用数值模拟的方法模拟试验条件下的渠道入渗土壤水分运动过程，能够得到更多不同边界条件下的入渗过程数据，得到的模拟数据可以很好地模拟灌溉实施过程中的土壤水分运动过程，进而可以分析更多边界条件下的渠道入渗过程，节约进行室内试验所耗费的时间。

（4）通过室内试验和数值模拟得到渠道入渗过程中的累积入渗量和湿润锋运移距离实测及模拟数据，通过拟合得到考虑不同影响因素的累积入渗量和湿润锋运移水平、垂直距离计算模型，可以契合地描述试验条件下的土壤水分运动过程；利用该模型可以计算不同边界条件的大田灌溉过程中的土壤水分运动过程，为合理设置灌溉制度、控制灌溉过程中的施用水量提供技术支撑。

纵观国内外对于入渗过程、数值模拟和入渗模型建立的研究发现，对影响入渗过程因素的研究比较深入，数值模拟方面研究也取得了较大的进展，对于入渗模型，国内外学者建立了不同条件下的累积入渗量和湿润锋运移距离计算模型，形成了较为完整的研究体系，但是仍存在一定的不足，主要表现如下。

（1）探索边坡系数对累积入渗量和湿润锋运移距离的影响程度的研究较少，而作为设计灌溉渠道时的重要因素，边坡系数对入渗过程的影响必须考虑在内；寻求不同因素之间的交互影响可以对灌溉渠道的优化设计提供合理参考，值得深入研究。

（2）入渗模型的建立方面，对同时考虑土壤容重、渠道断面和土壤初始含水量下的累积入渗量和湿润锋运移距离的研究较少，也没有考虑各影响因子对拟合参数的作用大小，存在一定缺陷。

本章内容对上述问题进行研究与分析。

第一节　土壤水分特征曲线的测定

一、室内试验模拟

1. 试验设计

为了研究土壤容重、土壤初始含水量、渠道底宽、入渗水头、边坡系数对累积入渗量和湿润锋运移距离的影响，我们进行了两次室内模拟试验。第一次试验是为了探究渠道底宽、入渗水头、边坡系数对入渗过程的影响，设置的渠道底宽分别为5cm、10cm、15cm，入渗水头分别为3cm、6cm、9cm，边坡系数分别为1、1.2、1.5。共进行了15组试验，试验方案如表5-1所示[1]。

表 5-1　第一次模拟试验的试验方案

序号	渠道底宽 d/cm	入渗水头 h/cm	边坡系数 m	土壤容重 γ/(g/cm³)	土壤初始含水量 ω/%
1	5	6	1	1.35	7
2	5	6	1.2	1.35	7
3	5	6	1.5	1.35	7
4	5	3	1.5	1.35	7
5	5	9	1.5	1.35	7
6	10	3	1.2	1.35	7
7	10	6	1.2	1.35	7
8	10	9	1.2	1.35	7
9	10	9	1	1.35	7
10	10	9	1.5	1.35	7

续表

序号	渠道底宽 d/cm	入渗水头 h/cm	边坡系数 m	土壤容重 γ/(g/cm³)	土壤初始含水量 ω/%
11	15	3	1.2	1.35	7
12	15	6	1.2	1.35	7
13	15	9	1.2	1.35	7
14	15	9	1	1.35	7
15	15	9	1.5	1.35	7

为了进一步探求土壤容重和土壤初始含水量对累积入渗量和湿润锋运移距离的影响及各因素之间的交互作用，我们于 2017 年 5 月进行了补充试验，试验方案如表 5-2 所示。

表 5-2　第二次模拟试验的试验方案

序号	渠道底宽 d/cm	入渗水头 h/cm	边坡系数 m	土壤容重 γ/(g/cm³)	土壤初始含水量 ω/%
1	10	6	1.2	1.35	15
2	10	6	1.2	1.3	15
3	10	6	1.2	1.4	15
4	10	6	1.2	1.35	7
5	10	6	1.2	1.35	25
6	5	6	1.2	1.35	15
7	15	6	1.2	1.35	15
8	10	3	1.2	1.35	15
9	10	9	1.2	1.35	15
10	10	6	1	1.35	15
11	10	6	1.5	1.35	15

2. 试验装置

室内模拟试验在东北农业大学水利与土木工程学院的水工厅内进行，试验时间分别为 2016 年 10～11 月和 2017 年 5～6 月，室内模拟试验的试验装置分为两部分：试验土箱和供水设备（图 5-1 和图 5-2）。试验土箱由有机玻璃制成，其规格为 60cm×20cm×110cm（长×宽×高），距底部 20cm 处装有一块包含 10 个排水孔的有机玻璃版，玻璃板上铺有防止土样散落的过滤膜，水可以自由出入该过滤膜。为了防止气阻，土箱的正面和侧面设置了若干排气孔，由于试验过程中需要读取不同时间下湿润锋的位置，土箱侧面的不同位置贴有横竖交叉的刻度条。

试验的供水设备为马氏瓶，直径 20cm，高 80cm，该装置可以保证定水头供水，提高试验精度[2, 3]。进行试验时，按设计的试验方案装填土样，设置规定的渠道断面尺寸。

图 5-1　室内模拟试验装置

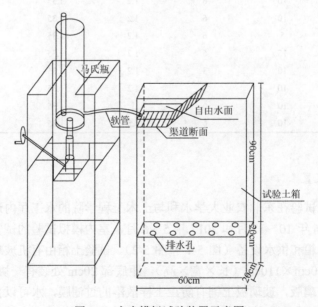

图 5-2　室内模拟试验装置示意图

二、土样基本物理特征

1. 试验土样机械组成

两次室内模拟试验的土样取自东北农业大学水利与土木工程学院试验田（126°45′32″E，45°44′41″N），取样深度为 10～30cm，将土样风干破碎后采用马尔文激光粒度仪分析了土样的机械组成，结果见表 5-3。供试土样黏粒（粒径＜0.002mm）含量所占比例为 4.22%，粉粒（0.002mm＜粒径＜0.02mm）含量为 31.29%，砂粒（粒径＞0.02mm）含量为 31.29%。根据国际制土壤分类标准，供试土样的类型为砂质壤土。

表 5-3 供试土样的机械组成

粒径	<2mm	<1mm	<0.25mm	<0.05mm	<0.01mm	<0.005mm	<0.001mm
百分数/%	100	99.93	96.29	67.89	20.92	11.12	1.39

2. 土样饱和含水率

土样饱和含水率是一个十分重要的物理性质[4]，为了掌握土壤的水分状况，研究试验条件下的土壤水分运动，土壤饱和含水率是必不可缺的重要参数。土壤饱和含水率的测定采用烘干法，将试验土样按设计的土壤容重装填到体积为 100m³ 的环刀中，浸泡 8h 后放入 105℃ 的烘箱烘干 12h，每组容重设置一个对照组，两个重复组，最终得到容重分别为 1.3g/cm³、1.35g/cm³、1.4g/cm³ 时对应土样的饱和含水率分别为 48.1%、43.8%、41.6%。

3. 土样饱和导水率

土样饱和导水率是土壤另一个十分重要的物理参数[5, 6]，也是进行数值模拟时必须输入的重要参数，本节研究选用环刀法实测供试土样的饱和导水率。将土样按设置容重装入环刀中，浸泡 8h 至土样饱和，取出后在环刀上接一个空环刀，接口处用玻璃胶黏合，将接合的环刀置于漏斗上，向空环刀中加水至距刀口 1mm 处，记录渗出水量，每记一次数向环刀内加水至原水位，直至单位时间内的渗出水量相同。最终得到容重分别为 1.3g/cm³、1.35g/cm³、1.4g/cm³ 时对应土样的饱和导水率分别为 0.0936cm/min、0.0736cm/min、0.0485cm/min。

三、土壤水分特征曲线的测定

土壤水分特征曲线是反映土壤水分的能量和土壤含水量之间关系的曲线[7, 8]。当土壤的含水率等于土壤饱和含水率 θ_s 时，土壤的基质势为零；当土壤吸力逐渐增大到特定阈值 S_a 后，土壤中的水分开始流出，此时的阈值 S_a 称为进气吸力（进气值）。土壤水分特征曲线主要受土壤质地、容重、结构、温度等的影响，还与土壤滞后现象有关，土壤吸湿过程和脱湿过程的土壤水分特征曲线是不相同的。土壤水分特征曲线的测定方法主要有稳定含水率剖面法、离心机法、压力膜法、张力计法、平衡水汽压法、砂芯漏斗法等[9]。本节研究采用离心机法测定供试土样的土壤水分特征曲线[10]，该方法具有操作简单、精度较高的优点，可以测定高吸力下的土壤含水量。

1. 测定步骤与方法

（1）用电子天平量出各环刀和离心盒对应的质量（g），编号并记录。

（2）将供试土样按设计容重 1.3g/cm³、1.35g/cm³、1.4g/cm³ 装入环刀中，浸泡 8h 至土样饱和。

（3）把饱和后的土样装入离心盒，按照规定进行配平，放入离心机转子，设置转速、离心时间、转子室温度，开始离心。

（4）转速依次设定为 500r/min、1000r/min、1500r/min、2000r/min、3000r/min、4000r/min、5000r/min、6000r/min，每个转速对应的离心时间是 90min。

（5）每次离心结束后，用游标卡尺量出离心盒顶端到土壤表面的距离，称重并计数。

（6）所有转速的离心结束后，将土样置于烘箱中，105°C 烘干 12h，称重并记录。

2. 试验结果

表 5-4 为不同容重条件下土壤水吸力和土壤体积含水率的对应关系，图 5-3 为不同容重下的土壤水分特征曲线。

由表 5-4 中的数据和图 5-3 可以得知，随着土壤容重的增加，土壤密实度增加，相同土壤水吸力对应的土壤体积含水率略有增加（除 0kPa、5kPa 外），土壤水分特征曲线的趋势大致与幂函数 $S = a\theta^b$ 相同，为了确定土壤水吸力 S 与土壤体积含水率 θ 的关系，对不同容重下的土壤水分特征曲线进行了拟合，发现拟合的 R^2 均大于 0.99，说明土壤水吸力 S 与土壤体积含水率 θ 基本符合幂函数的关系。

表 5-4　不同容重条件下土壤水吸力和土壤体积含水率的对应关系

土壤容重 /(g/cm³)	土壤水吸力/kPa										
	0	5	10	30	50	100	300	500	700	900	1200
	土壤体积含水率/(cm³/cm³)										
1.3	0.537	0.425	0.386	0.332	0.310	0.282	0.252	0.225	0.214	0.205	0.191
1.35	0.546	0.419	0.393	0.344	0.317	0.290	0.264	0.234	0.223	0.215	0.199
1.4	0.538	0.455	0.419	0.373	0.343	0.316	0.287	0.257	0.246	0.237	0.224

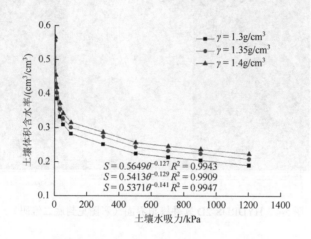

图 5-3　不同容重下的土壤水分特征曲线

第二节　渠道渗漏数值模拟

一、HYDRUS-2D 软件简介

1999 年，国际地下水模拟中心开发出 HYDRUS-2D 软件，该软件是能够用来模拟二维土壤水分运动、热量传输、根系吸水和溶质运移的有限元计算机模型[11]。软件由计算机程序和基于交互式图形的用户界面组成（图 5-4）。该软件可以对非饱和水流和对流-弥散方程的 Richards 方程进行数值模拟，进而解决水热和溶质运移问题。采用了考虑植物根系吸水的汇源项，水热运移方程考虑由于水流传导和流动而产生的运移过程，溶质运移方程考虑了液相对流-弥散运移及气象扩散。该程序为不同水流事件的初始和边界条件提供了灵活的处理方式，水流区域可以由不规则的水流边界和具有各向异性的非均质土壤组成。通过将求解区域剖分成不规则的三角形网格，对时间进行隐式差分，对离散后的非线性方程组采用迭代的方法进行求解。HYDRUS-2D 软件由主程序、Project Manager 模块、Geometry 模块、MESHGEN2D 模块、Boundary 模块、Hydrus-2D 模块、Graphics 模块七大部分组成。

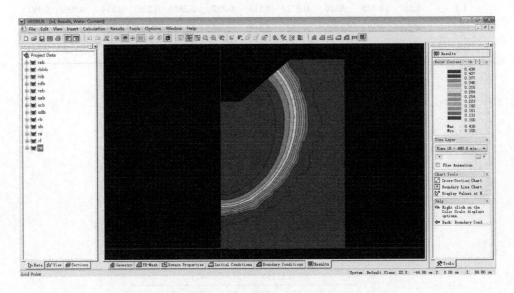

图 5-4　HYDRUS-2D 软件模拟界面（彩图见封底二维码）

使用 HYDRUS-2D 软件模拟试验条件下的土壤水分运动时，需要将实测的土壤水分运动参数及相关土壤物理特征参数按照规定的顺序输入，绘制模拟区域，设置合理的初始、边界条件，主要分为以下几步。

（1）新建模拟事件，绘制计算区域的几何形状。

（2）输入水流运动参数、土壤饱和含水率、土壤饱和导水率等相关参数，确定模拟时间。

（3）选择 van Genuchten–Mualem 模型作为求解 Richards 方程中非饱和导水率、土壤基质势和土壤体积含水率三者之间的关系的模型。

（4）对模拟区域进行有限元网格划分，入渗界面处水流梯度变化较大，适当加密网格，较远处适量减小网格的密度，根据求解的实际情况确定。

（5）设置求解的初始条件，即求解区域的土壤具有相同初始含水量。

（6）确定求解区域的边界条件，即变水头边界、零通量边界、大气边界和自由排水边界。

（7）对所建模型进行求解计算，输出模拟结果，整理数据。

二、土壤水分运动方程

1. 基本方程

根据设计的试验方案，渠道土壤水分运动过程既有水平入渗过程，也有垂直入渗过程，可以简化为二维非饱和水平及垂直土壤水分运动问题，采用 Richards 方程进行描述[12]：

$$\frac{\partial \theta}{\partial t} = \frac{\partial}{\partial x}\left(K(h)\frac{\partial h}{\partial x}\right) + \frac{\partial}{\partial z}\left(K(h)\frac{\partial h}{\partial z}\right) + \frac{\partial K(h)}{\partial z} \quad (5\text{-}1)$$

式中，θ——土壤体积含水率，cm^3/cm^3；

　　　t——入渗时间，min；

　　　h——土壤基质势，cm；

　　　x、z——水平坐标和垂直距离，cm；

　　　$K(h)$——非饱和导水率，cm/min。

选择 VG-M 模型对上述 Richards 方程中涉及的非饱和导水率、土壤基质势和土壤体积含水率三者之间的关系进行描述[13, 14]：

$$\theta(h) = \begin{cases} \theta_r + \dfrac{\theta_s - \theta_r}{[1+|\alpha h|^n]^m} & h < 0 \\ \theta & h \geqslant 0 \end{cases} \quad (5\text{-}2)$$

$$K(\theta) = K_s S_e^l [1 - (1 - S_e^{1/m})^m]^2 \quad (5\text{-}3)$$

$$S_e = \frac{\theta - \theta_r}{\theta_s - \theta_r} = \frac{1}{(1 + 1|\alpha h|^n)^m} \quad (5\text{-}4)$$

式中，θ_r——土壤残余含水率，cm^3/cm^3；

　　　θ_s——土壤饱和含水率，cm^3/cm^3；

　　　K_s——土壤饱和导水率，cm/min；

　　　m，n，α——经验系数，其中，$m = 1 - 1/n$。

2. 模型求解的定解条件

初始条件：根据设计的试验方案，土壤为均质土，土壤水分剖面是稳定剖面，可以认为模型求解的初始条件是计算区域的各点都具有相同的水土势，即

$$h(x,z,t) + z = H_0 \quad (x,z \in \Omega, t = 0) \quad (5\text{-}5)$$

式中，H_0——初始水土势，cm；

Ω——计算区域（即图 5-5 中的阴影部分），模拟区域最低点的 $z = 0$。

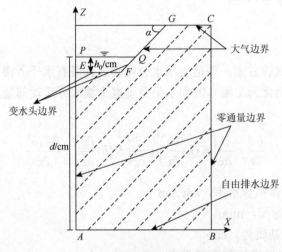

图 5-5　模型求解的边界条件

边界条件：试验过程中由马氏瓶供水，因此，EFQ 保持恒定入渗水头 h_0（cm）；上边界 QG 和 GC 在试验过程中始终覆盖塑料薄膜，可以忽略水分的蒸发，因此视为大气边界；左边界 EA 和右边界 CB 的水平通量为 0，视为零通量面；下边界 AB 设置了排水孔，而且在试验过程中湿润锋始终未到达土槽底部，未对土壤水分入渗过程产生影响，始终保持恒定的初始条件，故而设为自由排水边界。

综上所述，模型求解的边界条件为

$$\begin{cases} h + z = d & 0 \leqslant t \leqslant t_0, QF \text{和} FE \\ -K(h) \cdot \dfrac{\partial h}{\partial z} + K(h) = 0 & t \geqslant 0, GC \\ -K(h) \cdot \left(\dfrac{\partial h}{\partial z} - 1 \right) \cdot \sin\alpha + K(h) \cdot \dfrac{\partial h}{\partial x} \cdot \cos\alpha = 0 & t \geqslant 0, GQ \\ \dfrac{\partial h}{\partial x} = 0 & t \geqslant 0, EA \text{和} CB \\ h = H_0 & t \geqslant 0, AB \end{cases} \tag{5-6}$$

式中，t_0——试验的持续时间，min。

3. 数值计算

根据本章第一节中离心机实测的土壤水分特征曲线，采用 MATLAB2012a 中的非线性拟合函数 lsqcurvefit 拟合得到土壤残余含水率、n 和 α 三个参数[15-17]，结合实测的土壤饱和含水率和饱和导水率的数值，最终确定的供试土样的土壤水分运动参数如表5-5所示。将上述参数输入 HYDRUS-2D 软件中，求解得到设计试验条件下的累积入渗量和湿润锋运移水平、垂直距离。

表 5-5　供试土样的土壤水分运动参数

土壤容重 $\gamma/(g/cm^3)$	残余含水量 $\theta_r/(cm^3/cm^3)$	饱和含水量 $\theta_s/(cm^3/cm^3)$	α	n	饱和导水率 $K_s/(cm/min)$
1.3	0.083	0.481	0.0362	1.2359	0.0936
1.35	0.078	0.438	0.0356	1.3224	0.0736
1.4	0.062	0.416	0.0349	1.4637	0.0485

4. 模型检验

为了检验所建模型的准确性，绘制了累积入渗量模拟值和实测值对比图（图5-6），并选用统计学指标平均绝对误差（mean absolute error，MAE）和均方根误差（root mean square error，RMSE）对建立的土壤水分运动方程进行评价[18, 19]。

平均绝对误差的计算公式如下：

$$MAE = \frac{1}{n}\sum_{i=1}^{n}|I(O)_i - I(S)_i| \tag{5-7}$$

均方根误差的计算公式如下：

$$RMSE = \left[\frac{1}{n}\sum_{i=1}^{n}(I(O)_i - I(S)_i)^2\right]^{1/2} \tag{5-8}$$

式中，$I(O)_i$——实测值；

$I(S)_i$——模拟值。

三、模型求解误差分析

1. 累积入渗量模拟值与实测值的误差分析

图 5-6 和图 5-7 分别为第一次和第二次模拟试验的累积入渗量模拟值和实测值对比图，可以看出，所有试验条件的模拟值和实测值变化趋势一致，都表现出初期入渗速率较大，随着试验的延长入渗速率逐渐减缓，趋于稳定入渗状态，且模拟值和实测值均分布在 1∶1 线附近，说明所建模型可以很好地描述试验条件下累积入渗量随时间的变化过程。另外由图不难看出，所有试验条件下的累积入渗量实测值均高于模拟值，说明所建的模型低估了累积入渗量变化过程。

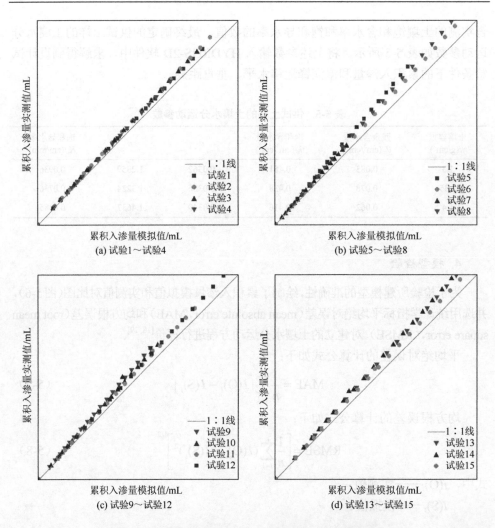

图 5-6　第一次模拟试验累积入渗量模拟值和实测值对比

　　为了进一步说明所建模型的合理性，分别计算了第一次 15 组试验和第二次 11 组试验累积入渗量的模拟值和实测值的 MAE 和 RMSE，见表 5-6（表中数据为试验结束时的累积入渗量模拟值和实测值）。由表中数据可以得到：第一组试验的 MAE 值在 215～3030mL 变化，平均值为 1329mL，RMSE 值在 252～3547mL 变化，平均值为 1555mL；第二组试验的 MAE 值在 203～1312mL 变化，平均值为 570mL，RMSE 值在 211～1444mL 变化，平均值为 642mL，说明土壤水分运动参数选择合理，可以用该土壤水分运动模型模拟试验条件下的累积入渗量变化。

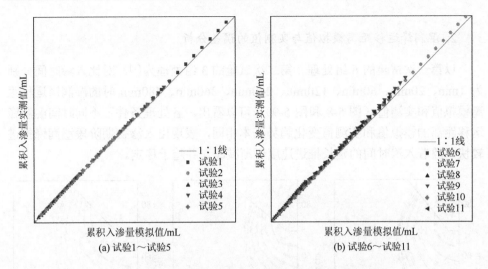

图 5-7　第二次模拟试验累积入渗量模拟值和实测值对比

表 5-6　两次室内试验累积入渗量实测值和模拟值的统计分析

第一次试验					第二次试验				
序号	累积入渗量/mL		MAE /mL	RMSE /mL	序号	累积入渗量/mL		MAE /mL	RMSE /mL
	模拟值	实测值				模拟值	实测值		
1	9554	10162	304	356	1	54735	55671	468	546
2	9871	10324	234	270	2	33815	34075	203	211
3	10330	12145	347	407	3	12170	12638	238	281
4	8002	8425	215	252	4	36904	37600	348	406
5	11012	11258	473	553	5	30837	31242	382	398
6	20427	23963	1771	2073	6	9866	11102	569	690
7	24413	27856	1724	2018	7	56047	57660	862	995
8	27682	30145	1232	1442	8	27001	27899	462	539
9	27129	30865	1868	2186	9	38413	40595	1312	1444
10	28890	31548	1328	1555	10	33520	34300	390	455
11	37759	40157	1199	1404	11	35056	36409	1037	1095
12	44549	47865	1658	1941					
13	50117	55842	2863	3351					
14	48804	54868	3030	3547					
15	51243	54614	1686	1973					
平均值	—	—	1329	1555	平均值	—	—	570	642

2. 湿润锋运移距离模拟值与实测值的误差分析

以第一次试验的 6 组处理、第二次试验的 3 组处理为例，对比入渗时间分别为 1min、20min、60min、120min、240min、360min、480min 时的湿润锋运移距离模拟值和实测值（图 5-8 和图 5-9），可以看出，各处理条件下不同时间湿润锋运移距离的模拟值和实测值变化趋势基本相同，表现出入渗初期阶段湿润锋推进较快，随着入渗时间的延长推进速度逐渐减缓，并趋于稳定。

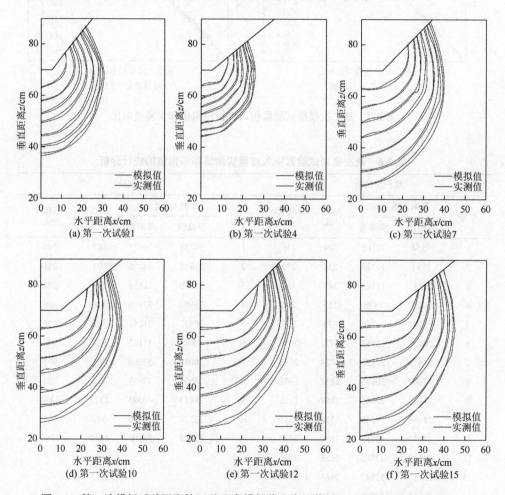

图 5-8 第一次模拟试验湿润锋运移距离模拟值和实测值对比（彩图见封底二维码）

为了进一步说明所建模型的合理性，分别计算了第一次 15 组试验和第二次 11 组试验湿润锋运移水平距离、垂直距离模拟值和实测值的平均绝对误差和均方根误差，见表 5-7 和表 5-8。由表中数据可以得到：第一次试验水平距离的 MAE

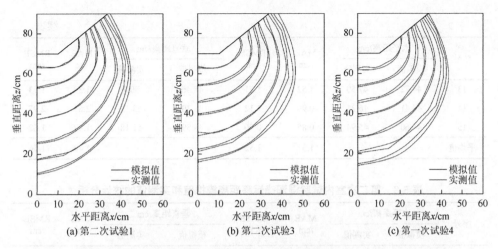

(a) 第二次试验1　　　　　　(b) 第二次试验3　　　　　　(c) 第一次试验4

图 5-9 第二次模拟试验湿润锋运移距离模拟值和实测值对比（彩图见封底二维码）

值在 0.67～2.17cm 变化，平均值为 1.37cm，RMSE 值在 0.70～2.46cm 变化，平均值为 1.52cm；垂直距离的 MAE 值在 0.70～2.65cm 变化，平均值为 1.49cm，RMSE值在 0.75～2.97cm 变化，平均值为 1.66cm。第二次试验水平距离的 MAE 值在 0.34～1.93cm 变化，平均值为 0.96cm，RMSE 值在 0.54～2.04cm 变化，平均值为 1.08cm；垂直距离的 MAE 值在 0.62～1.67cm 变化，平均值为 1.23cm，RMSE 值在 0.73～1.95cm 变化，平均值为 1.44cm。这说明土壤水分运动参数选择合理，可以用该土壤水分运动模型模拟试验条件下的累积入渗量变化。

表 5-7 第一次室内试验湿润锋运移距离模拟值和实测值的统计分析

序号	水平距离/cm		MAE /cm	RMSE /cm	垂直距离/cm		MAE /cm	RMSE /cm
	模拟值	实测值			模拟值	实测值		
1	29.55	31.99	1.39	1.53	29.27	31.83	1.44	1.60
2	30.31	32.71	1.51	1.68	29.55	32.24	1.57	1.72
3	36.2	39.48	1.74	1.98	29.81	30.93	0.70	0.75
4	25.35	27.24	1.12	1.22	25.50	27.27	1.00	1.11
5	32.18	35.49	1.84	2.05	33.86	36.88	1.69	1.88
6	32.48	34.38	1.13	1.23	32.65	33.99	0.78	0.85
7	35.89	36.91	0.67	0.70	38.06	41.43	1.83	2.06
8	38.87	42.43	1.95	2.19	42.05	44.73	1.42	1.62
9	39.48	42.64	1.69	1.92	41.61	45.16	1.87	2.14
10	39.66	41.47	1.04	1.14	42.15	43.98	1.06	1.16
11	38.07	39.54	0.91	0.97	39.12	41.81	1.50	1.67
12	41.65	45.71	2.17	2.46	44.64	48.23	2.05	2.26

续表

序号	水平距离/cm		MAE /cm	RMSE /cm	垂直距离/cm		MAE /cm	RMSE /cm
	模拟值	实测值			模拟值	实测值		
13	44.72	47.50	1.52	1.71	48.46	50.9	1.39	1.53
14	44.41	46.24	0.99	1.12	48.30	53.12	2.65	2.97
15	44.60	45.94	0.85	0.90	48.59	51.18	1.47	1.62
平均值	—	—	1.37	1.52	—	—	1.49	1.66

表 5-8　第二次室内试验湿润锋运移距离模拟值和实测值的统计分析

序号	水平距离/cm		MAE /cm	RMSE /cm	垂直距离/cm		MAE /cm	RMSE /cm
	模拟值	实测值			模拟值	实测值		
1	49.73	52.03	1.45	1.56	78.19	81.52	1.67	1.95
2	43.82	44.79	0.34	0.54	59.28	61.62	1.17	1.37
3	39.08	40.86	1.01	1.16	40.45	42.48	1.02	1.19
4	43.18	44.82	0.99	1.08	54.93	57.49	1.28	1.50
5	53.28	55.44	1.08	1.26	73.76	75.51	0.87	1.02
6	36.98	38.24	0.44	0.63	44.54	45.78	0.62	0.73
7	50.01	51.33	0.43	0.58	71.32	74.47	1.57	1.84
8	42.14	43.80	0.81	0.72	52.16	54.72	1.28	1.50
9	48.30	50.38	1.23	1.35	68.02	69.96	0.97	1.14
10	44.04	46.89	1.93	2.04	57.78	62.09	1.66	1.94
11	44.27	45.79	0.88	0.98	59.41	62.33	1.46	1.71
平均值	—	—	0.96	1.08	—	—	1.23	1.44

参 考 文 献

[1] 付强，李玥，李天霄，等. 渠道渗漏 HYDRUS 模拟验证及影响因素分析[J]. 农业工程学报，2017，33（16）：112-118.

[2] 张锐. 垄作沟灌土壤水分入渗规律的试验研究[D]. 哈尔滨：东北农业大学，2016.

[3] 孙美，毛晓敏，陈剑. 渠道渗漏室内试验土壤水分运动数值模拟[C]. 纪念中国农业工程学会成立 30 周年暨中国农业工程学会 2009 年学术年会，2009.

[4] 王强. 老砂田土壤容重和饱和含水率的测定[J]. 甘肃农业科技，2016，（8）：46-49.

[5] 曹瑞雪，邵明安，贾小旭. 层状土壤饱和导水率影响的试验研究[J]. 水土保持学报，2015，29（3）：18-21.

[6] 唐胜强，佘冬立. 灌溉水质对土壤饱和导水率和入渗特性的影响[J]. 农业机械学报，2016，47（10）：108-114.

[7] Han X W，Shao M A，Horton R. Estimating van Genuchten model parameters of undisturbed soils using an integral method[J]. Pedosphere，2010，20（1）：55-62.

[8] 邢旭光，赵文刚，马孝义，等. 土壤水分特征曲线测定过程中土壤收缩特性研究[J]. 水利学报，2015，

46（10）：1181-1188.

[9] 汤国安，刘学军，阎国年. 数字高程模型及地学分析的原理与方法[M]. 北京：科学出版社，2005.

[10] 付强，蒋睿奇，王子龙，等. 基于改进萤火虫算法的土壤水分特征曲线参数优化[J]. 农业工程学报，2015，31（11）：117-122.

[11] Šimůnek J，van Genuchten M T，Šejna M. The HYDRUS-2D Software Package for Simulating the Two-Dimensional Movement of Water，Heat，and Multiple Solutes in Variably-Saturated Media[M]. Prague，Czech Republic：US Salinity Laboratory，Agricultural Research Service，US Department of Agriculture，1999.

[12] 雷志栋，杨诗秀，谢森传. 土壤水动力学[M]. 北京：清华大学出版社，1988.

[13] Genuchten M T V. A closed-form equation for predicting the hydraulic conductivity of unsaturated soils[J]. Soil Science Society of America Journal，1980，44（5）：892-898.

[14] Mualem Y. A new model for predicting the hydraulic conductivity of unsaturated porous media[J]. Water Resources Research，1976，12（3）：513-522.

[15] 彭建平，邵爱军. 用 MATLAB 确定土壤水分特征曲线参数[J]. 土壤，2007，39（3）：433-438.

[16] 杨改强，霍丽娟，杨国义，等. 利用 MATLAB 拟合 van Genuchten 方程参数的研究[J]. 土壤，2010，42（2）：268-274.

[17] 刘洪波，张江辉，虎胆·吐马尔白，等. 土壤水分特征曲线 VG 模型参数求解对比分析[J]. 新疆农业大学学报，2011，34（5）：437-441.

[18] Kandelous M M，Šimůnek J. Numerical simulations of water movement in a subsurface drip irrigation system under field and laboratory conditions using HYDRUS-2D[J]. Agricultural Water Management，2010，97（7）：1070-1076.

[19] Duan R B，Fedler C B，Borrelli J. Field evaluation of infiltration models in lawn soils [J]. Irrigation Science，2011，29（5）：379-389.

第六章 渠道入渗影响因素分析

第一节 渠道入渗试验

一、室内模拟试验方案

对不同边界条件下的土壤水分入渗过程进行数值模拟，不仅可以节约大田和室内试验需要的人力、物力，更可以直观地分析渠道渗漏的一般规律，掌握不同因素对累积入渗量和湿润锋运移距离的影响程度。为了分析渠道底宽、入渗水头、边坡系数、土壤初始含水量、土壤容重五个因素对渠道入渗过程的影响，以及各因素之间的交互作用，在第五章的基础上，用 HYDRUS-2D 模拟了不同边界组合下的室内试验，模拟方案见表 6-1。

表 6-1 室内试验 HYDRUS-2D 数值模拟方案

影响因素	渠道底宽 d/cm	入渗水头 h/cm	边坡系数 m	土壤初始含水量 ω/%	土壤容重 γ/(g/cm³)
	5, 10, 15	3, 9	1.2	7	1.35
渠道底宽	5, 10, 15	6	1, 1.5	7	1.35
	5, 10, 15	6	1.2	7, 25	1.35
	5, 10, 15	6	1.2	7	1.3, 1.4
	5, 15	3, 6, 9	1.2	7	1.35
入渗水头	10	3, 6, 9	1, 1.5	7	1.35
	10	3, 6, 9	1.2	7, 25	1.35
	10	3, 6, 9	1.2	7	1.3, 1.4
	5, 15	6	1, 1.2, 1.5	7	1.35
边坡系数	10	3, 9	1, 1.2, 1.5	7	1.35
	10	6	1, 1.2, 1.5	7, 25	1.35
	10	6	1, 1.2, 1.5	7	1.3, 1.4
	5, 15	6	1.2	7, 15, 25	1.35
土壤初始含水量	10	3, 9	1.2	7, 15, 25	1.35
	10	6	1, 1.5	7, 15, 25	1.35
	10	6	1.2	7, 15, 25	1.3, 1.4

续表

影响因素	渠道底宽 d/cm	入渗水头 h/cm	边坡系数 m	土壤初始含水量 ω/%	土壤容重 γ/(g/cm³)
土壤容重	5, 15	6	1.2	7	1.3, 1.35, 1.4
	10	3, 9	1.2	7	1.3, 1.35, 1.4
	10	6	1, 1.5	7	1.3, 1.35, 1.4
	10	6	1.2	7, 25	1.3, 1.35, 1.4

二、入渗过程影响因素分析

1. 渠道底宽对入渗过程的影响

图 6-1 为不同边界条件下渠道底宽对累积入渗量的影响，从图中可以看出：在入渗水头（h）、边坡系数（m）、土壤初始含水量（ω）和土壤容重（γ）不同的情况下，渠道底宽的增加均会导致累积入渗量的增加。观察图 6-1（a）和（d）可以发现，当入渗水头增加、土壤容重减小时，随着渠道底宽的增加，累积入渗量的增幅明显增大；而从图 6-1（b）和（c）可以看出随着边坡系数和土壤初始含水量的增加，累积入渗量的变化幅度较小。

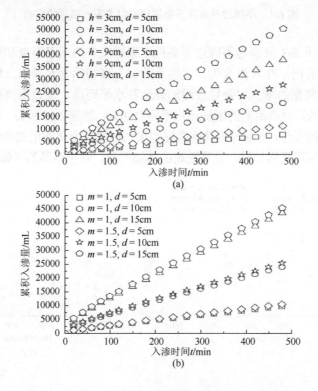

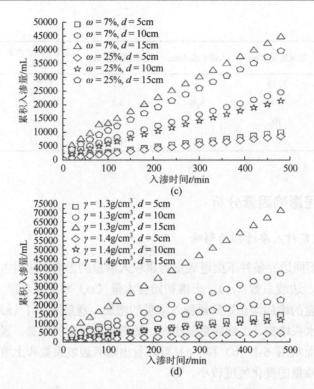

图 6-1　不同边界条件下渠道底宽对累积入渗量的影响

图 6-2 和图 6-3 分别为不同边界条件下渠道底宽对水平距离和垂直距离的影响。由图可以看出：在入渗水头、边坡系数、土壤初始含水量和土壤容重不同的情况下，渠道底宽的增加均会导致湿润锋运移水平距离、垂直距离的增加；随着入渗时间的延长，垂直距离的增加比水平距离明显；随着入渗水头、边坡系数和土壤初始水量的变化，湿润锋运移距离随着渠道底宽的变化而增加的幅度基本没有变化，而当土壤容重增加时，垂直距离的增幅明显，水平距离的增幅无明显变化。

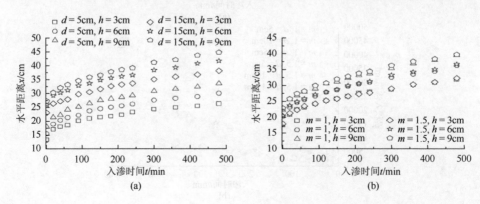

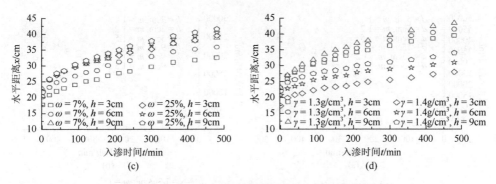

图 6-2 不同边界条件下渠道底宽对水平距离的影响

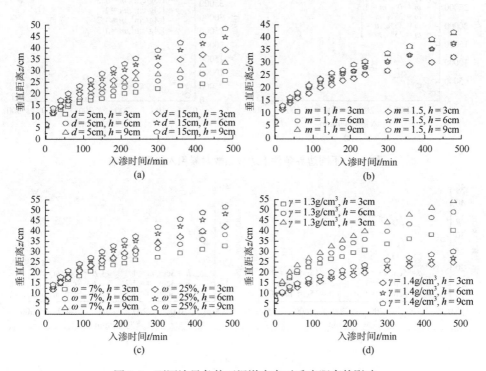

图 6-3 不同边界条件下渠道底宽对垂直距离的影响

2. 边坡系数对入渗过程的影响

图 6-4 为不同边界条件下边坡系数对累积入渗量的影响。从图可以看出：在各个控制条件下，边坡系数对累积入渗量的影响很小，随着边坡系数的增加，累积入渗量的增加幅度很小。

图 6-5 和图 6-6 分别为不同边界条件下边坡系数对水平距离和垂直距离的影响。由图可以看出：在各个试验控制条件下，随着边坡系数的增加，湿润锋运移

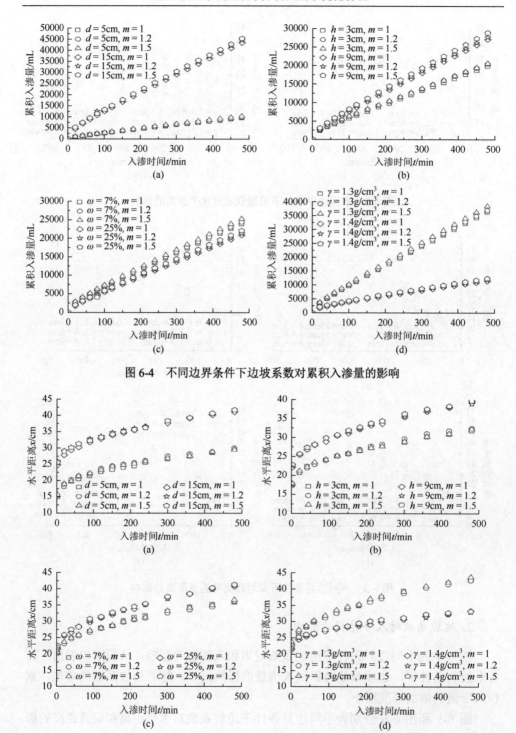

图 6-4　不同边界条件下边坡系数对累积入渗量的影响

图 6-5　不同边界条件下边坡系数对水平距离的影响

水平距离、垂直距离略有增加，但增量很小。可以得出结论：边坡系数对入渗过程的影响很小。

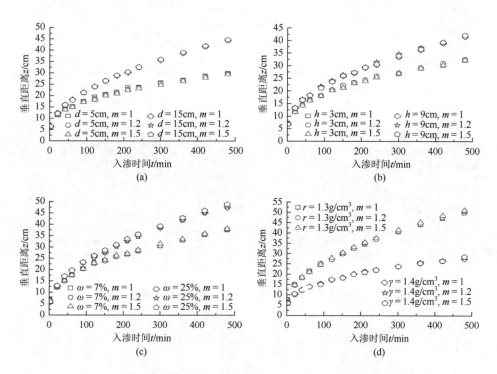

图 6-6 不同边界条件下边坡系数对垂直距离的影响

3. 土壤初始含水量对入渗过程的影响

图 6-7 为不同边界条件下土壤初始含水量对累积入渗量的影响。由图可以看出：在渠道底宽、入渗水头、边坡系数和土壤容重不同的情况下，累积入渗量随着土壤初始含水量的增加略有减小；在大底宽的条件下，累积入渗量随土壤初始含水量的增加而减少的幅度增大；而当其他三个控制条件发生变化时，随土壤初始含水量的增加，累积入渗量减少的幅度基本保持不变。

图 6-8 和图 6-9 分别为不同边界条件下土壤初始含水量对水平距离和垂直距离的影响。由图可以看出：在渠道底宽、入渗水头、边坡系数和土壤容重不同的情况下，湿润锋运移水平距离、垂直距离与土壤初始含水量呈正相关；随着入渗时间的延长，垂直距离的增加比水平距离明显；在土壤容重较小的条件下，湿润锋运移距离随土壤初始含水量的变化而变化的幅度明显增大；而湿润锋运移距离随着渠道底宽、入渗水头、边坡系数的变化产生的增幅基本保持不变。

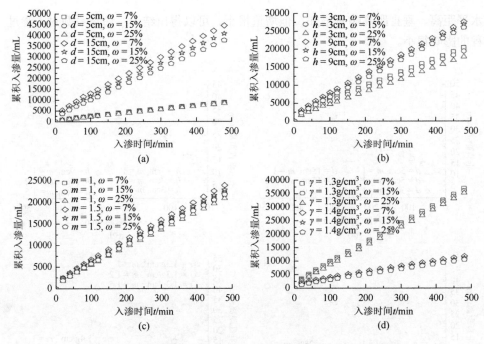

图 6-7　不同边界条件下土壤初始含水量对累积入渗量的影响

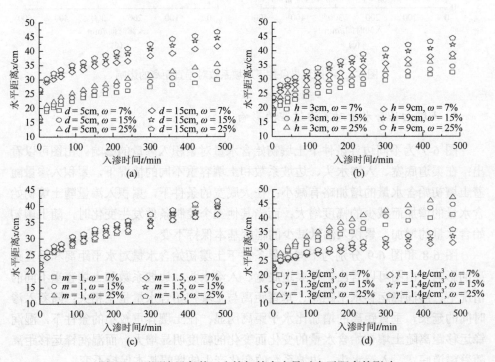

图 6-8　不同边界条件下土壤初始含水量对水平距离的影响

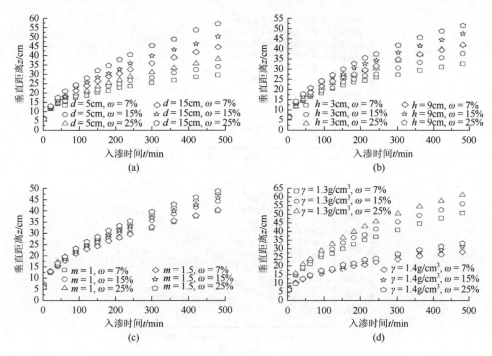

图 6-9　不同边界条件下土壤初始含水量对垂直距离的影响

4. 土壤容重对入渗过程的影响

图 6-10 为不同边界条件下土壤容重对累积入渗量的影响。由图可以看出：在渠道底宽、入渗水头、边坡系数和土壤初始含水量不同的情况下，累积入渗量随着土壤容重的增加而减小；当渠道底宽和入渗水头较大时，累积入渗量随土壤容重的减小而增加的幅度明显增加；而当边坡系数和土壤初始含水量增加时，随着土壤容重的减小，累积入渗量的变化幅度无明显变化。

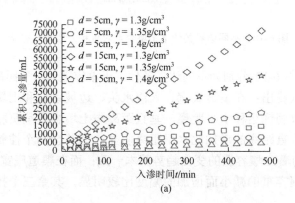

(a)

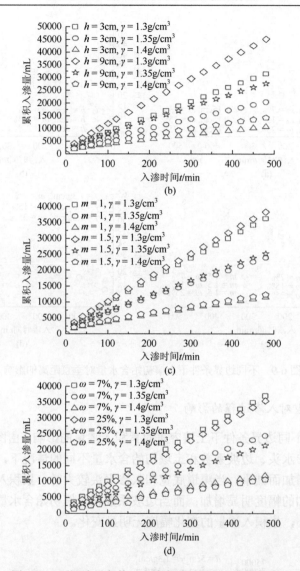

图 6-10　不同边界条件下土壤容重对累积入渗量的影响

图 6-11 和图 6-12 分别为不同边界条件下土壤容重对水平距离和垂直距离的影响。由图可以看出：在渠道底宽、入渗水头、边坡系数和土壤初始含水量不同的情况下，湿润锋运移水平距离、垂直距离与土壤容重呈负相关；随着入渗时间的延长，垂直距离的增加比水平距离明显；当其余四个控制条件发生变化时，水平距离随着土壤容重的变化趋势基本一致；而在渠道底宽增加的条件下，垂直距离随土壤容重的减小而增加的幅度比较明显，其余三个控制条件基本保持不变。

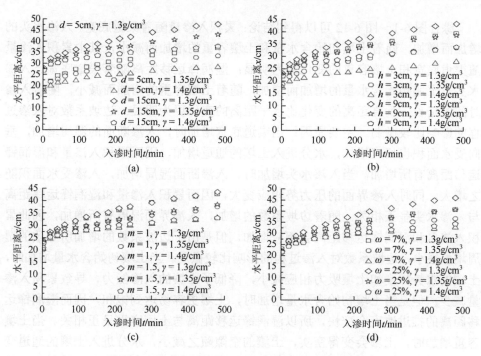

图 6-11　不同边界条件下土壤容重对水平距离的影响

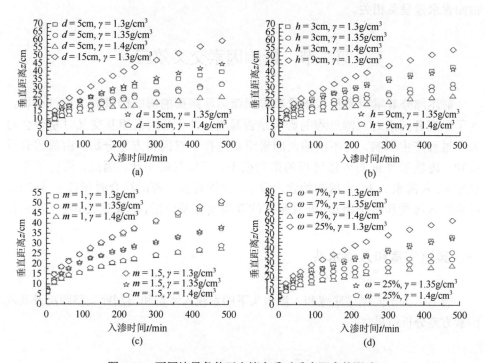

图 6-12　不同边界条件下土壤容重对垂直距离的影响

综合图 6-1～图 6-12 可以得到结论：累积入渗量随着渠道底宽、入渗水头的增加而增加，随着土壤初始含水量和土壤容重的增加而减小，其中累积入渗量随渠道底宽和土壤容重的变化最为明显；湿润锋运移距离随着渠道底宽、入渗水头、土壤初始含水量的增加而增加，随着土壤容重的增加而减小，随着入渗时间的延长，垂直距离的变化比水平距离的变化更为明显；边坡系数对入渗过程的影响比较微弱。主要原因：当渠道底宽增加时，入渗断面的湿周增加，垂向受水面积也相应增加，水分进入土壤的通道增加，因而累积入渗量和湿润锋运移距离有所增加。当入渗水头增加时，入渗断面湿周增加，入渗受水面积随之增大，同时入渗界面的压力势相应变大，因而累积入渗量和湿润锋运移距离与入渗水头呈正相关。随着边坡系数的增加，入渗界面湿周有所增加，因此累积入渗量和湿润锋运移距离会相应增加，但是由于边坡系数的增加所导致的湿周增量很小，边坡系数对入渗过程的影响比较微弱。当土壤初始含水量增加时，土壤的水势梯度和土壤吸力相应减小，降低了土壤的入渗能力，导致累积入渗量减少；但是当土壤初始含水量增加时，土壤更容易达到饱和，因而湿润锋运移距离的推进速度会变快，所以湿润锋运移距离与土壤容重呈正相关。当土壤容重增加时，土壤会变得密实，土壤的空隙随之减小，水分进入土壤的通道变小，水流阻力相应增加，因而会降低土壤的入渗能力，因此累积入渗量和土壤初始含水量呈负相关。

第二节　影响因素交叉效应

前述部分着重对累积入渗量和湿润锋运移距离的影响因素做了定性分析，为了研究各因素对入渗过程的影响是否显著，以及两因素相互交叉时是否会对入渗过程产生影响，对不同的两因素组合进行了双因素方差分析。由前述分析可知，边坡系数 m 对入渗过程的影响很小，可以忽略不计，因此，进行了渠道底宽 d、入渗水头 h、土壤初始含水量 ω、土壤容重 γ 两两组合时模拟至 480min 时累积入渗量和水平距离、垂直距离的双因素方差分析，结果见表 6-2～表 6-7。

一、渠道底宽和入渗水头

表 6-2 为不同渠道底宽和入渗水头下的累积入渗量和湿润锋运移距离及其双因素方差分析结果。

表 6-2 不同渠道底宽和入渗水头下的累积入渗量和湿润锋运移距离及其双因素方差分析

渠道底宽 d/cm	入渗水头 h/cm	累积入渗量 I/mL	湿润锋运移距离/cm	
			水平距离 x	垂直距离 z
5	3	7814	26.22	25.60
5	6	9871	30.01	29.55
5	9	11298	33.48	33.36
10	3	20427	32.48	32.65
10	6	24413	35.89	38.06
10	9	27682	38.87	42.05
15	3	37759	38.07	39.42
15	6	44549	41.65	44.64
15	9	50117	44.72	48.46
	d	56.94**	56.87**	6.86**
F 值	h	2.65	17.36**	2.96
	$d \times h$	0.32	0.03	0.01

**，$P < 0.01$

由表 6-2 中数据可知，渠道底宽 d 对累积入渗量 I 影响的 F 值为 56.94，远大于显著性水平 $\alpha = 0.01$ 时的临界值 4.74，说明 d 对 I 的影响极显著（$P < 0.01$）；对水平距离 x 影响的 F 值为 56.87，远大于 $\alpha = 0.01$ 时的临界值 4.77，说明 d 对 x 的影响极显著（$P < 0.01$）；对垂直距离 z 影响的 F 值为 6.86，大于 $\alpha = 0.01$ 时的临界值 4.77，说明 d 对 z 的影响极显著（$P < 0.01$）。入渗水头 h 对累积入渗量 I 影响的 F 值为 2.65，小于显著性水平 $\alpha = 0.05$ 时的临界值 3.05，说明 h 对 I 的影响不显著（$P > 0.05$）；对水平距离 x 影响的 F 值为 17.36，大于 $\alpha = 0.01$ 时的临界值 4.77，说明 h 对 x 的影响极显著（$P < 0.01$）；对垂直距离 z 影响的 F 值为 2.96，小于 $\alpha = 0.05$ 时的临界值 3.07，说明 h 对 z 的影响不显著（$P > 0.05$）。渠道底宽 d 和入渗水头 h 对累积入渗量 I、水平距离 x、垂直距离 z 交互作用的 F 值分别为 0.32、0.03、0.01，均小于显著性水平 $\alpha = 0.05$ 时的临界值 2.4，说明 $d \times h$ 对 I、x、z 不存在显著的交互作用（$P > 0.05$）。

二、渠道底宽和土壤初始含水量

表 6-3 为不同渠道底宽和土壤初始含水量下的累积入渗量和湿润锋运移距离及其双因素方差分析结果。

表 6-3　不同渠道底宽和土壤初始含水量下的累积入渗量和湿润锋运移距离及其双因素方差分析

渠道底宽 d/cm	土壤初始含水量 ω/%	累积入渗量 I/mL	湿润锋运移距离/cm	
			水平距离 x	垂直距离 z
5	7	9817	30.01	29.55
5	15	9080	33.80	34.08
5	25	8409	35.40	38.05
10	7	24413	35.89	38.06
10	15	22529	38.60	42.19
10	25	21309	40.98	46.15
15	7	44549	41.65	44.64
15	15	41310	44.60	50.34
15	25	39433	46.74	57.16
	d	54.81**	45.69**	6.02**
F 值	ω	0.79	5.13**	2.22
	$d \times \omega$	0.11	0.96	0.05

**, $P < 0.01$

由表 6-3 中数据可知，渠道底宽 d 对累积入渗量 I 影响的 F 值为 54.81，远大于显著性水平 $\alpha = 0.01$ 时的临界值 4.74，说明 d 对 I 的影响极显著（$P < 0.01$）；对水平距离 x 影响的 F 值为 45.69，远大于 $\alpha = 0.01$ 时的临界值 4.77，说明 d 对 x 的影响极显著（$P < 0.01$）；对垂直距离 z 影响的 F 值为 6.02，大于 $\alpha = 0.01$ 时的临界值 4.77，说明 d 对 z 的影响极显著（$P < 0.01$）。土壤初始含水量 ω 对累积入渗量 I 影响的 F 值为 0.79，小于显著性水平 $\alpha = 0.05$ 时的临界值 3.05，说明 h 对 I 的影响不显著（$P > 0.05$）；对水平距离 x 影响的 F 值为 5.13，大于 $\alpha = 0.01$ 时的临界值 4.77，说明 ω 对 x 的影响极显著（$P < 0.01$）；对垂直距离 z 影响的 F 值为 2.22，小于 $\alpha = 0.05$ 时的临界值 3.07，说明 ω 对 z 的影响不显著（$P > 0.05$）。渠道底宽 d 和土壤初始含水量 ω 对累积入渗量 I、水平距离 x、垂直距离 z 交互作用的 F 值分别为 0.11、0.96、0.05，均小于显著性水平 $\alpha = 0.05$ 时的临界值 2.4，说明 $d \times \omega$ 对 I、x、z 不存在显著的交互作用（$P > 0.05$）。

三、渠道底宽和土壤容重

表 6-4 为不同渠道底宽和土壤容重下的累积入渗量和湿润锋运移距离及其双因素方差分析结果。

表 6-4 不同渠道底宽和土壤容重下的累积入渗量和湿润锋运移距离及其双因素方差分析

渠道底宽 d/cm	土壤容重 γ /(g/cm³)	累积入渗量 I/mL	湿润锋运移距离/cm	
			水平距离 x	垂直距离 z
5	1.3	14624	37.07	39.75
5	1.35	8984	33.46	32.17
5	1.4	4609	28.44	23.78
10	1.3	36975	42.72	50.74
10	1.35	24413	37.89	38.06
10	1.4	11881	32.93	28.21
15	1.3	71267	47.79	59.46
15	1.35	44549	43.15	44.64
15	1.4	22744	37.86	31.9
F 值	d	47.89**	45.07**	4.94**
	γ	17.51**	17.05**	17.61**
	$d \times \gamma$	2.30	0.03	0.32

**, $P < 0.01$

由表 6-4 中数据可知,渠道底宽 d 对累积入渗量 I 影响的 F 值为 47.89,远大于显著性水平 $\alpha = 0.01$ 时的临界值 4.74,说明 d 对 I 的影响极显著($P < 0.01$);对水平距离 x 影响的 F 值为 45.07,远大于 $\alpha = 0.01$ 时的临界值 4.77,说明 d 对 x 的影响极显著($P < 0.01$);对垂直距离 z 影响的 F 值为 4.94,大于 $\alpha = 0.01$ 时的临界值 4.77,说明 d 对 z 的影响极显著($P < 0.01$)。土壤容重 γ 对累积入渗量 I 影响的 F 值为 17.51,大于显著性水平 $\alpha = 0.01$ 时的临界值 4.74,说明 γ 对 I 的影响极显著($P < 0.01$);对水平距离 x 影响的 F 值为 17.05,大于 $\alpha = 0.01$ 时的临界值 4.77,说明 γ 对 x 的影响极显著($P < 0.01$);对垂直距离 z 影响的 F 值为 17.61,大于 $\alpha = 0.01$ 时的临界值 4.77,说明 γ 对 z 的影响极显著($P < 0.01$)。渠道底宽 d 和土壤容重 γ 对累积入渗量 I、水平距离 x、垂直距离 z 交互作用的 F 值分别为 2.30、0.03、0.32,均小于显著性水平 $\alpha = 0.05$ 时的临界值 2.4,说明 $d \times \gamma$ 对 I、x、z 不存在显著的交互作用($P > 0.05$)。

四、入渗水头和土壤初始含水量

表 6-5 为不同入渗水头和土壤初始含水量下的累积入渗量和湿润锋运移距离及其双因素方差分析结果。

表 6-5　不同入渗水头和土壤初始含水量下的累积入渗量和湿润锋运移距离及其双因素方差分析

入渗水头 h/cm	土壤初始含水量 ω/%	累积入渗量 I/mL	湿润锋运移距离/cm	
			水平距离 x	垂直距离 z
3	7	20427	32.48	32.65
3	15	18556	34.57	37.64
3	25	17914	37.56	41.95
6	7	24413	35.89	38.06
6	15	22739	38.72	42.62
6	25	21309	40.98	46.95
9	7	27682	38.87	42.05
9	15	26929	42.17	47.54
9	25	26097	44.47	51.46
F 值	h	4.34*	13.83**	2.58
	ω	0.73	5.60**	2.02
	$h \times \omega$	0.02	0.99	0.004

*, $P<0.05$；**, $P<0.01$

由表 6-5 中数据可知，入渗水头 h 对累积入渗量 I 影响的 F 值为 4.34，大于显著性水平 $\alpha = 0.05$ 时的临界值 3.05，说明 h 对 I 的影响显著（$P<0.05$）；对水平距离 x 影响的 F 值为 13.83，大于 $\alpha = 0.01$ 时的临界值 4.77，说明 h 对 x 的影响极显著（$P<0.01$）；对垂直距离 z 影响的 F 值为 2.58，小于显著性水平 $\alpha = 0.05$ 时的临界值 3.07，说明 h 对 z 的影响不显著（$P>0.05$）。土壤初始含水量 ω 对累积入渗量 I 影响的 F 值为 0.73，小于显著性水平 $\alpha = 0.05$ 时的临界值 3.05，说明 ω 对 I 的影响不显著（$P>0.05$）；对水平距离 x 影响的 F 值为 5.60，大于 $\alpha = 0.01$ 时的临界值 4.77，说明 ω 对 x 的影响极显著（$P<0.01$）；对垂直距离 z 影响的 F 值为 2.02，小于显著性水平 $\alpha = 0.05$ 时的临界值 3.07，说明 ω 对 z 的影响不显著（$P>0.05$）。入渗水头 h 和土壤初始含水量 ω 对累积入渗量 I、水平距离 x、垂直距离 z 交互作用的 F 值分别为 0.02、0.99、0.004，均小于显著性水平 $\alpha = 0.05$ 时的临界值 2.4，说明 $h \times \omega$ 对 I、x、z 不存在显著的交互作用（$P>0.05$）。

五、入渗水头和土壤容重

表 6-6 为不同入渗水头和土壤容重下的累积入渗量和湿润锋运移距离及其双因素方差分析结果。

表 6-6　不同入渗水头和土壤容重下的累积入渗量和湿润锋运移距离及其双因素方差分析

入渗水头 h/cm	土壤容重 γ /(g/cm³)	累积入渗量 I/mL	湿润锋运移距离/cm	
			水平距离 x	垂直距离 z
3	1.3	31458	32.48	43.40
3	1.35	20427	34.57	32.65
3	1.4	10588	37.56	24.81
6	1.3	36975	35.89	49.06
6	1.35	24413	38.03	37.92
6	1.4	11881	40.98	26.95
9	1.3	45172	38.87	54.37
9	1.35	27682	42.17	42.05
9	1.4	14201	44.47	30.07
	h	3.36*	13.82**	2.61
F 值	γ	30.73**	5.58**	18.81**
	$h \times \gamma$	0.44	0.02	0.09

*，$P<0.05$；**，$P<0.01$

由表 6-6 中数据可知，入渗水头 h 对累积入渗量 I 影响的 F 值为 3.36，大于显著性水平 $\alpha=0.05$ 时的临界值 3.05，说明 h 对 I 的影响显著（$P<0.05$）；对水平距离 x 影响的 F 值为 13.82，大于 $\alpha=0.01$ 时的临界值 4.77，说明 h 对 x 的影响极显著（$P<0.01$）；对垂直距离 z 影响的 F 值为 2.61，小于显著性水平 $\alpha=0.05$ 时的临界值 3.07，说明 h 对 z 的影响不显著（$P>0.05$）。土壤容重 γ 对累积入渗量 I 影响的 F 值为 30.73，大于显著性水平 $\alpha=0.01$ 时的临界值 4.77，说明 γ 对 I 的影响极显著（$P<0.01$）；对水平距离 x 影响的 F 值为 5.58，大于 $\alpha=0.01$ 时的临界值 4.77，说明 γ 对 x 的影响极显著（$P<0.01$）；对垂直距离 z 影响的 F 值为 18.81，大于 $\alpha=0.01$ 时的临界值 4.77，说明 γ 对 z 的影响极显著（$P<0.01$）。入渗水头 h 和土壤容重 γ 对累积入渗量 I、水平距离 x、垂直距离 z 交互作用的 F 值分别为 0.44、0.02、0.09，均小于显著性水平 $\alpha=0.05$ 时的临界值 2.4，说明 $h \times \gamma$ 对 I、x、z 不存在显著的交互作用（$P>0.05$）。

六、土壤容重和土壤初始含水量

表 6-7 为不同土壤容重和土壤初始含水量下的累积入渗量和湿润锋运移距离及其双因素方差分析结果。

表 6-7　不同土壤容重和土壤初始含水量下的累积入渗量和湿润锋运移距离及其双因素方差分析

土壤容重 γ /(g/cm³)	土壤初始含水量 ω/%	累积入渗量 I/mL	湿润锋运移距离/cm	
			水平距离 x	垂直距离 z
1.3	7	36975	41.04	50.74
1.3	15	36186	44.64	56.16
1.3	25	35396	47.18	61.31
1.35	7	24413	35.89	38.06
1.35	15	22829	38.60	42.16
1.35	25	21309	40.98	46.15
1.4	7	11881	31.25	28.21
1.4	15	11267	33.51	31.43
1.4	25	10589	35.86	33.28
	γ	32.33**	18.40**	17.89**
F 值	ω	0.46	3.76*	1.66
	$\gamma \times \omega$	0.01	0.10	0.13

*, $P<0.05$；**, $P<0.01$

由表 6-7 中数据可知，土壤容重 γ 对累积入渗量 I 影响的 F 值为 32.33，远大于显著性水平 $\alpha=0.01$ 时的临界值 4.74，说明 γ 对 I 的影响极显著（$P<0.01$）；对水平距离 x 影响的 F 值为 18.40，大于 $\alpha=0.01$ 时的临界值 4.77，说明 γ 对 x 的影响极显著（$P<0.01$）；对垂直距离 z 影响的 F 值为 17.89，大于 $\alpha=0.01$ 时的临界值 4.77，说明 γ 对 z 的影响极显著（$P<0.01$）。土壤初始含水量 ω 对累积入渗量 I 影响的 F 值为 0.46，小于显著性水平 $\alpha=0.05$ 时的临界值 3.05，说明 ω 对 I 的影响不显著（$P>0.05$）；对水平距离 x 影响的 F 值为 3.76，大于显著性水平 $\alpha=0.05$ 时的临界值 3.07，说明 ω 对 x 的影响显著（$P<0.05$）；对垂直距离 z 影响的 F 值为 1.66，小于显著性水平 $\alpha=0.05$ 时的临界值 3.07，说明 ω 对 z 的影响不显著（$P>0.05$）。土壤容重 γ 和土壤初始含水量 ω 对累积入渗量 I、水平距离 x、垂直距离 z 交互作用的 F 值分别为 0.01、0.10、0.13，均小于显著性水平 $\alpha=0.05$ 时的临界值 2.4，说明 $\gamma \times \omega$ 对 I、x、z 不存在显著的交互作用（$P>0.05$）。

第三节　入渗模型

在室内试验和数值模拟的基础上，结合第四章的影响因素分析结果，以第二次室内模拟试验的实测数据为基础，建立了考虑渠道底宽、入渗水头、土壤容重和土壤初始含水量的累积入渗量和湿润锋运移水平距离、垂直距离计算模型，使用 HYDRUS-2D 软件模拟了另外 8 组不同边界条件的试验，并对模拟值和计算值进行了误差分析，验证了所建模型的合理性，期望为不同渠道的灌溉制度设计提供理论依据。

一、累积入渗量计算模型

1. Kostiakov-Lewis 模型参数拟合

Kostiakov-Lewis 模型是基于 Kostiakov 模型的改进模型，其计算公式如下：

$$I(t) = f(t) + k(t)^\alpha \tag{6-1}$$

式中，k、α——经验参数；

f——稳定入渗率。

为了计算不同试验条件下的累积入渗量，对 Kostiakov-Lewis 模型中的三个参数 f、k、α 进行了非线性拟合，拟合结果如图 6-13 所示。计算发现，Kostiakov-Lewis 模型可以很好地描述试验条件下的累积入渗量（$R^2 > 0.99$）。

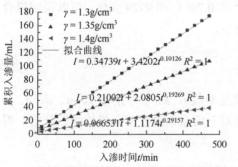

(a) 不同土壤容重条件下的累积入渗量非线性拟合

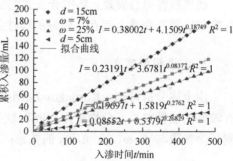

(b) 不同渠道底宽和土壤初始含水量条件下的累积入渗量非线性拟合

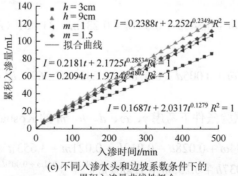

(c) 不同入渗水头和边坡系数条件下的累积入渗量非线性拟合

图 6-13　不同试验设置条件下 Kostiakov-Lewis 模型参数拟合效果图

2. 参数变化

根据计算结果，对比拟合得到的 Kostiakov-Lewis 模型，发现参数 f、k、α 分别与土壤容重 γ、土壤初始含水量 ω、渠道底宽 d、入渗水头 h 和边坡系数 m 呈正相关或负相关关系，如表 6-8 所示。

表 6-8　Kostiakov-Lewis 模型拟合参数变化

参数	与 f 的线性关系	R^2	与 k 的线性关系	R^2	与 α 的线性关系	R^2
γ	$f = -1.8099\gamma + 2.6815$	0.9688	$k = -14.535\gamma + 22.07$	0.9213	$\alpha = 1.2287\gamma - 1.4841$	0.9722
ω	$f = -0.1915\omega + 0.243$	0.9569	$k = 11.373\omega + 4.2285$	0.8772	$\alpha = 1.0595\omega + 0.0182$	0.9805
d	$f = 0.0294d - 0.3453$	0.9921	$k = 0.3613d - 4.742$	0.9929	$\alpha = 0.0081d + 0.3727$	0.7981
h	$f = 0.0117h + 0.1357$	0.9895	$k = -0.0366h + 2.3413$	0.9058	$\alpha = 0.0178h + 0.0781$	0.9854
m	$f = 0.0182m + 0.1901$	0.8884	$k = 0.391m + 1.5933$	0.975	$\alpha = 0.2181m - 0.0496$	0.9129

通过线性拟合发现，各拟合公式的 R^2 在 0.7981~0.9929 变化，可以说明拟合参数与设置的变量之间存在较好的线性关系。

3. 入渗模型建立

由上述分析可知，Kostiakov-Lewis 模型参数 f、k、α 分别与 γ、ω、d、h、m 有较好的线性关系，分别使用 SPSS 软件对三组系数进行多元线性回归分析，得到三个参数与 γ、ω、d、h、m 的关系：

$$f = -2.809\gamma - 0.184\omega + 0.028d + 0.012h + 0.021m + 3.653 \ (R^2 = 0.991, P < 0.01) \tag{6-2}$$

$$k = -23.028\gamma - 11.058\omega + 0.345d + 0.037h + 0.235m + 31.061 \ (R^2 = 0.945, P < 0.01) \tag{6-3}$$

$$\alpha = 1.903\gamma + 1.041\omega + 0.005d + 0.018h + 0.233m - 2.969 \ (R^2 = 0.945, P < 0.01) \tag{6-4}$$

由此可以建立试验条件下考虑 γ、ω、d、h、m 的 Kostiakov-Lewis 计算模型：

$$I(t) = (-2.809\gamma - 0.184\omega + 0.028d + 0.012h + 0.021m + 3.653)t + (-23.028\gamma - 11.058\omega + 0.345d + 0.037h + 0.235m + 31.061)t^{(1.903\gamma + 1.041\omega + 0.005d + 0.018h + 0.233m - 2.969)} \tag{6-5}$$

二、湿润锋运移水平距离计算模型

1. 模型参数拟合

对试验数据进行计算发现，湿润锋运移水平距离与入渗时间呈下列关系：

$$x = At^{0.5} + B \tag{6-6}$$

式中，A、B——拟合参数。

为了计算不同试验条件下的湿润锋运移水平距离，使用 MATLAB 对式（6-6）进行非线性拟合，拟合结果如图 6-14 所示。不难看出，式（6-6）可以很好地描述试验条件下的湿润锋运移水平距离（$R^2 > 0.99$）。

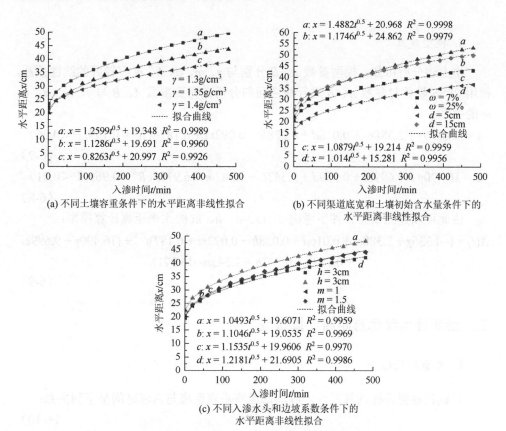

(a) 不同土壤容重条件下的水平距离非线性拟合

(b) 不同渠道底宽和土壤初始含水量条件下的水平距离非线性拟合

(c) 不同入渗水头和边坡系数条件下的水平距离非线性拟合

图 6-14　不同试验设置条件下水平距离计算模型参数拟合效果图

2. 参数变化

根据计算结果对比拟合得到的计算模型，参数 A、B 分别与 γ、ω、d、h、m

呈正相关或负相关关系，如表 6-9 所示。通过线性拟合发现，各拟合公式的 R^2 在 0.7802～0.9989 变化，可以说明拟合参数与设置的变量之间存在较好的线性关系。

表 6-9　水平距离计算模型拟合参数变化

项目	与 A 的线性关系	R^2	与 B 的线性关系	R^2
土壤容重 γ	$A = -2.9096\gamma + 5.048$	0.9989	$B = 11.289\gamma + 4.8543$	0.9819
土壤初始含水量 ω	$A = 2.2801\omega + 0.878$	0.8712	$B = 9.8684\omega + 18.412$	0.9631
渠道底宽 d	$A = 0.0161d + 0.9451$	0.9427	$B = 0.9591d + 10.351$	0.998
入渗水头 h	$A = 0.0281h + 0.9632$	0.9988	$B = 0.3472h + 18.246$	0.7802
边坡系数 m	$A = 0.0966m + 1.0097$	0.9892	$B = 1.7426m + 17.419$	0.8858

3. 模型建立

由上述分析可知，模型参数 A、B 分别与 γ、ω、d、h、m 有较好的线性关系，使用 SPSS 软件对参数 A、B 进行线性回归分析，得到参数 A、B 与 γ、ω、d、h、m 的关系：

$$A = -4.336\gamma + 2.388\omega + 0.016d + 0.028h + 0.092m + 6.187 \quad (R^2 = 0.799, P < 0.05)$$

$$\text{(6-7)}$$

$$B = 16.490\gamma + 9.699\omega + 0.959d + 0.347h + 1.343m - 16.971 \quad (R^2 = 0.969, P < 0.01)$$

$$\text{(6-8)}$$

由此可以建立试验条件下考虑 γ、ω、d、h、m 的水平距离计算模型：

$$X(t) = (-4.336\gamma + 2.388\omega + 0.016d + 0.028h + 0.092m + 6.187)t^{0.5} + (16.490\gamma + 9.699\omega + 0.959d + 0.347h + 1.343m - 16.971)$$

$$\text{(6-9)}$$

三、湿润锋运移垂直距离计算模型

1. 模型参数拟合

对试验数据进行计算发现，湿润锋运移垂直距离与入渗时间呈下列关系：

$$z = Ct^{0.5} \qquad \text{(6-10)}$$

式中，C——拟合参数。

为了计算不同试验条件下的湿润锋运移垂直距离，使用 MATLAB 对式（6-10）进行非线性拟合，拟合结果如图 6-15 所示。不难看出，式（6-10）可以很好地描述试验条件下的湿润锋运移垂直距离（$R^2 > 0.98$）。

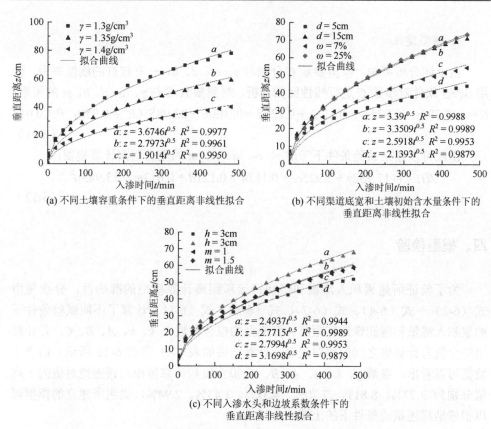

(a) 不同土壤容重条件下的垂直距离非线性拟合

(b) 不同渠道底宽和土壤初始含水量条件下的垂直距离非线性拟合

(c) 不同入渗水头和边坡系数条件下的垂直距离非线性拟合

图6-15　不同试验设置条件下垂直距离计算模型参数拟合效果图

2. 参数变化

根据计算结果对比拟合得到的计算模型，发现参数 C 分别与 γ、ω、d、h、m 呈正相关或负相关关系，如表6-10所示。

表6-10　垂直距离计算模型拟合参数变化

项目	与 C 的线性关系	R^2
土壤容重 γ	$C = -11.412\gamma + 18.388$	0.9688
土壤初始含水量 ω	$C = 5.7568\omega + 2.1132$	0.9175
渠道底宽 d	$C = 0.1212d + 1.5509$	0.9975
入渗水头 h	$C = 0.1127h + 2.1442$	0.9966
边坡系数 m	$C = 0.519m + 2.7253$	0.708

通过线性拟合发现，各拟合公式的 R^2 在 0.708～0.9975 变化，可以说明拟合参数与设置的变量之间存在较好的线性关系。

3. 模型建立

由上述分析可知，模型参数 C 分别与 γ、ω、d、h、m 有较好的线性关系，使用 SPSS 软件对参数 C 进行线性回归分析，得到参数 C 与 γ、ω、d、h、m 的关系：

$$C = -17.732\gamma + 5.925\omega + 0.113h + 0.121d + 0.013m + 23.985 \quad (R^2 = 0.959,\ P < 0.01)$$

$$(6\text{-}11)$$

由此可以建立试验条件下考虑 γ、ω、d、h、m 的垂直距离计算模型：

$$Z(t) = (-17.732\gamma + 5.925\omega + 0.113h + 0.121d + 0.013m + 23.985)t^{0.5}$$

$$(6\text{-}12)$$

四、模型检验

为了验证所建累积入渗量和湿润锋运移距离计算模型的准确性，分别使用式（6-2）～式（6-4）、式（6-7）、式（6-8）、式（6-11）计算了不同试验条件下的累积入渗量和湿润锋运移距离计算模型的拟合参数 f、k、α、A、B、C；并计算出拟合值与计算值之间的相对误差，计算结果如表 6-11 和表 6-12 所示。由表中数据可以看出，参数 f、k、α、A、B、C 拟合值和计算值相对误差绝对值的平均值分别为 3.73%、8.81%、7.70%、4.31%、1.43%、2.94%，说明所建立的模型可以很好地描述试验条件下的土壤水分运动。

表 6-11　试验条件下确定的 Kostiakov-Lewis 模型拟合参数值与计算参数值误差分析

序号	f 拟合值	f 计算值	误差/%	k 拟合值	k 计算值	误差/%	α 拟合值	α 计算值	误差/%
1	0.2100	0.2105	0.24	2.0805	2.2685	9.04	0.1927	0.1938	0.57
2	0.3474	0.3509	1.01	3.4202	3.4199	−0.01	0.1013	0.0987	−2.57
3	0.0665	0.0700	5.26	1.1174	1.1171	−0.03	0.2916	0.2890	−0.89
4	0.2319	0.2252	−2.89	3.6781	3.1531	−14.27	0.0838	0.1105	31.86
5	0.1970	0.1921	−2.49	1.5819	1.1627	−26.50	0.2762	0.2979	7.86
6	0.0601	0.0705	17.30	0.4798	0.5435	13.28	0.1691	0.1688	−0.18
7	0.3398	0.3505	3.15	3.9280	3.9935	1.67	0.2190	0.2188	−0.09
8	0.1687	0.1745	3.44	2.0317	2.1575	6.19	0.1279	0.1398	9.30
9	0.2388	0.2465	3.22	2.2520	2.3795	5.66	0.2349	0.2478	5.49
10	0.2094	0.2063	−1.48	1.9734	2.2215	12.57	0.1802	0.1472	−18.31
11	0.2181	0.2168	−0.60	2.1725	2.3390	7.66	0.2853	0.2637	−7.57
平均值	—	—	3.73	—	—	8.81	—	—	7.70

表 6-12　试验条件下确定的湿润锋运移距离模型拟合参数值与计算参数值误差分析

序号	A 拟合值	A 计算值	误差/%	B 拟合值	B 计算值	误差/%	C 拟合值	C 计算值	误差/%
1	1.1286	1.1300	0.12	19.6910	20.0290	1.72	2.7973	2.8392	1.50
2	1.2599	1.3468	6.90	19.3480	19.2450	−0.53	3.6746	3.7258	1.39
3	0.8263	0.9132	10.52	20.9970	20.8535	−0.68	1.9014	1.9526	2.69
4	1.0879	0.9390	−13.69	19.2140	19.2530	0.20	2.6158	2.3652	−9.58
5	1.4882	1.3688	−8.02	20.9680	20.9989	0.15	3.6321	3.4317	−5.52
6	1.0140	1.0500	3.55	15.2712	15.2339	−0.24	2.1393	2.2342	4.44
7	1.1746	1.2100	3.01	24.8618	24.8240	−0.15	3.3509	3.4442	2.78
8	1.0493	1.0460	−0.31	19.6071	18.9879	−3.16	2.4937	2.5002	0.26
9	1.2181	1.2140	−0.34	21.6905	21.0699	−2.86	3.1698	3.1782	0.27
10	1.1046	1.1116	0.63	19.0535	19.7604	3.71	2.7715	2.8366	2.35
11	1.1535	1.1576	0.36	19.9609	20.4319	2.36	2.7994	2.8431	1.56
平均值	—	—	4.31			1.43	—	—	2.94

　　为了进一步验证所建模型的准确性，分别使用式（6-5）、式（6-9）、式（6-12）计算了不同试验条件下的累积入渗量和湿润锋运移水平距离、垂直距离，并与实测值进行了对比，对比结果如图 6-16 所示。由图 6-16 不难看出，各试验条件下的累积入渗量和湿润锋运移水平距离、垂直距离的实测值与计算值均分布在 1∶1 线附近，说明建立的计算模型可以模拟试验条件下的累积入渗量和湿润锋运移距离变化过程。

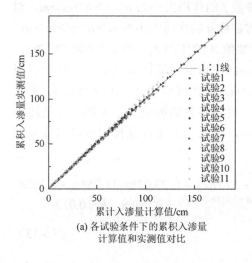

(a) 各试验条件下的累积入渗量
计算值和实测值对比

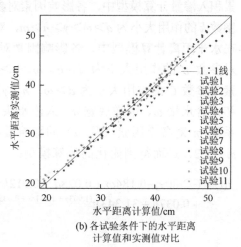

(b) 各试验条件下的水平距离
计算值和实测值对比

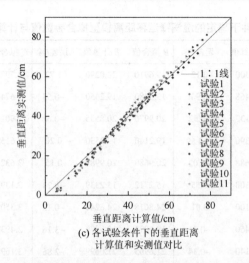

(c) 各试验条件下的垂直距离
计算值和实测值对比

图 6-16　模型计算值与实测值对比图（彩图见封底二维码）

五、模型简化

1. 模型拟合参数影响因素的重要性分析

为了简化建立的计算模型，分别计算了式（6-2）～式（6-4）、式（6-7）、式（6-8）、式（6-11）中土壤容重 γ、土壤初始含水量 ω、渠道底宽 d、入渗水头 h、边坡系数 m 对各拟合参数的标准回归系数 b_j'，该系数的绝对值能反映五个影响因子对拟合参数的作用大小，可以据此剔除对拟合参数作用最小的影响因子，简化建立的计算模型，计算结果如表 6-13 所示。从表中数据可以看出，在累积入渗量计算模型中，各影响因素对参数 f 的作用大小为 $d>\gamma>h>\omega>m$，对参数 k 的作用大小为 $d>\omega>\gamma>h>m$，对参数 α 的作用大小为 $\omega>h>\gamma>m>d$；在水平距离计算模型中，各影响因素对参数 A 的作用大小为 $\omega>h>d>\gamma>m$，对参数 B 的作用大小为 $d>h>\omega>\gamma>m$；在垂直距离计算模型中，各影响因素对参数 C 的作用大小为 $d>\omega>h>\gamma>m$。由此可以得知，土壤容重 γ、土壤初始含水量 ω、渠道底宽 d、入渗水头 h 对各参数的影响大小不同，但是边坡系数 m 对各个因素（除 α）的影响最小，因此可以在计算模型中取边坡系数 $m=1.2$，进而得到简化的计算模型：

$$I(t) = (-2.809\gamma - 0.184\omega + 0.028d + 0.012h + 3.6782)t + (-23.028\gamma - 11.058\omega + 0.345d + 0.037h + 31.343)t^{(1.903\gamma + 1.041\omega + 0.005d + 0.018h - 2.6894)} \quad (R^2 > 0.9, \ P < 0.01)$$

$$(6-13)$$

$$X(t) = (-4.336\gamma + 2.388\omega + 0.016d + 0.028h + 6.2974)t^{0.5} + (16.490\gamma + 9.699\omega + 0.959d$$
$$+ 0.347h - 15.3594) \quad (R^2 > 0.9, \ P < 0.01)$$

$$(6\text{-}14)$$

$$Z(t) = (-17.732\gamma + 5.925\omega + 0.113h + 0.121d + 24.006)t^{0.5} \quad (R^2 > 0.9, \ P < 0.01)$$

$$(6\text{-}15)$$

表 6-13　各影响因素对拟合参数的标准回归系数

参数	f	k	α	A	B	C
γ	−0.2193	−0.1535	0.1767	−0.1867	0.0607	−0.2202
ω	−0.0823	−0.4223	0.5536	0.5889	0.1707	0.4213
d	0.4914	0.5274	0.1468	0.2179	0.7320	0.4751
h	0.1778	0.0468	0.3171	0.2288	0.2023	0.2662
m	0.0263	0.0252	0.1476	0.0637	0.0563	0.0026

2. 简化模型验证

为了验证简化模型的准确性，采用 HYDRUS-2D 软件模拟了不同土壤容重 γ、土壤初始含水量 ω、渠道底宽 d、入渗水头 h 下的 8 组室内试验，采用式（6-13）～式（6-15）计算了设置试验条件下的累积入渗量和湿润锋运移距离，并将计算值与模拟值进行了对比，如图 6-17 所示。各模拟条件下的累积入渗量和湿润锋运移水平距离、垂直距离的模拟值与计算值均分布在 1：1 线附近，说明建立的计算模型可以计算不同边界条件下土壤水分运动过程。

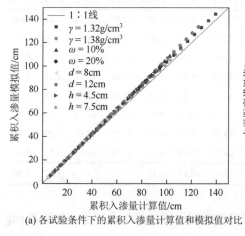

(a) 各试验条件下的累积入渗量计算值和模拟值对比

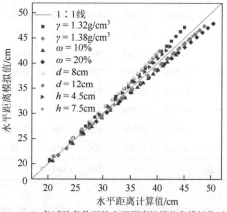

(b) 各试验条件下的水平距离计算值和模拟值对比

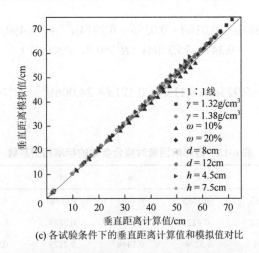

(c) 各试验条件下的垂直距离计算值和模拟值对比

图 6-17　模型计算值与模拟值对比图（彩图见封底二维码）

为了进一步验证简化模型的准确性，计算了累积入渗量和湿润锋运移距离模拟值和计算值的平均绝对误差（MAE）和均方根误差（RMSE），计算结果如表 6-14 所示。由表中数据可知，8 组模拟值和计算值的累积入渗量平均绝对误差和均方根误差的平均值分别为 743mL 和 867mL，水平距离的平均绝对误差和均方根误差的平均值分别为 0.99cm 和 1.11cm，垂直距离的平均绝对误差和均方根误差的平均值分别为 1.31cm 和 1.50cm。这说明了建立的简化模型可以很好地描述模拟试验条件下的累积入渗量和湿润锋运移距离，所建模型可靠。

表 6-14　模拟试验条件下确定的模型拟合参数值与计算参数值误差分析

序号	累积入渗量/mL				水平距离/cm				垂直距离/cm			
	模拟值	计算值	MAE	RMSE	模拟值	计算值	MAE	RMSE	模拟值	计算值	MAE	RMSE
1	43696	45376	840	980	45.01	47.14	1.21	1.35	71.57	73.98	1.31	1.48
2	19321	20070	374	436	40.43	42.43	1.17	1.29	47.62	50.67	1.60	1.83
3	32114	34034	960	1120	43.43	41.69	1.00	1.11	57.29	55.83	0.74	0.86
4	29921	31481	780	910	50.44	47.89	1.29	1.50	67.02	68.81	0.97	1.09
5	22464	23760	648	756	39.87	42.17	1.21	1.38	54.36	57.02	1.48	1.65
6	39410	41930	1260	1470	48.73	47.41	0.77	0.85	65.49	67.62	1.13	1.29
7	28450	29794	672	784	42.30	43.35	0.63	0.69	54.98	58.61	1.89	2.17
8	35069	35885	408	476	47.39	46.23	0.65	0.73	63.31	66.03	1.37	1.60
平均值	—	—	743	867	—	—	0.99	1.11	—	—	1.31	1.50

研究结果表明，Kostiakov-Lewis 模型可以很好地描述累积入渗量，这与 Zhang

等[1]的研究结论一致；Kostiakov-Lewis 模型中的参数 f、k、α 与设置的变量有较好的线性关系，这与聂卫波等沟灌土壤水分运动数值模拟与入渗模型[2]的研究思路类似。他们都建立了考虑湿周的累积入渗量简化计算模型，但是没有考虑土壤容重和土壤初始含水量等因素对累积入渗量的影响。Ali 和 Ghosh 及 Liu 等提出了滴灌系统的湿润锋运移距离的计算模型[3,4]，考虑了影响滴灌系统的因素，但该模型无法描述非滴灌系统下的湿润锋运移距离。本节建立的计算模型可以用于描述不同土壤容重、渠道断面和土壤初始含水量下的累积入渗量和湿润锋运移距离，也可以用于描述沟灌灌溉下的土壤水分入渗过程，能够为沟灌系统和灌溉制度的合理设计提供理论支撑。

参 考 文 献

[1]　Zhang Y Y，Wu P，Zhao X N，et al. Evaluation and modelling of furrow infiltration for uncropped ridge–furrow tillage in Loess Plateau soils[J]. Soil Research，2012，50（5）：360-370.

[2]　聂卫波，马孝义，王术礼. 沟灌土壤水分运动数值模拟与入渗模型[J]. 水科学进展，2009, 20（5）: 668-676.

[3]　Ali S，Ghosh N C. Methodology for the estimation of wetting front length and potential recharge under variable depth of ponding[J]. Journal of Irrigation and Drainage Engineering，2016，142（1）：04015027.

[4]　Liu Z，Li P，Hu Y，et al. Modeling the wetting patterns in cultivation substrates under drip irrigation[J]. Journal of Coastal Research，2015，73：173-176.

第七章　灌区水资源优化配置理论

水资源配置作为可持续发展的基本问题之一，它不仅要求水资源在时间上、地域上、不同社会职责部门间进行合理的分配，还需要在考虑现在发展的同时，顾虑未来水资源的需求。对灌区中的水资源配置来说，一般情况下，根据灌区的灌溉面积、作物种植结构和作物灌溉定额，设计和制定一个灌区的灌溉制度，以便在灌区中生成基础性的水资源配置框架。

第一节　水资源优化配置内涵及原则

一、水资源优化配置内涵

水资源合理配置是指秉持着公平、有效、可持续等原则，对一定流域或者特定区域内的水资源，通过合理需求的牵制、维护供应和保障供给等手段，利用工程与非工程措施在用水对象之间进行时间和空间上的调配[1]。水资源合理配置最早用于解决水资源短缺地区的用水竞争问题，随着概念的不断深入，其应用不仅仅局限于此，相对来说，水资源供应并不紧张的地区，也开始逐渐地重视起水资源合理配置的问题[2]。

合理配置是在解决各类水利工程的投资、用水经济效益、水资源可持续发展及水资源供应中的供需矛盾关系、各种水资源的协调供给等问题过程中，体现出的有效性、公平性及合理性。从配置结果来看，对单一个体利益和整体利益来讲，个体利益是需要服从整体利益的。而优化配置是在合理配置过程中选择的方法和采取的手段[3]。优化是以数学规划手段，解决"期望这样，应该怎样"的问题，求得最优方案的过程[4]。当水资源供应有限时，水资源优化配置就是指为了使水资源得到更高效、更合理的配置，运用优化手段构建优化模型，从而进行水资源合理配置的过程。

二、水资源优化配置原则

水资源优化配置原则在水资源规划与管理中具有关键作用。对一个区域或者流域来说，水资源优化配置原则决定了区域或者流域水资源开发、利用和保护水

平，确定了水资源优化配置的外延。一般来讲，区域或者流域的水资源优化配置
原则是根据当地的水资源条件来确定的。在水资源优化配置过程中，需要坚持的
原则有 4 项，分别表述如下。

1. 有效性原则

水资源的有效性原则，是由水资源在社会行为中的商品属性决定的，水资源
具有经济效益，水资源的经济效益是经济部门成本核算的重要指标。除此之外，
合理利用水资源，在促进社会发展和生态平衡等方面也起到至关重要的作用。因
此，水资源的有效性原则还取决于其对于生态环境维持与改善的生态属性和保障
社会健康发展的社会属性。水资源的这一原则不是对单纯经济效益的追求，而是
保证经济、生态、社会协调发展的综合效益的体现。

2. 公平性原则

水资源的公平性原则，是指水资源作为一种公共资源，从空间上来看，每个
人、每个区域、每个行业的用水都是平等的；从时间上来看，过去与现在、当代
与后代用水权利是平等的。因此，必须以满足不同区域、不同行业、不同时期的
用水公平性为目标，保证水资源的合理公平分配。

3. 系统性原则

水资源的系统性原则，是指水资源的开发利用，不只是追求整体效益最高，
而是要权衡系统中不同用水部分的效益。水资源短缺时，必然会损害社会、生态、
经济效益，这种损害可以集中在一个用水部分，也可以分散到各个用水部分，水
资源的系统性原则，则是要根据缺水量的多少进行利弊权衡，选择集中或者分散
这种效益损害，使损害程度降到最低，从而确保整个水资源系统的健康运行。

4. 可持续性原则

水资源的可持续性原则，指的是水资源代际分配原则，该原则是在水资源可
再生能力的基础上提出的。它要求在水资源再生能力范围内对其进行开发与利用，
保证水资源的可持续利用，在当代与后代之间保持一个水权交接的过程，避免掠
夺性的开采，维持协调发展的能力。

灌区水资源优化配置是以水资源优化配置为依托，结合灌区的特点，对灌区
灌溉水资源进行有效分配的过程。灌区水资源优化配置也要遵循一定的原则，《灌
溉与排水工程技术管理规程》[5]做出如下规定。

（1）灌区应实行计划用水。不同用水户的用水计划将进行预先编制，各个用

水户将用水申请提交灌区管理单位，经综合评价后，再报主管部门进行审批，然后按最后的核定计划向用水户供水。

（2）灌溉用水计划应充分考虑用水地区的水源条件、供水工程以及农业生产情况等因素，进行用水计划的编制，确保计划的切实可行，从而保证水资源供应质量。

（3）灌区用水计划的编制方法包括自上而下和自下而上相结合等方法。管理单位可根据不同水平年的作物种植面积、作物灌溉制度、水源取水及输水条件、渠道工程状况、气象预报等资料，进行灌区用水计划的拟定。

第二节　不确定性问题的优化方法

一、随机规划

随机规划是含有随机变量的数学规划，作为运筹学的重要分支，在各个领域中都有着广泛应用。随着科学技术发展步伐的加快，随机因素不断地被发掘，随机规划问题的研究变得炙手可热。根据随机变量的决策实现顺序的不同，可将随机规划分为三类：分布问题、期望值问题、概率约束规划问题[6]。本节主要以期望值模型作为重点研究对象。

1. 带补偿的两阶段随机规划数学模型

带补偿的两阶段随机规划是在得到随机变量真实值之前就做出决策，先设定一个决策变量初始值 x，最大化目标函数 $f(x)$，在得到随机变量真实值之后，再追加一个追索-补偿策略 y，这样将会产生一个额外的费用 $Q(x,\xi)$，被称为补偿函数：

$$\max f(x) - E_\xi Q(x,\xi) \quad \text{s.t.} \, c(x) \leq 0 \qquad (7\text{-}1)$$

其中，对 ξ 每个实现值 $\hat{\xi}$：

$$Q(x,\hat{\xi}) = \min q(x,y,\hat{\xi}) \quad \text{s.t.} \, g(x,y,\hat{\xi}) \leq 0 \qquad (7\text{-}2)$$

式中，$q(x,y,\hat{\xi})$ —— x 和 $\hat{\xi}$ 作为已知变量，关于 y 的函数。

2. 带补偿的多阶段随机规划数学模型

在引入补偿变量 y 时，若 y 还需满足其他约束条件，则设为

$$h(y,\eta) \leq 0 \qquad (7\text{-}3)$$

式中，η 也作为随机变量，且决策 y 需要在得到 η 的真实值以前做出，当 η 的真

实值得到后，继续追加一个追索-补偿策略 z，从而继续产生额外费用 $R(y,\eta)$，则原模型可变为下列形式的模型：

$$\max f(x) - E_\xi\, Q(x,\xi)$$
$$\text{s.t. } c(x) \leqslant 0 \tag{7-4}$$

式中，$Q(x,\xi)$ 满足

$$Q(x,\xi) = \min q(x,y,\xi) + E_\eta\, R(y,\eta)$$
$$\text{s.t. } g(x,y,\xi) \leqslant 0 \tag{7-5}$$

带补偿的多阶段随机规划数学模型：

$$\max f_1(x^1) - E_{\xi_2}\, Q_2(x^1,\xi_2)$$
$$\text{s.t. } h_1(x^1) \leqslant 0 \tag{7-6}$$

式中，

$$R(y,\eta) = \min r(y,z,\eta)$$
$$\text{s.t. } h(x,y,\eta) \leqslant 0 \tag{7-7}$$

其中，

$$Q_t(x^{t-1},\xi_t) = \min f_t(x^t) + E_{\xi_{t+1}}\, Q_{t+1}(x^t,\xi_{t+1}) \tag{7-8}$$

或等价于下列形式：

$$\text{man } f_1(x^1) - E_{\xi_2} \text{man } f_2(x^2) + \cdots + E_{\xi_N} \text{man } f_N(x^N)$$
$$\text{s.t. } h_1(x^1) \leqslant 0 \tag{7-9}$$
$$h_t(x^{t-1},x^t,\xi_t) \leqslant 0 \quad t = 2,3,\cdots,N$$

二、区间规划

1. 区间规划定义

区间规划主要用来处理系统中的区间不确定性问题。当区间不确定时，区间规划可以作为随机规划的替代工具。区间规划的相关定义表述如下。

定义 7-1：x 表示实数集 R 上的封闭有界数，$x^\pm$ 为已知上限、下限，但概率分布未知的区间数：

$$x^\pm = [x^-, x^+] = \{t \in x \mid x^- \leqslant t \leqslant x^+\} \tag{7-10}$$

式中，x^+、x^-——$x^\pm$ 的上限、下限，当 $x^- = x^+$ 时，$x^\pm$ 为确定数。

定义 7-2：对于 $x^\pm$，$\text{sgn}(x^\pm)$ 可定义为

$$\text{sgn}(x^\pm) = \begin{cases} 1 & x^\pm \geqslant 0 \\ -1 & x^\pm < 0 \end{cases} \tag{7-11}$$

定义 7-3：对于 $x^\pm$，其绝对值定义为

$$|x|^{\pm} = \begin{cases} x^{\pm} & x^{\pm} \geqslant 0 \\ -x^{\pm} & x^{\pm} < 0 \end{cases} \tag{7-12}$$

因此，即有

$$|x|^{-} = \begin{cases} x^{-} & x^{\pm} \geqslant 0 \\ -x^{+} & x^{\pm} < 0 \end{cases} \tag{7-13a}$$

$$|x|^{+} = \begin{cases} x^{+} & x^{\pm} \geqslant 0 \\ -x^{-} & x^{\pm} < 0 \end{cases} \tag{7-13b}$$

2. 区间线性规划模型

区间线性规划模型可以用来处理区间不确定性问题，不需要不确定性参数的概率分布，能够获得一系列的可行解区间。一般的区间线性规划模型如下[7]：

$$\max f^{\pm} = C^{\pm} X^{\pm}$$
$$\text{s.t.} \quad A^{\pm} X^{\pm} \leqslant B^{\pm} \tag{7-14}$$
$$X^{\pm} \geqslant 0$$

式中，$X^{\pm} \in \{R^{\pm}\}^{n \times 1}$，$C^{\pm} \in \{R^{\pm}\}^{1 \times n}$，$A^{\pm} \in \{R^{\pm}\}^{m \times n}$，$B^{\pm} \in \{R^{\pm}\}^{m \times 1}$，$R^{\pm}$ 是不确定数的集合。

为求解上述模型，应用一种简便的求解方法——交互式算法。交互式算法的求解步骤如下：①根据目标函数的特点，将其分为对应于区间上限和下限的两个确定性子模型。②分别计算两个子模型，得到各自的最优解，当目标函数取最大值时，先进行上限子模型的求解。③组合两个子模型的最优解，获得目标函数的不确定性区间解。具体来讲，子模型的形式分别表示如下。

对应于上限子模型的目标函数：

$$\max f^{+} = \sum_{j=1}^{k_1} c_j^{+} x_j^{+} + \sum_{j=k_1+1}^{n} c_j^{+} x_j^{-}$$

$$\text{s.t.} \quad \sum_{j=1}^{k_1} |a_{ij}|^{-} \operatorname{sgn}(a_{ij}^{-}) x_j^{+} + \sum_{j=k_1+1}^{n} |a_{ij}|^{+} \operatorname{sgn}(a_{ij}^{+}) x_j^{-} \leqslant b_i^{+} \quad \forall i \tag{7-15}$$

$$x_j^{\pm} \geqslant 0 \quad j = 1, 2, \cdots, n$$

此时，可获得解 $x_{\text{jopt}}^{+}(j = 1, 2, \cdots, k_1)$ 和 $x_{\text{jopt}}^{-}(j = k_1+1, k_1+2, \cdots, n)$。

对应于下限子模型的目标函数：

$$\max f^{-} = \sum_{j=1}^{k_1} c_j^{-} x_j^{-} + \sum_{j=k_1+1}^{n} c_j^{-} x_j^{+} \tag{7-16}$$

$$\text{s.t.} \quad \sum_{j=1}^{k_1} |a_{ij}|^{+} \operatorname{sgn}(a_{ij}^{+}) x_j^{-} + \sum_{j=k_1+1}^{n} |a_{ij}|^{-} \operatorname{sgn}(a_{ij}^{-}) x_j^{+} \leqslant b_i^{-} \quad \forall i$$

$$x_j^- \leqslant x_{\text{jopt}}^+ \quad j = 1, 2, \cdots, k_1$$

$$x_j^+ \geqslant x_{\text{jopt}}^- \quad j = k_1 + 1, k_1 + 2, \cdots, n$$

$$x_j^\pm \geqslant 0 \quad j = 1, 2, \cdots, n$$

此时，可获得解 $x_{\text{jopt}}^- (j = 1, 2, \cdots, k_1)$ 和 $x_{\text{jopt}}^+ (j = k_1 + 1, k_1 + 2, \cdots, n)$。

通过求解子模型［式（7-15）和式（7-16）］，最终得到的最优解为

$$f_{\text{opt}}^\pm = [f_{\text{opt}}^-, f_{\text{opt}}^+] \tag{7-17}$$

$$x_{\text{jopt}}^\pm = [x_{\text{jopt}}^-, x_{\text{jopt}}^+] \quad \forall \ j \tag{7-18}$$

三、鲁棒优化

鲁棒优化是一种可适应内部、外部环境变化的优化方法。1995 年，Muley 提出了随机鲁棒优化模型，该模型可以将风险问题整合到优化模型中，并通过特定的模型结构生成稳定的解。随机鲁棒优化模型具有两方面的"强健性"：模型的强健性和解的强健性。模型的强健性是指随机变量的微小变动，仍能保证模型运行结果的可行性；解的强健性是指模型输入随机变量不同，模型最终求解结果仍接近最优解[8]。

一般的随机鲁棒优化模型形式如下[8, 9]：

$$\max Z = c^{\text{T}} x + d^{\text{T}} y$$

$$\text{s.t.} \quad Ax \leqslant B$$

$$Cx + Dy = E \tag{7-19}$$

$$x \geqslant 0, y \geqslant 0$$

式中，$x \in \{R\}^{n \times 1}$，$y \in \{R\}^{n \times 1}$，$c^{\text{T}} \in \{R\}^{m \times n}$，$d^{\text{T}} \in \{R\}^{m \times n}$，$A \in \{R\}^{m \times n}$，$B \in \{R\}^{m \times 1}$，$C \in \{R\}^{m \times n}$，$D \in \{R\}^{m \times n}$，$E \in \{R\}^{m \times 1}$。其中，$x \in \{R\}^{n \times 1}$ 是结构型决策变量；$y \in \{R\}^{n \times 1}$ 是控制型决策变量；R 是实数集合。

该模型可以满足所有情境下的可行性和最优性。然而，对模型来讲，需要考虑目标函数中的风险问题和允许控制型约束被违反的情况。为表达上述特点，模型［式（7-19）］可转化为

$$\max Z = \sum_{s \in S} p_s \zeta_s + \lambda \sum_{s \in S} p_s \left| \zeta_s - \sum_{s' \in S} p_{s'} \zeta_{s'} \right| + \omega \sum_{s \in S} p_s \delta_s$$

$$\text{s.t.} \quad Ax \leqslant B$$

$$C_s x_s + D_s y_s + \delta_s = E_s \ \forall s \in \Omega \tag{7-20}$$

$$x \geqslant 0, y_s \geqslant 0$$

式中，p_s ——情境 s 出现的概率（$\sum\limits_{s=1}^{S} p_s = 1$）；

$\Omega = \{1,2,\cdots,s,\cdots,S\}$ ——特定的情境集，包含概率 p_s 条件下的所有情境；

$\zeta_s = c^{\mathrm{T}}x + d_s^{\mathrm{T}}y$ ——随机函数值对应于情境 s 和该情境出现的概率 p_s；

δ_s ——误差，用来衡量控制约束违反的不可行性；

C_s, D_s, E_s ——随机约束系数；

λ, ω ——权重系数。

在模型 ［式（7-20）］ 中，$\sum\limits_{s\in S} p_s \left| \zeta_s - \sum\limits_{s'\in S} p_{s'}\zeta_{s'} \right|$ 表示解的强健性，$\sum\limits_{s\in S} p_s\delta_s$ 表示模型的强健性。参照文献 Yu 和 Li 的研究[9]，为了对方程进行线性化处理，采用目标规划的方法将模型转化为

$$\max Z = \sum_{s\in S} p_s\zeta_s + \lambda\sum_{s\in S} p_s\left[\left(\zeta_s - \sum_{s'\in S} p_s\zeta_{s'}\right) + 2\theta_s\right] + \omega\sum_{s\in S} p_s\delta_s$$

$$\text{s.t.}\quad \zeta_s - \sum_{s'\in S} p_s\zeta_{s'} + \theta_s \geqslant 0$$

$$Ax \leqslant B$$

$$C_s x_s + D_s y_s + \delta_s = E_s \quad \forall s\in \Omega \tag{7-21}$$

$$x\geqslant 0, y_s\geqslant 0, \theta_s\geqslant 0$$

式中，θ_s ——松弛变量。

第三节　作物水分生产函数

水分生产函数是表达作物产量与需水量之间变化规律的函数。水分生产函数按照模型的结构可以分为全生育期水分生产函数和分阶段水分生产函数。全生育期水分生产函数认为只要作物生长全生育期的总水量一定，作物产量效益就一定，该类模型忽略了不同作物生长阶段的需水对最终产量的影响。因此，分阶段水分生产函数较全生育期水分生产函数具有更好的适用性。

分阶段水分生产函数又可分为加法模型和乘法模型。大量学者[10,11]通过灌溉试验资料对两类模型的拟合精度进行了比较，研究结果表明，加法模型和乘法模型在拟合精度上并无显著差别，但从作物产量与阶段蒸发、蒸腾量的关系来看，加法模型将各生育阶段看作是相互独立的，但实际中作物的不同生育阶段缺水与作物产量之间是相互联系的[12]。若各个生育阶段中的任何一个生育阶段，作物因为水量供给不足而死亡，则对其他生育阶段来说，无论供水情况如何，最终的产量仍为零，而乘法模型的特点是作物在某生育阶段内存在的水分亏缺，对本阶段的作物生长产生影响的同时，还会对后续阶段产生影响，因此乘法模型被认为更为合理[13]。

常见的乘法模型如下[14]。

（1）Jensen 模型：

$$\frac{Y}{Y_p} = \prod_{t=1}^{T}\left(\frac{ET}{ET_p}\right)_t^{\lambda_t} \tag{7-22}$$

（2）Rao 模型：

$$\frac{Y}{Y_p} = \prod_{t=1}^{T}\left[1 - K_t\left(\frac{ET}{ET_p}\right)\right] \tag{7-23}$$

（3）Minhas 模型：

$$\frac{Y}{Y_p} = a_0\prod_{t=1}^{T}\left[1 - \left(\frac{ET}{ET_p}\right)_t^{b_0}\right]^{\lambda_t} \tag{7-24}$$

（4）Hanks 模型：

$$\frac{Y}{Y_p} = \prod_{t=1}^{T}\left(\frac{T_t}{T_{pt}}\right)^{\lambda_t} \tag{7-25}$$

式中，λ_t——在第 t 生育阶段时，作物缺水敏感指数；

K_t——在第 t 生育阶段时，作物缺水敏感系数；

a_0——不同因素对 Y/Y_p 的修正系数（不包括缺水量），$a_0 \leqslant 1$；

b_0——指数系数，本节中 $b_0 = 2$；

T_t——在第 t 生育阶段时，实际蒸腾量；

T_{pt}——在第 t 生育阶段时，最佳腾发量；

Y——实际腾发量对应的作物实际产量，kg/hm^2；

Y_p——作物潜在腾发量对应的作物潜在产量，kg/hm^2；

ET——作物的实际腾发量，mm；

ET_p——作物的潜在腾发量，mm。

对水分生产函数而言，同一个模型在不同地区、不同年份、不同作物情况下，其具体参数也不相同[15]。因此，构建水分生产函数模型最关键的一点在于与当地实际情况相吻合的数学模型及模型参数的推求。国内许多专家学者的多年实践经验表明[16, 17]，Jensen 模型对于本书的研究区域具有更好的适用性。

参 考 文 献

[1] 水利部水利水电规划设计总院. 全国水资源综合规划技术大纲[R]. 北京：水利部水利水电规划设计总院，2002.

[2] 王浩. 我国水资源合理配置的现状和未来[J]. 水利水电技术，2006，37（2）：7-14.

[3] 甘泓，李令跃，尹明万. 水资源合理配置浅析[J]. 中国水利，2000，（4）：20-23.

[4] 陈南祥. 复杂系统水资源合理配置理论与实践[D]. 西安：西安理工大学，2006.

[5] 中华人民共和国水利部. 灌溉与排水工程技术管理规程：SL/T246—2019[S]. 2019.

[6] 刘敬生. 两阶段随机规划的若干算法及应用研究[D]. 青岛：山东科技大学，2009.

[7] Huang G H，Baetz B W，Patry G G. Grey integer programming：an application to waste management planning under uncertainty[J]. European Journal of Operational Research，1995，83（3）：594-622.

[8] Beyer H G，Sendhoff B. Robust optimization—a comprehensive survey[J]. Computer Methods in Applied Mechanics and Engineering，2007，196（33/34）：3190-3218.

[9] Yu C S，Li H L. A robust optimization model for stochastic logistic problems[J]. International Journal of Production Economics，2000，64（1-3）：385-397.

[10] 茆智，崔远来，李新健. 我国南方水稻水分生产函数试验研究[J]. 水利学报，1994，（9）：21-31.

[11] 彭世彰，边立明，朱成立. 作物水分生产函数的研究与发展[J]. 水利水电科技进展，2000，20（1）：17-20，69.

[12] 孙书洪. 基于作物水分生产函数下的非充分灌溉研究[D]. 天津：天津大学，2005.

[13] 郭群善，雷志栋，杨诗秀. 冬小麦水分生产函数 Jensen 模型敏感指数的研究[J]. 水科学进展，1996，7（1）：20-25.

[14] 谢静. 保定地区冬小麦水分生产函数及节水灌溉制度研究[D]. 保定：河北农业大学，2011.

[15] 王立坤. 三江平原井灌水稻灌溉制度建模及其优化研究[D]. 哈尔滨：东北农业大学，2002.

[16] 付红. 查哈阳灌区水稻水分生产函数模型试验研究[J]. 东北农业大学学报，2008，39（2）：159-162.

[17] 孙艳玲，李芳花，尹钢吉，等. 寒地黑土区水稻水分生产函数试验研究[J]. 灌溉排水学报，2010，29（5）：139-142.

第八章 灌区多水源优化配置实例分析

在灌区农业灌溉系统中，作物的产量会受到土壤、肥料、气象、降水、灌溉等诸多因素的影响，相对其他影响因素来讲，水的供应程度是制约农业发展的最关键因素。因此，如何提高灌区水资源利用效率与灌区的管理水平是农业发展的两个重要的问题。本章的主要研究内容是考虑灌区经济效益与灌区水资源管理之间的关系，保证灌区内作物产量的同时，找到最佳的水资源配置方案，提高水资源利用率。本章所研究的区域——和平灌区属于井渠结合灌区，其主要水源为地下水和地表水，按照不同的取水方式及不同取水水源，灌区内有 3 种供水工程，分别是引水工程、提水工程和井灌工程。地下水供井灌工程取水，地表水供引水工程和提水工程取水，在枯水期时，水资源可能会出现严重亏缺，因此，灌区还存在补水的外调水源——柳河水库。

第一节 和平灌区概况

一、地理位置

庆安县和平灌区位于呼兰河中上游左岸的漫滩及一级阶地上，灌区范围由东向西呈带状分布，毗邻绥化市和铁力市，以呼兰河为界。地理坐标为 46°41′N～47°04′N，127°20′E～127°49′E。和平灌区的行政区划含有庆安县的平安镇、庆安镇、丰收乡、久胜镇、铁力市的双丰镇 5 个乡镇。和平灌区作为黑龙江省水稻灌溉试验基地，灌区内总土地面积 22.78 万亩，水稻作为灌区内主要生产作物，其灌溉面积为 10 万亩。

二、河流水系

呼兰河及一级支流拉林清河和安邦河穿过灌区内部，与干渠平面交叉。呼兰河属松花江水系，发源于铁力市北部炉吹山，流经铁力市、横穿庆安县和绥化市中部，流至绥化市西北部，河道总长 523km，在庆安县境内河道长度为 78.4km，河道平均比降 1/2600，河道弯曲率为 1.4，出境处流域面积为 9330km²，入境处（和平灌区渠首）多年平均径流量为 12.43×10⁸m³，平均流量 39.42m³/s。

三、气候特征

该灌区属中温带大陆性气候，春季风大干旱，夏季高温多雨，秋季降温快，易早霜，冬季寒冷，多年平均气温为 1.7℃，最高气温为 36.7℃，年平均有效积温和平均日照时数分别为 2518℃和 2577h。无霜期平均为 128d，最长 150d，最短为 114d。多年平均水面蒸发量为 764.5mm。灌区所处地区降水主要集中在 6～8 月，多年平均降水量为 641.4mm，约占全年总降水量的 68.1%。

四、水源分布

灌区灌溉水源有地表水与地下水，同时有柳河水库作为外调水源。地表水源由降水、河流来水组成。和平渠首和安帮河渠首是灌区河流水量的主要取水工程。柳河水库位于拉林清河下游，该水库的职能主要是为下游的柳河和建业灌区提供用水，在枯水期时作为和平灌区补水水源。地下水顶板埋深 40～90m，含水层厚度为 20m 左右，地下水资源较丰富，主要用于企业、居民生活和井灌水田。

1. 水资源量

水平年情况下，设计灌溉面积 8.6 万亩，现状灌溉面积 10 万亩，其中地表水灌溉面积 9.2 万亩，灌溉期用水量 $8957 \times 10^4 m^3$，和平渠首的设计流量为 $12m^3/s$，安帮河渠首的设计流量为 $2m^3/s$，两渠首均按设计流量引水，生育期区间可利用水量 $13850 \times 10^4 m^3$，缺水期可由柳河水库补水。地下水可开采量为 $5977 \times 10^4 m^3$，灌溉面积为 0.8 万亩。

2. 水利工程现状

和平灌区渠首为和平灌区的第一渠首（原李山屯渠首），位于铁力市双丰镇李山屯北，即呼兰河左岸。通过和平渠首引出一条干渠向西南延伸至与安帮河交叉口，由安帮河渠首向干渠补水，干渠继续向西南延伸至与拉林清河交叉口，由郑文举渠首向干渠补水。和平灌区现有干渠一条，长 46km，其中已衬砌 39.5km；支渠 16 条，直属斗渠 12 条，提水渠 2 条，总长 106.63km；排水干渠 15 条，总长 56.87km。现有骨干建筑物 163 座，按类型分：桥 72 座，涵洞 6 座，闸门 58 座，渡槽 11 座，跌水 16 座；有补水井 132 眼。

五、灌区多水源配置的必要性

和平灌区是自流灌区，地表水作为农业灌溉的主要水源，受降水和河流来水的影响较大。近年来，随着灌溉面积的增加，地表水的供水量明显不足，这直接影响作物产量。灌区以水田为主，地下水补给充分，加之地下水源开采量较少，因此，灌区内的地下水比较丰富。但较之地表水源，地下水用水成本高，这就需要地下水和地表水联合运用，以满足灌溉需求，而怎样在地下水、地表水及枯水期柳河水库的补充供水与灌溉期的作物需水之间找到一个供需平衡关系，从而达到理想的灌溉效益，对灌区来讲是一个亟待解决的问题。

第二节　区间多阶段随机规划模型

实行计划用水是灌区灌溉用水的管理核心，而用水计划是指导计划用水的依据，但常用的用水计划是静态的用水计划，静态用水计划往往与实际情况相距甚远。外界环境是时刻变化的，因此，实际用水过程也会随着所处环境的变化而改变。动态用水计划是以当前水资源利用情况和现实的作物需水资料为依托，在历史资料的基础上进行编制的用水计划。动态用水计划，是在整个用水过程中，进行实时动态调整，使得计划用水情况逐步地接近实际用水情况。因此，动态用水计划对于指导实际用水更具有实效作用。

灌区内不同水源的供水情况受来水的影响，存在一定的随机特点，因此，各个供水工程的取水及对作物不同生育阶段的供水也具有很强的随机性和不确定性，其中涉及的供水变量均为随机变量，针对这些随机变量，要求其在不同离散概率水平下，不同供水工程在水资源供给的过程中，要及时地做出供水决策，该决策过程具有动态特征，因此，动态用水计划更加适用。动态用水计划的实施需要通过具有动态特性的模型来支持，多阶段随机规划模型具有无可预计性，即其在不可预知随机变量在以后不同阶段如何实现的情况下，对当前所处阶段便可做出决策[1]，因此，多阶段随机规划模型可用来实现动态配水过程。

根据各个水源的来水量具有随机性，导致不同供水工程从各自水源进行取水的过程存在不确定性特点，需要灌区管理者在对灌区内水资源及作物状况进行充分分析的前提下，预先做出灌区所需灌溉水量的决策分析，为作物不同生育阶段制定一个预先的初始供水目标值，当灌区实际供水量值未达到预先的初始供水目标时，则需要采取一定的手段避免过大的经济损失，这里选择控制灌溉水量或是调用外调水源补水，控制灌溉水量在一定程度上会抑制作物的生长，从而降低作物产量；调用外调水源补水则会产生一系列的远程输水、配水费用。这两种措施的采用从整体上来看，虽然避免了过大的经济损失，保障了灌区灌溉效益最大化，但其仍会产生一定的额外费用，将这种额外费用称为经济惩罚。为了使经济惩罚最小，本节研究根据作物各个生育阶段的需水敏感程度的差异性，利用作物水分生产函数产生作物水分敏感指数权重系数，用以衡量作物各个生育阶段的需水敏感程度，对作物的需水关键性进行判断，区分不同生育阶段所处时期是需水关键期还是需水非关键期，从而在控制灌溉水量和调用外调水源补水两种措施间进行选择，使得灌区的水资源灌溉效益达到最大。

一、模型的建立

不同生育阶段水分敏感指数需要运用水分生产函数求得，本节选用 Jensen 模型进行计算[2-4]，在求得水分敏感指数的基础上，进一步计算水分敏感指数权重系数。Jensen 模型函数形式见式（7-22）。

对 Jensen 模型进行变换：

$$\ln \frac{Y}{Y_p} = \sum_{t=1}^{T} \lambda_t \ln \left(\frac{ET}{ET_p} \right)_t \quad \forall t \tag{8-1}$$

令

$$Z = \ln \frac{Y}{Y_p}, \quad X_t = \ln \left(\frac{ET}{ET_p} \right)_t \quad K_t = \lambda_t \tag{8-2}$$

则有

$$Z = \sum_{t=1}^{T} K_t \cdot X_t \tag{8-3}$$

m 是试验的总处理个数，处理为 $j = 1, 2, \cdots, m$，进而得到 m 个 X_{tj}、Z_j，为了得到最小的观测值与估计值之间的误差平方和，利用最小二乘法进行计算：

$$\min \theta = \sum_{j=1}^{m} (Z_j - \hat{Z}_j)^2 = \sum_{j=1}^{m} \left(Z_j - \sum_{t=1}^{T} K_t \cdot X_{tj} \right)^2 \tag{8-4}$$

令 $\dfrac{\partial \theta}{\partial K_t} = 0$，有

$$\frac{\partial \theta}{\partial K_t} = -2 \sum_{j=1}^{m} \left(Z_j - \sum_{t=1}^{T} K_t \cdot X_{tj} \right) \cdot X_{tj} = 0 \quad t = 1, 2, \cdots, n \tag{8-5}$$

令

$$\begin{cases} L_{tk} = \sum_{j=1}^{m} X_{tj} \cdot X_{kj} & k = 1, 2, \cdots, n \\[2mm] L_{tz} = \sum_{j=1}^{m} X_{tj} \cdot Z_j & t = 1, 2, \cdots, n \end{cases} \tag{8-6}$$

得方程组：

$$
\left.\begin{array}{l}
L_{11}K_1 + L_{12}K_2 + \cdots + L_{1n}K_n = L_{1z} \\
L_{21}K_1 + L_{22}K_2 + \cdots + L_{2n}K_n = L_{2z} \\
\vdots \\
L_{n1}K_1 + L_{n2}K_2 + \cdots + L_{nn}K_n = L_{nz}
\end{array}\right\}
\tag{8-7}
$$

解方程组：

$$
\left.\begin{array}{l}
L_{11}K_1 + L_{12}K_2 + \cdots + L_{1n}K_n = L_{1z} \\
L_{21}K_1 + L_{22}K_2 + \cdots + L_{2n}K_n = L_{2z} \\
\vdots \\
L_{n1}K_1 + L_{n2}K_2 + \cdots + L_{nn}K_n = L_{nz}
\end{array}\right\},\quad
K = \begin{bmatrix} K_1 \\ K_2 \\ \vdots \\ K_n \end{bmatrix},\quad
F = \begin{bmatrix} L_{1z} \\ L_{2z} \\ \vdots \\ L_{nz} \end{bmatrix}
\tag{8-8}
$$

则式（8-6）改写为

$$
LK = F
\tag{8-9}
$$

即

$$
K = L^{-1}F
\tag{8-10}
$$

由于 $K_t = \lambda_t$ ，即当 K_t 值取得后就可得到 λ_t 。

λ_t 值由 Jensen 模型得到，作物水分敏感指数权重系数计算如下：

$$
a_t = \frac{\lambda_t}{\sum\limits_{t=1}^{T} \lambda_t} \quad \forall t
\tag{8-11}
$$

水分敏感指数权重系数决定作物缺水与产量的关系。作物需水关键期是指作物产量受缺水影响大的时期；作物需水非关键期是指作物产量受缺水影响小的时期。水分敏感指数权重系数越大，表示作物在该生育阶段受缺水的影响越大，是作物需水关键期；水分敏感指数权重系数越小，表示作物在该生育阶段受缺水的影响越小，是作物需水非关键期。在多阶段随机规划模型引入水分敏感指数权重系数，假设需水量一定时，区间多阶段随机规划模型构建如下：

$$
\max f = \sum_{i=1}^{I}\sum_{t=1}^{T}\left[(W_{it}\eta_i)\cdot(a_t R\cdot A) - (1-\eta_i)\cdot W_{it}U_i\right] - E\left[\sum_{i=1}^{I}\sum_{t=1}^{T} b_t S_{itQ_t} + \sum_{i=1}^{I}\sum_{t=1}^{T} a_t B\cdot C_{itQ_t}\right]
\tag{8-12}
$$

约束条件包括：

（1）供水约束：

$$
\sum_{i=1}^{I}(W_{it} - S_{itQ_t} - C_{itQ_t}) \leqslant Q_t + \sum_{i=1}^{I} y_{i(t-1)Q_{(t-1)}} \quad \forall t
\tag{8-12a}
$$

（2）余水约束：

$$\sum_{i=1}^{I} y_{i(t-1)Q_{(t-1)}} = Q_{(t-1)} - \sum_{i=1}^{I}(W_{i(t-1)} - S_{i(t-1)Q_{t-1}} - C_{i(t-1)Q_{(t-1)}}) + \sum_{i=1}^{I} y_{i(t-2)Q_{(t-2)}} \quad \forall t$$

（8-12b）

（3）配水量约束：

$$W_{tx} + \sum_{i=1}^{I} C_{itQ_t} \leqslant \sum_{i=1}^{I} W_{it} \leqslant W_{ts} \quad \forall t$$

（8-12c）

（4）非负约束：

$$S_{itQ_t}, C_{itQ_t}, y_{itQ_t} \geqslant 0 \quad \forall i,t$$

（8-12d）

式中，i——供水工程，其中 $i=1$ 表示引水工程，$i=2$ 表示提水工程，$i=3$ 表示井灌工程；

t——作物生育阶段；

a_t——在第 t 作物生育阶段时的水分敏感指数权重系数；

η_i——第 i 供水工程的渠系水资源利用效率；

R——灌溉水分生产率，kg/m³；

A——作物的市场价格，元/kg；

U_i——第 i 供水工程的供水成本，元/m³；

b_t——在第 t 作物生育阶段时的外调水成本，元/m³；

B——水资源供给不足时的缺水惩罚，元/m³；

W_{tx}——灌溉需水量下限值，m³；

W_{ts}——灌溉需水量上限值，m³；

f——灌区多水源灌溉净效益，元；

W_{it}——第 i 供水工程在第 t 作物生育阶段时的配水目标，m³；

$E(\cdot)$——随机变量的期望值；

Q_t——第 t 作物生育阶段时的可用来水总量，是随机变量，m³；

S_{itQ_t}——在第 t 作物生育阶段时，可用水量为 Q_t，此时的供水量达不到初始目标 W_{it} 时的外调水量，m³；

C_{itQ_t}——在第 t 作物生育阶段时，可用水量为 Q_t，此时的供水量达不到初始目标 W_{it} 时的缺水量，m³；

y_{itQ_t}——第 i 供水工程在第 t 作物生育阶段时的余水量，m³。

非线性模型的求解是一个难点，为使求解过程简化，可将非线性模型通过一些数学手段进行转换，变为线性规划模型，对线性规划模型的求解会简单得多。外调水量 S_{itQ_t} 和缺水量 C_{itQ_t} 是受可用水量 Q_t 影响的决策变量，Q_t 作为随机变量具有不确定性，为表述其不确定性需引入概率密度函数。将 Q_t 作为近似的离散概率分布进行处理，假定有 K_t 个情境分布在各个生育阶段内，P_{tk} 是指在第 t 作物生育

阶段时 k 情境下的概率水平，且 $P_{tk}>0$，$\sum\limits^{K_t}P_{tk}=1$，$\sum\limits^{I}q_{itk}$ 是指第 i 供水工程在第 t 作物生育阶段时 k 情境下的可用水量，且 $Q_t=\sum\limits^{-}q_{itk}$，整个生育期的总情境数是 $K=\sum\limits^{T}K_t$，在非可预计约束表示为显性形式时，模型可在多情境下分解，那么式（8-12）可变化为

$$E\left[\sum_{i=1}^{I}\sum_{t=1}^{T}b_t S_{itQ_t}+\sum_{i=1}^{I}\sum_{t=1}^{T}a_t B\cdot C_{itQ_t}\right]=\sum_{k=1}^{K_t}P_{tk}\left(\sum_{i=1}^{I}\sum_{t=1}^{T}b_t S_{itk}+\sum_{i=1}^{I}\sum_{t=1}^{T}a_t B\cdot C_{itk}\right) \quad (8\text{-}13)$$

模型中不但需要对 Q_t 的不确定性进行考虑，同时，其他变量如作物价格、供水目标、经济参数等的不确定性也需要考虑进来，为了表示这些变量的不确定性，书中引入了区间规划，区间规划中含有区间参数，分别表示变量的上限、下限值，则模型可变化为

$$\max f^{\pm}=\sum_{i=1}^{I}\sum_{t=1}^{T}[(W_{it}^{\pm}\eta_i)\cdot(a_t R^{\pm}A^{\pm})-(1-\eta_i)\cdot W_{it}^{\pm}U_i^{\pm}]-\left(\sum_{t=1}^{T}\sum_{i=1}^{I}\sum_{k=1}^{K_t}b_t^{\pm}S_{itk}^{\pm}P_{tk}+\sum_{t=1}^{T}\sum_{i=1}^{I}\sum_{k=1}^{K_t}a_t B^{\pm}C_{itk}^{\pm}P_{tk}\right)$$

$$\text{s.t.}\quad W_{it}^{\pm}-S_{itk}^{\pm}-C_{itk}^{\pm}\leq q_{itk}^{\pm}+y_{i(t-1)k}^{\pm} \quad \forall i,t,k$$

$$y_{i(t-1)k}^{\pm}=q_{i(t-1)k}^{\pm}-(W_{i(t-1)}^{\pm}-S_{i(t-1)k}^{\pm}-C_{i(t-1)k}^{\pm})+y_{i(t-2)k}^{\pm} \quad \forall i,t,k$$

$$W_{tx}+\sum_{i=1}^{I}C_{itk}^{\pm}\leq\sum_{i=1}^{I}W_{it}^{\pm}\leq W_{ts} \quad \forall t,k$$
$$(8\text{-}14)$$

$$S_{itk}^{\pm},C_{itk}^{\pm},y_{itk}^{\pm}\geq 0 \quad \forall i,t,k$$

二、模型的求解

$W_{it}^{\pm}$ 作为决策变量，应在随机变量实现之前预先确定，为了简化模型的求解过程，运用线性规划，将决策变量 z_{it} 引入，则令 $W_{it}^{\pm}=W_{it}^{-}+\Delta W_{it}z_{it}$，其中 $\Delta W_{it}=W_{it}^{+}-W_{it}^{-}$，$z_{it}\in[0,1]$。$W_{it}^{\pm}$ 的值与 z_{it} 的取值密切相关。当 z_{it} 的取值达到上限值时，即 $z_{it}=1$，$W_{it}^{\pm}$ 的值也达到上限，这时水资源供应是充足的；当 z_{it} 的取值达到下限值时，即 $z_{it}=0$，$W_{it}^{\pm}$ 的值也达到下限，这时表示水资源供应相对保守。通过 Huang 等[5]提出的模型求解方法即交互式算法，对模型进行转化求解，目标函数体现的是灌溉净效益最大化，因此，先求解 f^{+} 对应的子模型：

$$\max f^{+}=\sum_{i=1}^{I}\sum_{t=1}^{T}[(W_{it}^{-}+\Delta W_{it}z_{it})\eta_i\cdot(a_t R^{+}A^{+})-(1-\eta_i)\cdot(W_{it}^{-}+\Delta W_{it}z_{it})U_i^{-}]$$
$$-\left(\sum_{i=1}^{I}\sum_{t=1}^{T}\sum_{k=1}^{K_t}b_t^{-}S_{itk}^{-}P_{tk}+\sum_{i=1}^{I}\sum_{t=1}^{T}\sum_{k=1}^{K_t}a_t B^{-}C_{itk}^{-}P_{tk}\right)$$

s.t.　$W_{it}^- + \Delta W_{it} z_{it} - S_{itk}^- - C_{itk}^- \leqslant q_{itk}^+ + y_{i(t-1)k}^+ \quad \forall i,t,k$

$y_{i(t-1)k}^+ = q_{i(t-1)k}^+ - (W_{i(t-1)}^- + \Delta W_{i(t-1)} z_{i(t-1)} - S_{i(t-1)k}^- - C_{i(t-1)k}^-) + y_{i(t-2)k}^+ \quad \forall i,t,k$

$W_{tx} + \sum\limits_{i=1}^{I} C_{itk}^- \leqslant \sum\limits_{i=1}^{I} (W_{it}^- + \Delta W_{it} z_{it}) \leqslant W_{ts} \quad \forall t,k$

$0 \leqslant z_{it} \leqslant 1 \quad \forall i,t$

$S_{itk}^-, C_{itk}^-, y_{itk}^+ \geqslant 0 \quad \forall i,t,k$

$$(8\text{-}15)$$

模型中 S_{itk}^-、C_{itk}^-、z_{it} 是决策变量，求解上限子模型可得 S_{itkopt}^-、C_{itkopt}^-、z_{itopt} 和 f_{opt}^+，最优配水目标为 $W_{itopt}^\pm = W_{it}^- + \Delta W_{it} z_{itopt}$。将 z_{itopt} 代入与 f^- 对应的子模型中：

$$\max f^- = \sum_{i=1}^{I} \sum_{t=1}^{T} [(W_{it}^- + \Delta W_{it} z_{itopt}) \eta_i \cdot (a_i R^- A^-) - (1-\eta_i) \cdot (W_{it}^- + \Delta W_{it} z_{itopt}) U_i^+]$$
$$- \left(\sum_{i=1}^{I} \sum_{t=1}^{T} \sum_{k=1}^{K_t} b_i^+ S_{itk}^+ P_{tk} + \sum_{i=1}^{I} \sum_{t=1}^{T} \sum_{k=1}^{K_t} a_i B^+ C_{itk}^+ P_{tk} \right)$$

s.t.　$W_{it}^- + \Delta W_{it} z_{itopt} - S_{itk}^+ - C_{itk}^+ \leqslant q_{itk}^- + y_{i(t-1)k}^- \quad \forall i,t,k$

$y_{i(t-1)k}^- = q_{i(t-1)k}^- - (W_{i(t-1)}^- + \Delta W_{i(t-1)} z_{i(t-1)opt} - S_{i(t-1)k}^+ - C_{i(t-1)k}^+) + y_{i(t-2)k}^- \quad \forall i,t,k$

$W_{tx} + \sum\limits_{i=1}^{I} C_{itk}^+ \leqslant \sum\limits_{i=1}^{I} (W_{it}^- + \Delta W_{it} z_{itopt}) \leqslant W_{ts} \quad \forall t,k$

$S_{itk}^+ \geqslant S_{itkopt}^-, \ C_{itk}^+ \geqslant C_{itkopt}^- \quad \forall i,t,k$

$S_{itk}^+, C_{itk}^+, y_{itk}^- \geqslant 0 \quad \forall i,t,k$

$$(8\text{-}16)$$

模型中 S_{itk}^+、C_{itk}^+ 是决策变量，求解下限模型可得 S_{itkopt}^+、C_{itkopt}^+ 和 f_{opt}^-。

模型优化结果：

$$f_{opt}^\pm = [f_{opt}^-, f_{opt}^+] \tag{8-17}$$

$$C_{itkopt}^\pm = [C_{itkopt}^-, C_{itkopt}^+] \quad \forall i,t,k \tag{8-18}$$

$$S_{itkopt}^\pm = [S_{itkopt}^-, S_{itkopt}^+] \quad \forall i,t,k \tag{8-19}$$

最优配水量：

$$O_{itkopt}^\pm = W_{itopt}^\pm - C_{itkopt}^\pm \quad \forall i,t,k \tag{8-20}$$

三、模型实例应用

1. 参数的确定

黑龙江省和平灌区是省内重点水稻试验基地，水稻产量的增减直接影响着当地经济状况，因此，水稻自然成为本节选择的典型研究作物。针对水稻生长状态的差异，可将水稻整个生育期分为 8 个生育阶段，即返青期、分蘖前期、分蘖中期、分蘖后期、拔节期、抽穗期、乳熟期和黄熟期。又因为水稻在返青期和分蘖前期腾发量少，分蘖后期为了控制无效分蘖需要晒田，黄熟期自然落干，对上述灌溉情况忽略不计，因此，本节研究只进行余下 4 个生育阶段的水量分配研究[6]。作物 4 个生育阶段分别取 $t=1$ 为分蘖中期，$t=2$ 为拔节期，$t=3$ 为抽穗期，$t=4$ 为乳熟期。

式（7-22）可计算作物的水分敏感指数，式（8-11）可计算水分敏感指数权重系数，结果见表 8-1。表 8-2 给出了不同供水工程的配水目标以及充分灌溉条件下水稻的需水量值，通过当地的调研数据及充分分析《呼兰河灌区工程初期设计报告》而获取。表 8-3 给出了水稻各个生育阶段在不同概率水平下的可用水量值，以区间形式表示。表 8-4 列出了作物价格、外调水成本、配水成本、缺水惩罚及所需的其他参数数据，其中取外调水成本在每个生育阶段内都相等。

表 8-1　水分敏感指数及其权重系数

	分蘖中期	拔节期	抽穗期	乳熟期
水分敏感指数	0.46	0.58	0.14	0.07
水分敏感指数权重系数	0.37	0.46	0.11	0.06

表 8-2　初始配水目标

供水工程	配水目标/$10^4 m^3$			
	乳熟期	抽穗期	拔节期	分蘖中期
引水工程	[42, 57.12]	[38, 52.84]	[103.61, 120.96]	[112, 139.44]
提水工程	[47.13, 64.09]	[41.42, 58.07]	[116.24, 135.72]	[125.67, 156.46]
井灌工程	[189.75, 258.06]	[126.5, 193.55]	[468.05, 546.48]	[506, 629.97]
灌溉需水上限值	500	350	900	1000
灌溉需水下限值	200	150	600	650

表 8-3　各个生育阶段不同概率水平下的可用水量

供水工程	来水水平	概率	来水量/$10^4 m^3$			
			乳熟期	抽穗期	拔节期	分蘖中期
井灌工程	高（H）	0.2	[38.71, 52.85]	[41.76, 55.53]	[94.8, 123]	[122.59, 147.28]
	中（M）	0.6	[33.89, 41.79]	[36.88, 43.91]	[78.2, 102]	[91.83, 111.3]
	低（L）	0.2	[27, 30.84]	[23.12, 32.1]	[67, 88.6]	[75.22, 100.52]
提水工程	高（H）	0.2	[37.13, 54.26]	[41.74, 52.48]	[109.9, 138]	[121.45, 142.9]
	中（M）	0.6	[28.76, 36.51]	[30.37, 44.74]	[84.24, 118.48]	[96.85, 123.69]
	低（L）	0.2	[20.33, 32.65]	[24.72, 39.43]	[61.3, 92.59]	[78.75, 107.49]

续表

供水工程	来水水平	概率	来水量/10^4m^3			
			乳熟期	抽穗期	拔节期	分蘖中期
	高（H）	0.2	[134.78, 184.56]	[141.88, 197.98]	[384.17, 575]	[484.35, 648.7]
引水工程	中（M）	0.6	[118.62, 142.23]	[108.81, 159.83]	[334.59, 475.84]	[425.72, 501.44]
	低（L）	0.2	[61.86, 108.71]	[64.52, 111.27]	[282.4, 371.47]	[358.92, 437.84]

表 8-4　其他相关参数

参数		数据	参数		数据
外调水成本/(元/m³)		[1.8, 2]	作物价格/(元/kg)		[3.4, 3.56]
缺水惩罚/(元/m³)		[7.2, 8]	水分生产率/(kg/m³)		[3, 3.2]
配水成本/(元/m³)	引水工程	[0.03, 0.04]	渠系水利用率	引水工程	0.49
	提水工程	[0.06, 0.07]		提水工程	0.49
	井灌工程	[0.07, 0.08]		井灌工程	0.8

2. 情境树生成

本节建立分支结构为 1-3-3-3-3 的 4 周期情境树，该情境树与可用水量 Q_t 的发生概率 P_{tk} 相关。研究区域有三个供水工程，各个供水工程的情境树结构相同，均为四周期（五阶）情境树分支结构。情境树的构建是由初始时刻起设其为 0，从上至下分为四个周期，每增加一周期就会在上一周期的每个节点衍生出三个节点，即第一周期有 3 个节点，第二周期有 9 个节点，以此类推，到第三周期有 27 个节点，第四周期有 81 个节点。多阶段情境树结构如图 8-1 所示。考虑模型运行结果的特点，书中不同供水工程在不同生育阶段中，最终会选择三种典型来水情境进行分析[7]。

四、结果分析

对灌区而言，在各水源来水量不确定的情况下，根据作物生长特性，将水资源在作物生育期内进行合理分配，对增加作物产量，减少水资源浪费，提高灌溉水利用效率具有重要意义。本节研究采用的灌区多水源区间多阶段随机规划模型，以灌区灌溉水净效益最大为目标，将不同情境下的不同供水工程的可用灌溉水量，在作物四个生育阶段内进行分配，因可用灌溉水量与作物生育阶段随时空变化，导致了配水方案的多样性，在规划周期内，当来水多，需水少时，会存在余水量，将余水量分配给下一规划周期，可有效地避免资源浪费；当来水少，需水多，供水不能满足需水时，会产生相应的惩罚，即减少灌溉水量或者高价利用外调水。

对作物而言，不同生育阶段的水分敏感程度有差别，在需水关键期时，缺水会导致减产程度增大，相应经济损失会更大；在需水非关键期时，缺水对产量的影响很小，不会造成太大的损失，这就要求对缺水和外调水进行权衡，从而做出决策，制定合理的配水方案。

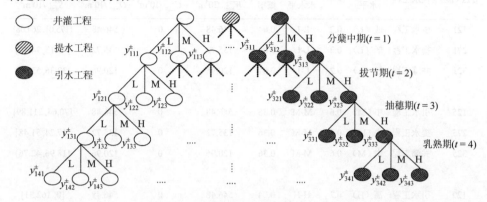

图 8-1　多阶段情境树

运用 MATLAB 目标函数及约束条件进行编程，LINGO 11 计算，求解灌区多水源区间多阶段随机规划模型，部分结果列于表 8-5～表 8-8。

由表 8-1 可知，作物各生育阶段水分敏感指数权重系数为 0.37、0.46、0.11和 0.06。由此可知，分蘖中期（$t=1$）和拔节期（$t=2$）属于需水关键期，抽穗期（$t=3$）和乳熟期（$t=4$）属于需水非关键期。在四个规划周期中，最优供水目标值由决策变量 z_{itopt} 的取值来确定。

表 8-5　模型求解（$t=1$）

节点（itk）	供水工程	来水水平	概率	最优供水目标 $W_{itopt}^{\pm}$ /10⁴m³	缺水量 $C_{itopt}^{\pm}$ /10⁴m³	最优配水量 $O_{itopt}^{\pm}$ /10⁴m³	外调水量 $S_{itopt}^{\pm}$ /10⁴m³
111	引水工程	低（L）	0.2	629.97	0	629.97	[192.13, 271.05]
211	提水工程	低（L）	0.2	156.46	0	156.46	[48.97, 77.71]
311	井灌工程	低（L）	0.2	139.44	0	139.44	[38.92, 64.22]
112	引水工程	中（M）	0.6	629.97	0	629.97	[128.53, 204.25]
212	提水工程	中（M）	0.6	156.46	0	156.46	[32.77, 59.61]
312	井灌工程	中（M）	0.6	139.44	0	139.44	[28.14, 47.61]
113	引水工程	高（H）	0.2	629.97	0	629.97	[0, 145.62]
213	提水工程	高（H）	0.2	156.46	0	156.46	[13.56, 35.01]
313	井灌工程	高（H）	0.2	139.44	0	139.44	[0, 16.85]

$$z_{11opt}=1, z_{21opt}=1, z_{31opt}=1$$

注：L、M、H 分别代表 $t=1$ 规划周期来水水平为低、中、高

表 8-6　模型求解（$t=2$）

节点（itk）	供水工程	来水水平	概率	相关来水水平	相关概率	最优供水目标 $W_{itopt}^{\pm}$ /10⁴m³	缺水量 $C_{itopt}^{\pm}$ /10⁴m³	最优配水量 $O_{itopt}^{\pm}$ /10⁴m³	外调水量 $S_{itopt}^{\pm}$ /10⁴m³
121	引水工程	低（L）	0.2	L-L	0.04	546.48	0	546.48	[175.01, 264.08]
221	提水工程	低（L）	0.2	L-L	0.04	135.72	0	135.72	[43.13, 74.42]
321	井灌工程	低（L）	0.2	L-L	0.04	120.96	0	120.96	[32.36, 53.96]
				⋮					
125	引水工程	中（M）	0.6	M-M	0.36	546.48	0	546.48	[70.64, 211.89]
225	提水工程	中（M）	0.6	M-M	0.36	135.72	0	135.72	[17.24, 51.48]
325	井灌工程	中（M）	0.6	M-M	0.36	120.96	0	120.96	[18.96, 42.76]
				⋮					
129	引水工程	高（H）	0.2	H-H	0.04	546.48	0	546.48	[0, 162.31]
229	提水工程	高（H）	0.2	H-H	0.04	135.72	0	135.72	[0, 25.82]
329	井灌工程	高（H）	0.2	H-H	0.04	120.96	0	120.96	[0, 26.16]

$$z_{12opt}=1, z_{22opt}=1, z_{32opt}=1$$

注：L-L、M-M、H-H 分别代表 $t=1$ 和 $t=2$ 规划周期来水水平都为低、中、高

表 8-7　模型求解（$t=3$）

节点（itk）	供水工程	来水水平	概率	相关来水水平	相关概率	最优供水目标 $W_{itopt}^{\pm}$ /10⁴m³	缺水量 $C_{itopt}^{\pm}$ /10⁴m³	最优配水量 $O_{itopt}^{\pm}$ /10⁴m³	外调水量 $S_{itopt}^{\pm}$ /10⁴m³
131	引水工程	低（L）	0.2	L-L-L	0.008	159.82	[48.56, 66.64]	[93.18, 111.27]	[0, 28.66]
231	提水工程	低（L）	0.2	L-L-L	0.008	44.75	[5.31, 20.03]	[24.72, 39.43]	0
331	井灌工程	低（L）	0.2	L-L-L	0.008	52.84	20.74	32.1	[0, 8.98]
				⋮					
1314	引水工程	中（M）	0.6	M-M-M	0.216	159.82	[0, 51.01]	[108.81, 159.82]	0
2314	提水工程	中（M）	0.6	M-M-M	0.216	44.75	[0, 14.38]	[30.37, 44.75]	0
3314	井灌工程	中（M）	0.6	M-M-M	0.216	52.84	[8.93, 15.96]	[36.88, 43.91]	0
				⋮					
1427	引水工程	高（H）	0.2	H-H-H	0.008	159.82	[0, 17.94]	[141.88, 159.82]	0
2427	提水工程	高（H）	0.2	H-H-H	0.008	44.75	[0, 3.01]	[41.74, 44.75]	0
3427	井灌工程	高（H）	0.2	H-H-H	0.008	52.84	[0, 11.08]	[41.76, 52.84]	0

$$z_{13opt}=0.5, z_{23opt}=0.2, z_{33opt}=1$$

注：L-L-L、M-M-M、H-H-H 分别代表 $t=1$、$t=2$ 和 $t=3$ 规划周期来水水平都为低、中、高

表 8-8　模型求解（$t = 4$）

节点 （itk）	供水工程	来水 水平	概率	相关来 水水平	相关 概率	最优供水目标 $W_{itopt}^{\pm}/10^4\mathrm{m}^3$	缺水量 $C_{itopt}^{\pm}/10^4\mathrm{m}^3$	最优配水量 $O_{itopt}^{\pm}/10^4\mathrm{m}^3$	外调量 $S_{itopt}^{\pm}/10^4\mathrm{m}^3$
141	引水工程	低（L）	0.2	L-L-L-L	0.0016	189.75	[53.24, 68.05]	[121.7, 136.51]	[27.8, 59.84]
241	提水工程	低（L）	0.2	L-L-L-L	0.0016	47.13	14.48	32.65	[0, 12.32]
341	井灌工程	低（L）	0.2	L-L-L-L	0.0016	57.12	26.28	30.84	[0, 3.84]
				⋮					
1441	引水工程	中（M）	0.6	M-M-M-M	0.1296	189.75	[47.52, 60.15]	[129.6, 142.23]	[0, 10.98]
2441	提水工程	中（M）	0.6	M-M-M-M	0.1296	47.13	10.62	36.51	[0, 7.75]
3441	井灌工程	中（M）	0.6	M-M-M-M	0.1296	57.12	[15.53, 23.23]	[33.89, 41.79]	0
				⋮					
1481	引水工程	高（H）	0.2	H-H-H-H	0.0016	189.75	[0, 54.97]	[134.78, 189.75]	0
2481	提水工程	高（H）	0.2	H-H-H-H	0.0016	47.13	[0, 10]	[37.13, 47.13]	0
3481	井灌工程	高（H）	0.2	H-H-H-H	0.0016	57.12	[0, 18.41]	[38.71, 57.12]	0

$$z_{14opt} = 0, \quad z_{24opt} = 0, \quad z_{34opt} = 1$$

注：L-L-L-L、M-M-M-M、H-H-H-H 分别代表 $t = 1$、$t = 2$、$t = 3$ 和 $t = 4$ 规划周期来水水平都为低、中、高

从表 8-5～表 8-8 可以看出，在 $t = 1$ 和 $t = 2$ 周期时，z_{itopt} 的取值分别为 $z_{11opt} = 1$、$z_{21opt} = 1$、$z_{31opt} = 1$ 和 $z_{12opt} = 1$、$z_{22opt} = 1$、$z_{32opt} = 1$，$W_{itopt}^{\pm}$ 的取值均达到了上限，$W_{itopt}^{\pm}$ 的对应值分别为 $W_{11opt} = 629.97 \times 10^4\mathrm{m}^3$、$W_{21opt} = 156.46 \times 10^4\mathrm{m}^3$、$W_{31opt} = 139.44 \times 10^4\mathrm{m}^3$ 和 $W_{12opt} = 546.48 \times 10^4\mathrm{m}^3$、$W_{22opt} = 135.72 \times 10^4\mathrm{m}^3$、$W_{32opt} = 120.96 \times 10^4\mathrm{m}^3$；在 $t = 3$ 和 $t = 4$ 周期时，z_{itopt} 的取值分别为 $z_{13opt} = 0.5$、$z_{23opt} = 0.2$、$z_{33opt} = 1$ 和 $z_{14opt} = 0$、$z_{24opt} = 0$、$z_{34opt} = 1$，$W_{itopt}^{\pm}$ 的取值并未全部达到上限，且 $z_{14opt} = 0$ 和 $z_{24opt} = 0$ 的情况下，$W_{itopt}^{\pm}$ 取下限值，$W_{itopt}^{\pm}$ 的对应值分别为 $W_{13opt} = 159.82 \times 10^4\mathrm{m}^3$、$W_{23opt} = 44.75 \times 10^4\mathrm{m}^3$、$W_{33opt} = 52.84 \times 10^4\mathrm{m}^3$ 和 $W_{14opt} = 189.75 \times 10^4\mathrm{m}^3$、$W_{24opt} = 47.13 \times 10^4\mathrm{m}^3$、$W_{34opt} = 57.12 \times 10^4\mathrm{m}^3$。这说明在作物需水关键期时，管理者希望充分满足作物需水量，从而达到高产的目的；在需水非关键期时，水资源对产量影响不大，因此，管理者选择了减少灌溉水量降低水资源利用成本。来水量是一个不确定性变量，当用水需求高时，可获得高的经济效益，但满足高用水需求的风险也高，造成的惩罚大；当用水需求低时，满足低用水需求的风险也低，造成的惩罚小，同时，获得的经济效益也低，这足以说明经济效益、水资源供给量和供水风险三者之间具有十分紧密的关系。

表 8-5 和表 8-6 分别给出了规划周期 $t = 1$ 和 $t = 2$ 时模型配置结果，这两个规划周期均处于需水关键期，因此管理者选择不缺水，但由于灌区内水源来水量的限制，不同情境下，每个供水工程均有外调水量，从而满足规划期内配水目标。

相应地，表 8-7 和表 8-8 分别列出规划周期 $t=3$ 和 $t=4$ 时模型配置结果，从表中可以看出，存在缺水情况，管理者做出了缺水的决策，但在 $t=3$ 规划期的低来水情境和 $t=4$ 规划期的中、低来水情境，每个供水工程都存在外调水的情况，产生这种情况的原因是，虽然管理者做出了缺水的决策，为了维持作物最基本的生长，有时也不能做到完全缺水，至少要达到作物的最低需水量，而只有在来水量高时，才可达到作物的最低需水量，其他来水情境均不能满足。因此，会有管理者做出缺水决策时，仍存在外调水量的情况。

最优配水量可由最优供水目标与缺水量的差值来确定，从表 8-7 可以看出，在各个供水工程内，当来水量逐渐增大时，缺水量随之减小，而最优配水量不断递增，这是因为对各个供水工程而言，当处于高来水情境（H-H-H）时，供水目标更容易实现，相对地，当处于低来水情境（L-L-L）时，达不到供水目标的风险会增大，更易因缺水而造成惩罚。表 8-5 和表 8-6 中的缺水量均为 0，因此，各供水工程不同来水水平下的最优供水目标值与最优配水目标相等。

外调水量的多少则与最优配水量被灌区内水资源供应的程度有关。各个配水周期内的灌区供水量、最优配水量、外调水量在不同典型供水情境下的变化趋势列于图 8-2～图 8-9。

图 8-2 和图 8-3 分别表示 $t=1$ 规划周期时，水量变化下限和上限。图中显示，对同一个供水工程而言，随着来水水平的增加，外调水量逐渐减少，灌区供水量逐渐增加。例如，图 8-2 中，引水工程来水水平从低（L）到高（H），对应的灌区供水量下限值分别是 $358.92 \times 10^4 \mathrm{m}^3$、$425.72 \times 10^4 \mathrm{m}^3$、$484.35 \times 10^4 \mathrm{m}^3$；从图 8-3 可以得到，引水工程来水水平从低（L）到高（H）时，对应的灌区供水量上限值分别是 $437.84 \times 10^4 \mathrm{m}^3$、$501.44 \times 10^4 \mathrm{m}^3$、$629.97 \times 10^4 \mathrm{m}^3$。

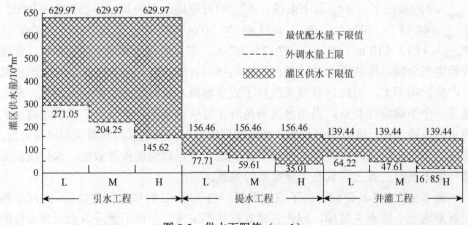

图 8-2　供水下限值（$t=1$）

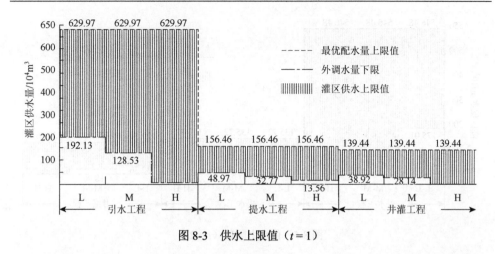

图 8-3　供水上限值（$t=1$）

　　图 8-4 和图 8-5 分别表示 $t=2$ 规划周期时，水量变化下限和上限。该周期存在 9 种来水情境，图中给出了三种典型来水情境，对三种来水情境来说，灌区供水取值达到下限时，每个供水工程的外调水量值均不为 0，且外调水量值会随着灌区供水量值的递增而逐渐减小；当灌区供水为上限值时，在高来水情境（H-H）下，所有外调水量均为 0，说明这种情况下的最优配水量全部由灌区提供。$t=3$ 和 $t=4$ 规划周期，属于作物需水非关键期，因此，管理者做了减少灌溉水量的缺水决策，为了满足作物基本生理需求，在这两个规划期内存在的外调水量很少，从图 8-6 和图 8-7 可以看出，在 $t=3$ 规划周期时，只有灌区供水量下限值时，低来水情境（L-L-L）下，引水工程与井灌工程有少量的外调水。对 $t=4$ 规划周期而言，其不同来水情境时的来水量略低于 $t=3$ 规划周期，因此，除高来水情境（H-H-H）外，其他来水情境均有外调水量，而灌区供水量为上限值时，只有引水工程低来水情境（L-L-L）时，有外调水量，见图 8-8 和图 8-9。

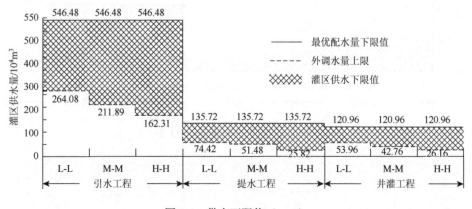

图 8-4　供水下限值（$t=2$）

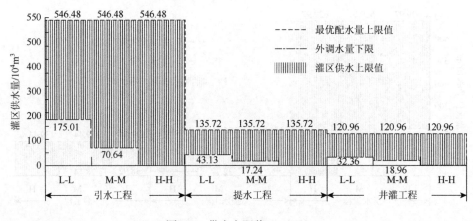

图 8-5　供水上限值（$t=2$）

　　该模型既可以进行各个规划周期内的水资源配置，又可以将水资源在四个规划周期之间进行调配。年内来水量存在时空分布不均的特点，当在作物需水量少时，供水目标也小，这时的来水量过大，则会产生余水量，若将余水量拦蓄，可为接下来供水不足的规划周期提供补给。例如，$t=4$ 规划周期中，引水工程和井灌工程在高来水情境（H-H-H-H）时，没有外调水量，但最优配水量的上限值大于这两个供水工程在该情境下的最大来水量，原因是，$t=3$ 规划周期存在余水量，并将余水量调配给 $t=4$ 规划周期，减小了提水工程在这两个来水情境下缺水的经济惩罚，同时，解决了水资源在时间上分布不均的问题，避免了来水过多而造成的水资源浪费，进而说明区间多阶段随机规划模型在水资源时空动态配水上是有效的。

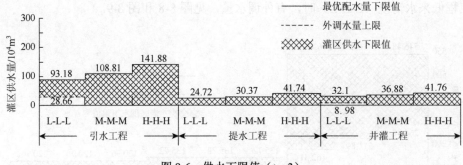

图 8-6　供水下限值（$t=3$）

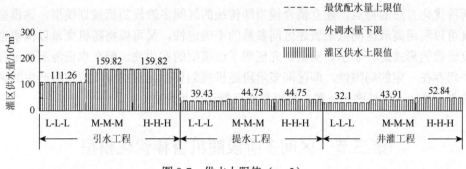

图 8-7　供水上限值（$t = 3$）

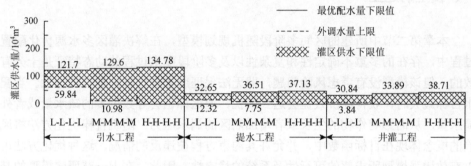

图 8-8　供水下限值（$t = 4$）

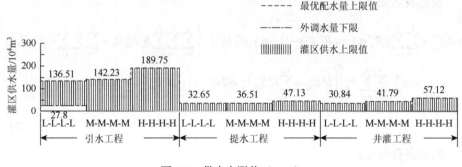

图 8-9　供水上限值（$t = 4$）

最终模型求解的目标函数值为 $f_{opt} = [2568.88, 4033.34]$ 万元。灌区水资源系统配置过程中存在不确定性，导致目标函数值以区间数的形式获得，最终的灌区净效益值将会在区间内获取。

多阶段随机规划方法通常是利用一个多层情境树来处理不确定性信息，当解决高维度问题时，多阶段随机规划方法的这一特点可以增加决策过程的灵活性[8]，而区间规划可以使参数和决策变量的不确定性信息直接在模型中体现出来，结合两种优化方法的特点，建立耦合模型即传统的区间多阶段随机规划模型，该模型既可以利用离散区间数来表述区间参数的不确定性，又可以将随机变量以概率密度函数的形式进行表示。实例研究证明了该模型的实用性，但在水资源配置过程中仍存在一定的局限性，即区间多阶段随机规划模型无法捕捉随机过程产生的风险[9]。因此，针对这一问题，该模型还有待进一步完善。

第三节　区间多阶段随机鲁棒优化模型

一、模型的建立

本章第二节中所建的区间多阶段随机规划模型，在解决灌区多水源优化配置过程中，存在的多重不确定性和复杂性以及多阶段配水过程的动态特征是十分有效的，但该模型没有考虑风险问题，即无法保证所求最优解的绝对可行性。当配水目标最大时，获得经济效益会达到最优，但这样也会导致过多的缺水量或者外调水量，从而影响作物的生长或者增加灌区的调水压力。随机鲁棒优化方法将风险的概念体现在目标函数中，并允许其约束方程被违反的情况。这种优化方法可以有效增强模型所求解的可行性及系统的稳定性。因此，在上一节所建模型的基础上，引入随机鲁棒优化方法，建立区间多阶段随机鲁棒优化模型。

模型表述如下：

$$\max f^{\pm} = \sum_{i=1}^{I}\sum_{t=1}^{T}[(W_{it}^{\pm}\eta_i)\cdot(a_t R^{\pm} A^{\pm}) - (1-\eta_i)\cdot W_{it}^{\pm} U_i^{\pm}] - \left(\sum_{i=1}^{I}\sum_{t=1}^{T}\sum_{k=1}^{K_t} b_t^{\pm} S_{itk}^{\pm} P_{tk} + \sum_{i=1}^{I}\sum_{t=1}^{T}\sum_{k=1}^{K_t} a_t B^{\pm} C_{itk}^{\pm} P_{tk}\right)$$

$$- \rho \sum_{i=1}^{I}\sum_{t=1}^{T}\sum_{k=1}^{K_t} P_{tk}\left[\left(b_t^{\pm} S_{itk}^{\pm} - \sum_{k=1}^{K_t} b_t^{\pm} S_{itk}^{\pm} P_{tk} + 2\theta_{tk}^{\pm}\right) + \left(a_t B^{\pm} C_{itk}^{\pm} - \sum_{k=1}^{K_t} a_t B^{\pm} C_{itk}^{\pm} P_{tk} + 2\theta_{tk}^{\pm}\right)\right]$$

$$(8-21)$$

约束条件包括：

（1）供水约束：

$$W_{it}^{\pm} - S_{itk}^{\pm} - C_{itk}^{\pm} \leqslant q_{itk}^{\pm} + y_{i(t-1)k}^{\pm} \quad \forall i,t,k \tag{8-21a}$$

（2）余水约束：

$$y_{i(t-1)k}^{\pm} = q_{i(t-1)k}^{\pm} - (W_{i(t-1)}^{\pm} - S_{i(t-1)k}^{\pm} - C_{i(t-1)k}^{\pm}) + y_{i(t-2)k}^{\pm} \quad \forall i,t,k \tag{8-21b}$$

（3）配水量约束：

$$W_{tx} + \sum_{i=1}^{I} C_{itk}^{\pm} \leqslant \sum_{i=1}^{I} W_{it}^{\pm} \leqslant W_{ts} \quad \forall t,k \tag{8-21c}$$

（4）追索变量约束：

$$b_t^{\pm} S_{itk}^{\pm} - \sum_{k=1}^{K_t} b_t^{\pm} S_{itk}^{\pm} P_{tk} + \theta_{tk}^{\pm} \geqslant 0 \quad \forall i,t,k \tag{8-21d}$$

$$a_t B^{\pm} C_{itk}^{\pm} - \sum_{k=1}^{K_t} a_t B^{\pm} C_{itk}^{\pm} P_{tk} + \theta_{tk}^{\pm} \geqslant 0 \quad \forall i,t,k \tag{8-21e}$$

（5）非负约束：

$$\theta_{tk}^{\pm}, S_{itk}^{\pm}, C_{itk}^{\pm}, y_{itk}^{\pm} \geqslant 0 \quad \forall i,t,k \tag{8-21f}$$

式中，ρ——鲁棒系数；

θ_{tk}——松弛变量。

图 8-10 为模型的基本结构图。该模型耦合了区间规划、多阶段随机规划与随机鲁棒优化技术，不但可以有效地解决灌区灌溉水资源调配过程中的不确定性因素和一系列来水情境下系统动态变化及决策过程，而且能够处理风险分析问题，使得到的解具有强健性和可行性，增强系统的稳定性，为水资源管理者提供更稳定的配水方案。

二、模型的求解

区间多阶段随机规划模型求解的方法同样适用于该模型，因此，运用该求解方法对区间多阶段随机鲁棒优化模型进行求解，具体求解步骤如下。

第一步：建立模型。

第二步：引入决策变量 z_{it}，令 $W_{it}^{\pm} = W_{it}^{-} + \Delta W_{it} z_{it}$，其中，$\Delta W_{it} = W_{it}^{+} - W_{it}^{-}$，$z_{it} \in [0,1]$。重新建立模型。

第三步：引入决策变量后将模型进行分解，根据交互式算法，原模型可分解为对应于目标函数上限 f^{+} 和下限 f^{-} 的子模型。

第四步：求解对应于 f^{+} 的子模型，可得到 $S_{itk\mathrm{opt}}^{-}$、$C_{itk\mathrm{opt}}^{-}$、$z_{it\mathrm{opt}}$ 和 f_{opt}^{+}，从而求得最优配水目标为 $W_{it\mathrm{opt}}^{\pm} = W_{it}^{-} + \Delta W_{it} z_{it\mathrm{opt}}$。

第五步：求解与 f^{-} 对应的子模型，可得 $S_{itk\mathrm{opt}}^{+}$、$C_{itk\mathrm{opt}}^{+}$ 和 f_{opt}^{-}。

第六步：合并分别对应于上限、下限子模型所求得的解，得到最终解。其中，

模型优化结果:

$$f_{opt}^{\pm} = [f_{opt}^{-}, f_{opt}^{+}]$$

$$C_{itkopt}^{\pm} = [C_{itkopt}^{-}, C_{itkopt}^{+}] \quad \forall i, t, k$$

$$S_{itkopt}^{\pm} = [S_{itkopt}^{-}, S_{itkopt}^{+}] \quad \forall i, t, k$$

最优配水量:

$$O_{itkopt}^{\pm} = W_{itopt}^{\pm} - C_{itkopt}^{\pm} \quad \forall i, t, k$$

第七步: 分别计算不同情境下及不同鲁棒系数取值时, 模型运行的最优解。

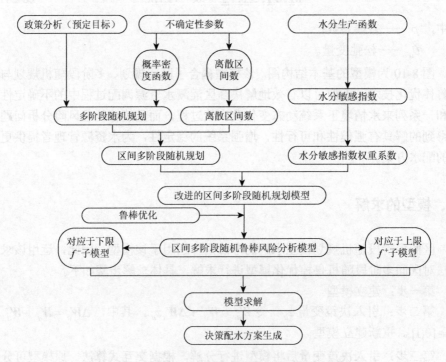

图 8-10　区间多阶段随机鲁棒优化模型基本结构图

三、模型结果对比分析

将区间多阶段随机鲁棒优化模型应用于和平灌区多水源系统中, 得到结果列于表 8-9～表 8-12。

　　分蘖中期（$t=1$）和拔节期（$t=2$）为需水关键期，为满足作物产量需求尽量避免缺水引起减产，因此，当最优配水目标得不到满足时，需要通过调配外调水源进行补给。表 8-9 和表 8-10 列出了在分蘖中期（$t=1$）和拔节期（$t=2$），ρ 取不同的值时，缺水量、最优配水量及外调水量的变化情况。从表 8-9 可以看出，在分蘖中期（$t=1$），低来水情境（L）下，当 ρ 的取值分别为 0.5、1 和 2 时，引水工程缺水量的值分别为 $0 \times 10^4 m^3$、$[6.53, 26.94] \times 10^4 m^3$ 和 $[6.53, 26.94] \times 10^4 m^3$，提水工程缺水量的值分别为 $0 \times 10^4 m^3$、$6.53 \times 10^4 m^3$ 和 $6.53 \times 10^4 m^3$，井灌工程缺水量的值分别为 $0 \times 10^4 m^3$、$1.11 \times 10^4 m^3$ 和 $1.11 \times 10^4 m^3$。而其他供水情境时的缺水量均为 $0 \times 10^4 m^3$。在低来水情境（L）下，不同供水工程的缺水量随着鲁棒系数的增大而增加，这是因为，低来水情境的来水量很少，在给定系统供水目标时，通过增加缺水量来调节系统的最优配水量值，即鲁棒系数越大，系统稳定性越强，那么，模型增加缺水量，降低了最优配水量值，从而增加了系统的稳定性。同时，在低来水情境（L）下，当 ρ 的取值分别为 0.5、1 和 2 时，引水工程外调水量的值分别为 $[192.13, 271.05] \times 10^4 m^3$、$[185.6, 244.12] \times 10^4 m^3$ 和 $[185.6, 244.12] \times 10^4 m^3$，提水工程外调水量的值分别为 $[48.97, 77.71] \times 10^4 m^3$、$[42.44, 71.18] \times 10^4 m^3$ 和 $[42.44, 71.18] \times 10^4 m^3$，井灌工程外调水量的值分别为 $[38.92, 64.22] \times 10^4 m^3$、$[37.81, 63.11] \times 10^4 m^3$ 和 $[37.81, 63.11] \times 10^4 m^3$。随着鲁棒系数的增大，不同供水工程在低来水情境下的外调水量不断减小，这表明，鲁棒系数的增大，降低了系统的灌区外调水压力，进一步增强了系统强健性。而对中来水情境（M）和高来水情境（H）来说，考虑灌区的来水量均较多，且该时期为需水关键期，所以不同供水工程的缺水量值均为 $0 \times 10^4 m^3$。为了满足作物的供水需求，不同供水工程的外调水量会随着鲁棒系数的增大而增加，例如，在高来水情境（H）下，当 ρ 的取值分别为 0.5、1 和 2 时，引水工程的外调水量的值分别为 $[0, 145.62] \times 10^4 m^3$、$[175.93, 204.25] \times 10^4 m^3$ 和 $[192.13, 204.25] \times 10^4 m^3$，提水工程的外调水量的值分别为 $[13.56, 35.01] \times 10^4 m^3$、$[32.77, 52.54] \times 10^4 m^3$ 和 $[48.97, 54.17] \times 10^4 m^3$，井灌工程的外调水量的值分别为 $[0, 16.85] \times 10^4 m^3$、$[28.14, 41.52] \times 10^4 m^3$ 和 $[38.92, 41.8] \times 10^4 m^3$。作物的最优配水量是由灌区内供水和灌区的外调水供给决定的，外调水量的增加可以有效缓解灌区的供水压力，因此，鲁棒系数增大，外调水量值也随着增大，从而降低了灌区内供水系统的压力，增强了系统的稳定性。拔节期（$t=2$）的变化规律大致同分蘖中期（$t=1$），不再赘述。

表 8-9　分蘖中期（$t=1$）不同 ρ 取值的缺水水量、最优配水水量与外调水量

（单位：$10^4 \mathrm{m}^3$）

节点	供水工程	相关概率	相关来水水平	$\rho=0.5$ 缺水水量 $C^\pm_{likopt}$	最优配水水量 $O^\pm_{likopt}$	外调水量 $S^\pm_{likopt}$	$\rho=1$ 缺水水量 $C^\pm_{likopt}$	最优配水水量 $O^\pm_{likopt}$	外调水量 $S^\pm_{likopt}$	$\rho=2$ 缺水水量 $C^\pm_{likopt}$	最优配水水量 $O^\pm_{likopt}$	外调水量 $S^\pm_{likopt}$
111	引水工程	0.2	L	0	629.97	[192.13, 271.05]	[6.53, 26.94]	[603.03, 623.44]	[185.6, 244.12]	[6.53, 26.94]	[603.03, 623.44]	[185.6, 244.12]
211	提水工程	0.2	L	0	156.46	[48.97, 77.71]	6.53	149.93	[42.44, 71.18]	6.53	149.93	[42.44, 71.18]
311	井灌工程	0.2	L	0	139.44	[38.92, 64.22]	1.11	138.33	[37.81, 63.11]	1.11	138.33	[37.81, 63.11]
112	引水工程	0.6	M	0	629.97	[128.53, 204.25]	0	629.97	[175.93, 204.25]	0	629.97	[192.13, 204.25]
212	提水工程	0.6	M	0	156.46	[32.77, 59.61]	0	156.46	[32.77, 59.61]	0	156.46	[48.97, 59.61]
312	井灌工程	0.6	M	0	139.44	[28.14, 47.61]	0	139.44	[28.14, 47.61]	0	139.44	[38.92, 47.61]
113	引水工程	0.2	H	0	629.97	[0, 145.62]	0	629.97	[175.93, 204.25]	0	629.97	[192.13, 204.25]
213	提水工程	0.2	H	0	156.46	[13.56, 35.01]	0	156.46	[32.77, 52.54]	0	156.46	[48.97, 54.17]
313	井灌工程	0.2	H	0	139.44	[0, 16.85]	0	139.44	[28.14, 41.52]	0	139.44	[38.92, 41.8]

注：L、M、H 分别代表 $t=1$ 规划周期来水水平为低、中、高

表 8-10　拔节期（$t=2$）不同 ρ 取值的缺水量、最优配水量与外调水量　（单位：$10^4\,\mathrm{m}^3$）

节点	供水工程	相关概率	相关来水水平	$\rho=0.5$ 缺水量 $C_{itkopt}^{\pm}$	最优配水量 $O_{itkopt}^{\pm}$	外调水量 $S_{itkopt}^{\pm}$	$\rho=1$ 缺水量 $C_{itkopt}^{\pm}$	最优配水量 $O_{itkopt}^{\pm}$	外调水量 $S_{itkopt}^{\pm}$	$\rho=2$ 缺水量 $C_{itkopt}^{\pm}$	最优配水量 $O_{itkopt}^{\pm}$	外调水量 $S_{itkopt}^{\pm}$
121	引水工程	0.04	L-L	0	546.48	[175.01, 264.08]	37.57	508.91	[175.01, 226.51]	37.57	508.91	[175.01, 226.51]
221	提水工程	0.04	L-L	0	135.72	[43.13, 74.42]	0	135.72	[43.13, 74.42]	0	135.72	[43.13, 74.42]
321	井灌工程	0.04	L-L	0	120.96	[32.36, 53.96]	0	120.96	[32.36, 53.96]	0	120.96	[32.36, 53.96]
						⋮			⋮			
125	引水工程	0.36	M-M	0	546.48	[70.64, 211.89]	0	546.48	[70.64, 211.89]	0	546.48	[70.64, 211.89]
225	提水工程	0.36	M-M	0	135.72	[17.24, 51.48]	0	135.72	[17.24, 51.48]	0	135.72	[17.24, 51.48]
325	井灌工程	0.36	M-M	0	120.96	[18.96, 42.76]	0	120.96	[18.96, 42.76]	0	120.96	[18.96, 42.76]
						⋮			⋮			
129	引水工程	0.04	H-H	0	546.48	[0, 162.31]	0	546.48	[70.64, 211.89]	0	546.48	[70.64, 211.89]
229	提水工程	0.04	H-H	0	135.72	[0, 25.82]	0	135.72	[0, 25.82]	0	135.72	[5.67, 37.9]
329	井灌工程	0.04	H-H	0	120.96	[0, 26.16]	0	120.96	[0, 26.16]	0	120.96	[4.5, 28.24]

注：L-L、M-M、H-H 分别代表 $t=1$ 和 $t=2$ 规划周期来水水平都为低、中、高

表 8-11 抽穗期（ $t = 3$ ）不同 ρ 取值的缺水量、最优配水量与外调水量　　　　　　（单位： $10^4\mathrm{m}^3$ ）

节点	供水工程	相关概率	相关来水水平	$\rho = 0.5$			$\rho = 1$			$\rho = 2$		
				缺水量 $C^{\pm}_{itk\mathrm{opt}}$	最优配水量 $O^{\pm}_{itk\mathrm{opt}}$	外调水量 $S^{\pm}_{itk\mathrm{opt}}$	缺水量 $C^{\pm}_{itk\mathrm{opt}}$	最优配水量 $O^{\pm}_{itk\mathrm{opt}}$	外调水量 $S^{\pm}_{itk\mathrm{opt}}$	缺水量 $C^{\pm}_{itk\mathrm{opt}}$	最优配水量 $O^{\pm}_{itk\mathrm{opt}}$	外调水量 $S^{\pm}_{itk\mathrm{opt}}$
131	引水工程	0.008	L-L-L	[48.56, 66.64]	[93.18, 111.26]	[0, 28.66]	[48.56, 66.64]	[93.18, 111.26]	[0, 28.66]	[48.56, 66.64]	[93.18, 111.26]	[0, 28.66]
231	提水工程	0.008	L-L-L	[5.31, 20.03]	[24.72, 39.44]	0	[5.31, 20.03]	[24.72, 39.44]	0	[5.31, 20.03]	[24.72, 39.44]	0
331	井灌工程	0.008	L-L-L	20.74	32.1	[0, 8.98]	[20.74, 29.72]	[23.12, 32.1]	0	[20.74, 29.72]	[23.12, 32.1]	0
					⋮							
1314	引水工程	0.216	M-M-M	[0, 51.01]	[108.81, 159.82]	0	[0, 51.01]	[108.81, 159.82]	0	[0, 51.01]	[108.81, 159.82]	0
2314	提水工程	0.216	M-M-M	[0, 14.38]	[30.37, 44.75]	0	[0, 14.38]	[30.37, 44.75]	0	[0, 14.38]	[30.37, 44.75]	0
3314	井灌工程	0.216	M-M-M	[8.93, 15.96]	[36.88, 43.91]	0	[8.93, 15.96]	[36.88, 43.91]	0	[8.93, 15.96]	[36.88, 43.91]	0
					⋮							
1327	引水工程	0.008	H-H-H	[0, 17.94]	[141.88, 159.82]	0	[0, 17.94]	[141.88, 159.82]	0	[0, 17.94]	[141.88, 159.82]	0
2327	提水工程	0.008	H-H-H	[0, 3.01]	[41.74, 44.75]	0	[0, 3.01]	[41.74, 44.75]	0	[0, 3.01]	[41.74, 44.75]	0
3327	井灌工程	0.008	H-H-H	[0, 11.08]	[41.76, 52.84]	0	[0, 11.08]	[41.76, 52.84]	0	[0, 11.08]	[41.76, 52.84]	0

注：L-L-L、M-M-M、H-H-H 分别代表 $t = 1$ 、 $t = 2$ 和 $t = 3$ 规划周期来水水平都为低、中、高

表 8-12　乳熟期（$t=4$）不同 ρ 取值的缺水量、最优配水量与外调水量　　（单位：10^4m^3）

节点	供水工程	相关概率	相关来水水平	$\rho=0.5$ 缺水量 $C_{tikopt}^{\pm}$	最优配水量 $O_{tikopt}^{\pm}$	外调水量 $S_{tikopt}^{\pm}$	$\rho=1$ 缺水量 $C_{tikopt}^{\pm}$	最优配水量 $O_{tikopt}^{\pm}$	外调水量 $S_{tikopt}^{\pm}$	$\rho=2$ 缺水量 $C_{tikopt}^{\pm}$	最优配水量 $O_{tikopt}^{\pm}$	外调水量 $S_{tikopt}^{\pm}$
141	引水工程	0.0016	L-L-L-L	[53.24, 64.19]	[125.56, 136.51]	[27.8, 74.65]	[53.24, 64.19]	[125.56, 136.51]	[27.8, 74.65]	[53.24, 68.05]	[121.7, 136.51]	[27.8, 74.65]
241	提水工程	0.0016	L-L-L-L	14.48	32.65	[0, 12.32]	14.48	32.65	[0, 12.32]	[14.48, 18.37]	[28.76, 32.65]	[0, 12.32]
341	井灌工程	0.0016	L-L-L-L	[15.33, 26.28]	[30.84, 41.79]	[0, 3.84]	…	[30.84, 41.79]	[0, 3.84]	26.28	30.84	[0, 3.44]
1441	引水工程	0.1296	M-M-M-M	[47.52, 60.3]	[129.45, 142.23]	[0, 3.08]	[47.52, 60.3]	[129.45, 142.23]	[0, 3.08]	[47.52, 63.23]	[126.52, 142.23]	0
2441	提水工程	0.1296	M-M-M-M	10.62	36.51	[0, 7.75]	10.62	36.51	[0, 7.75]	10.62	36.51	[0, 7.75]
3441	井灌工程	0.1296	M-M-M-M	[15.33, 23.23]	[33.89, 41.79]	[0, 7.9]	…	[33.89, 41.79]	[0, 7.9]	[15.33, 23.23]	[33.89, 41.79]	[0, 7.9]
1481	引水工程	0.0016	H-H-H-H	[5.19, 54.97]	[134.78, 184.56]	0	[5.19, 54.97]	[134.78, 184.56]	0	[5.19, 54.97]	[134.78, 184.56]	0
2481	提水工程	0.0016	H-H-H-H	[0, 10]	[37.13, 47.13]	0	[0, 10]	[37.13, 47.13]	0	[0, 10]	[37.13, 47.13]	0
3481	井灌工程	0.0016	H-H-H-H	[4.27, 18.41]	[38.71, 52.85]	0	[4.27, 18.41]	[38.71, 52.85]	0	[4.27, 18.41]	[38.71, 52.85]	0

注：L-L-L-L、M-M-M-M、H-H-H-H 分别代表 $t=1$，$t=2$，$t=3$ 和 $t=4$ 规划周期来水水平都为低、中、高。

抽穗期（$t=3$）和乳熟期（$t=4$）为需水非关键期，由于缺水对作物产量的影响不显著，模型做出缺水选择。抽穗期（$t=3$）和乳熟期（$t=4$）的缺水量、最优配水量及外调水量随 ρ 取值的变化而变化，其结果列于表 8-11 和表 8-12。抽穗期（$t=3$）和乳熟期（$t=4$）的变化趋势类似，因此，这里以乳熟期（$t=4$）为例进行讨论。从表 8-12 可以看出，乳熟期（$t=4$）时，在低来水情境（L）下，当 ρ 的取值分别为 0.5、1 和 2 时，引水工程的缺水量的值分别为[53.24, 64.19]×10^4m³、[53.24, 64.19]×10^4m³ 和[53.24, 68.05]×10^4m³，提水工程的缺水量的值分别为 14.48×10^4m³、14.48×10^4m³ 和[14.48, 18.37]×10^4m³，井灌工程的缺水量的值分别为[15.33, 26.28]×10^4m³、[15.33, 26.28]×10^4m³ 和 26.28×10^4m³。其中，井灌工程外调水量的值随着鲁棒系数的增加分别为[0, 3.84]×10^4m³、[0, 3.84]×10^4m³ 和[0, 3.44]×10^4m³，而其他供水工程的外调水量无变化。上述变化趋势说明，随着鲁棒系数不断增大，不同供水工程的缺水量呈现出增加的趋势，减小了作物的最优配水量值。由于该时期是需水非关键期，最优配水量值的减小，对外调水量无变化的引水工程和提水工程来说，则会降低灌区的供水压力；而对外调水量随着鲁棒系数增大而减小的井灌工程来说，不仅降低了灌区的供水压力，还缓解了灌区的外调水压力，从而增强了系统的稳定性及可靠性。对中来水情境（M）和高来水情境（H）来说，各个随机变量值随鲁棒系数的变化不太明显，这是因为，在这两个来水情境下，灌区来水量较多，而模型进行了缺水选择。

因此，当缺水量没有超出作物生长需求的范围时，灌区内供水系统提供的水量足以满足作物的生长需求，灌区没有外调水压力，而灌区内供水系统的供水压力也是在可接受的范围内。在中来水情境（M）和高来水情境（H）下的灌区水资源系统还是比较稳定的，所以，鲁棒系数的变化对系统稳定性并无太大影响。

从上述讨论中可以看出，对不同的供水工程来说，在不同的来水情境下，随着鲁棒系数取值的增加，系统的鲁棒性增强，通过对不同随机变量取值的调整，系统稳定性随之逐渐递增。

图 8-11 为不同鲁棒取值的灌区灌溉系统净效益的变化情况。结果显示，随着鲁棒系数取值的增大，系统鲁棒等级升高，灌溉净效益减小。当 $\rho=0$ 时，灌溉净效益值为[2568.88, 4033.34]万元；当 $\rho=0.5$ 时，灌溉净效益值为[2464.61, 3876.87]万元；当 $\rho=1$ 时，灌溉净效益值为[2449.14, 3821.41]万元；当 $\rho=2$ 时，灌溉净效益值为[2415.91, 3776.87]万元。灌溉净效益是以区间值的形式给出的，随着不同变量在其取值区间的变化，灌溉净效益值也可在其取值区间内取得，从图 8-11 可以看出，随着鲁棒系数的增大，灌溉净效益的取值区间逐渐收缩，从而增强了灌溉净效益区间解的可行性。鲁棒系数越大，系统的鲁棒等级越高，系统稳定性越强，而灌溉净效益越小，也就是说，系统的稳定性、灌区灌溉净效益与系统风

险之间具有一定的联系，灌溉净效益大，则系统承担的风险就大，系统的稳定性就差，而增强系统的稳定性，灌溉净效益就会相应地减小，系统承担的风险也小。因此，灌区管理者可以根据实际情况，在系统的稳定性、灌区灌溉净效益与系统风险之间进行权衡，进而制定出行之有效的决策方案。

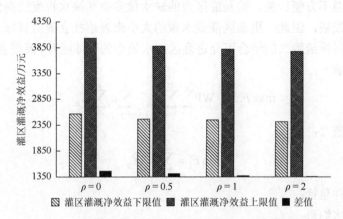

图 8-11　不同鲁棒取值的灌区灌溉系统净效益的变化情况

第四节　基于模糊多目标规划的分式规划模型

在灌区水资源优化配置系统中，灌区被分配的可用水量越多，灌区获得的种植效益就越大，但是这会使枯水期灌区因为缺水而种植效益的损失越大。同理，灌区被分配的可用水量减少，会使枯水期种植效益损失相应地减小，同时其他非缺水期的种植效益也会随之降低。因此，决策者需要在灌区水资源配置的过程中建立供水量和种植效益之间的平衡，实现灌区水资源合理的优化配置，这也正是目前水资源优化配置领域最亟待解决的问题。

一、模糊多目标规划模型的构建

目前，水资源优化配置的研究取得了一系列进展，动态规划、线性规划及大系统理论等优化理论和相关模型相继出现，缓解了区域用水不足和不合理等问题。但是，多数研究依旧侧重于以经济效益最大的单目标研究，致使在追求经济效益的同时，忽视了社会效益和环境效益对社会经济的可持续发展带来的不利影响。因此，本章构建了一个多目标函数，在考虑经济效益的同时，兼顾水资源的社会环境价值，实现用尽可能少的水量获得最大的经济效益。

在灌区水资源优化配置中，管理者需要将灌区不同水源有限的水资源量在作物各个生育阶段内进行优化配置，实现用最少的水量获得最多的收益。在优化配置过程中，需考虑不同水源的可供给量、水量平衡、供水目标、作物需水等约束。本章所构建的模型包括两个目标函数：目标函数一为经济效益目标，以灌区不同水源供水所产生的直接经济效益为目标，用用水效益与用水成本之差的最大值来表达经济效益目标函数，即为灌区作物净效益最大；目标函数二为社会效益目标，虽然社会效益不方便计量，但是灌区内的缺水量多少和缺水程度的高低会影响社会的稳定和发展，因此，用灌区灌溉水量的大小来表达社会效益目标。最终，目标函数一和目标函数二的结合可促进灌区用水效率的整体提升。模型表达式如下。

目标函数一：

$$\max F_1 = P \cdot \mathrm{WP} \sum_{i=1}^{I} \sum_{t=1}^{T} X_{it} - \sum_{i=1}^{I} u_i \sum_{t=1}^{T} X_{it} \qquad (8\text{-}22)$$

目标函数二：

$$\min F_2 = \sum_{i=1}^{I} \sum_{t=1}^{T} X_{it} \qquad (8\text{-}23)$$

约束条件包括：

（1）供水约束：

$$\sum_{i=1}^{I} X_{it} \leqslant \sum_{i=1}^{I} Q_{it} + R_{t-1} \qquad \forall t \qquad (8\text{-}23a)$$

（2）水量平衡约束：

$$R_{t-1} = Q_{t-1} - \sum_{i=1}^{I} X_{i(t-1)} + R_{t-2} \qquad \forall t, R_1 = 0 \qquad (8\text{-}23b)$$

（3）供水目标约束：

$$X_{it} \leqslant W_{it} \qquad \forall i, t \qquad (8\text{-}23c)$$

（4）需水约束：

$$\mathrm{WL}_t \leqslant \sum_{i=1}^{I} X_{it} \leqslant \mathrm{WU}_t \qquad \forall t \qquad (8\text{-}23d)$$

（5）非负约束：

$$X_{it} \geqslant 0 \qquad \forall i, t \qquad (8\text{-}23e)$$

式中，i——供水工程；

t——作物生育期；

P——作物市场单价，元/kg；

WP——灌溉水分生产率，kg/m³；

X_{it}——i 供水工程 t 生育期的配水量（决策变量），m³；

u_i——i 供水工程的供水成本，元/m³；

Q_{it}——i 供水工程在 t 生育期的可用水量，m³；

R_t——t 生育期的余水量，m³；

W_{it}——i 供水工程在 t 生育期的供水目标，m^3；

WL_t——灌溉需水量下限值，m^3；

WU_t——灌溉需水量上限值，m^3。

二、模型求解

本章采用模糊多目标规划对上述模型进行求解。通常，在对模糊多目标模型求解过程中，模糊多目标规划中隶属度函数的性质不容易被确定。不失一般性，采用非线性隶属度函数对所构建模型的两个目标函数进行表示（图 8-12）。

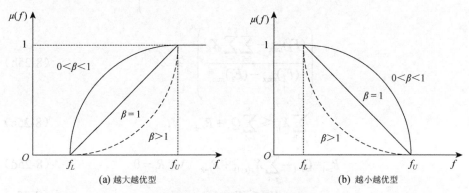

(a) 越大越优型　　　　　　　　　　　(b) 越小越优型

图 8-12　非线性隶属度函数

令 f 代表任意一个目标函数，那么，其相应的非线性隶属度函数可表示为下面两种情况：

越大越优型：
$$\mu(f) = \begin{cases} 0 & f \leqslant f_L \\ \left(\dfrac{f - f_L}{f_U - f_L} \right)^{\beta_1} & f_L < f < f_U \\ 1 & f \geqslant f_U \end{cases}$$

$(8\text{-}24)$

越小越优型：
$$\mu(f) = \begin{cases} 1 & f \leqslant f_L \\ \left(\dfrac{f_U - f}{f_U - f_L} \right)^{\beta_2} & f_L < f < f_U \\ 0 & f \geqslant f_U \end{cases}$$

式中，$\mu(f)$——f 的隶属度函数；

f_U、f_L——目标函数的最大值、最小值；

β（β_1 和 β_2）——非线性隶属度函数的形状系数，$\beta = 1$ 表示线性，$\beta > 1$ 和 $0 < \beta < 1$ 表示非线性[10]。

引入变量 λ，则原模型的目标函数可通过 $[\mu_{f_n}(X)]^{\beta_n} \geqslant \lambda$（$0 \leqslant \lambda \leqslant 1$）转换成约束条件，与原有约束条件一起构成一个目标函数为 $\max \lambda$ 的单目标模型。

根据上述原理，上述所构建的模型可以进行如下转换：

目标函数：

$$\max \lambda \tag{8-25}$$

约束条件包括：

$$\left(\frac{\left(P \cdot \mathrm{WP} \sum_{i=1}^{I} \sum_{t=1}^{T} X_{it} - \sum_{i=1}^{I} u_i \sum_{t=1}^{T} X_{it} \right) - (F_1)_{\min}}{(F_1)_{\max} - (F_1)_{\min}} \right)^{\beta_1} \geqslant \lambda \tag{8-25a}$$

$$\left(\frac{(F_2)_{\max} - \sum_{i=1}^{I} \sum_{t=1}^{T} X_{it}}{(F_2)_{\max} - (F_2)_{\min}} \right)^{\beta_2} \geqslant \lambda \tag{8-25b}$$

$$\sum_{i=1}^{I} X_{it} \leqslant \sum_{i=1}^{I} Q_{it} + R_{t-1} \quad \forall t \tag{8-25c}$$

$$R_{t-1} = Q_{t-1} - \sum_{i=1}^{I} X_{i(t-1)} + R_{t-2} \quad \forall t, R_1 = 0 \tag{8-25d}$$

$$X_{it} \leqslant W_{it} \quad \forall i, t \tag{8-25e}$$

$$\mathrm{WL}_t \leqslant \sum_{i=1}^{I} X_{it} \leqslant \mathrm{WU}_t \quad \forall t \tag{8-25f}$$

$$X_{it} \geqslant 0 \quad \forall i, t \tag{8-25g}$$

$$0 \leqslant \lambda \leqslant 1 \tag{8-25h}$$

式中，$(F_1)_{\max}$、$(F_1)_{\min}$——目标函数一的单目标模型目标函数的最大值、最小值；

$(F_2)_{\max}$、$(F_2)_{\min}$——目标函数二的单目标模型目标函数的最大值、最小值。

三、模型参数率定

针对和平灌区水稻种植生长状态的差异，可将水稻整个生育期分为 8 个生育阶段，即返青期、分蘖前期、分蘖中期、分蘖后期、拔节期、抽穗期、乳熟期和黄熟期。又因为水稻在返青期和分蘖前期腾发量少，分蘖后期为了控制无效分蘖需要晒田，黄熟期自然落干，对其灌溉情况忽略不计，因此，本节只进行余下 4 个生育阶段的水量分配研究[10]。作物 4 个生育阶段分别取 $t=1$ 为分蘖中期，$t=2$ 为拔节期，$t=3$ 为抽穗期和 $t=4$ 为乳熟期。根据《呼兰河灌区工程初期设计报告》

及当地水务部门提供的调研数据,对水稻不同生育阶段需水量及各个供水工程灌溉控制面积进行分析,得到各供水工程的供水目标及水稻充分灌溉条件下的需水上限、下限值;综合分析灌区内多年降水和径流统计资料,获得不同流量水平下水稻各生育阶段各供水工程的可用水量,基础数据见表 8-13 和表 8-14[11]。

表 8-13　不同生育阶段各供水工程的配水目标与需水临界值

供水工程	配水目标/10^4m^3				配水成本/(元/m^3)
	分蘖中期	拔节期	抽穗期	乳熟期	
引水工程	567.99	507.27	160.03	223.91	0.035
提水工程	141.07	125.98	49.75	55.61	0.065
井灌工程	125.72	112.29	45.42	49.56	0.075
需水上限值	1000	900	350	500	
需水下限值	650	600	150	200	

表 8-14　不同生育阶段各供水工程的可用水量　　　（单位：10^4m^3）

供水工程	来水水平	可用水量			
		分蘖中期	拔节期	抽穗期	乳熟期
引水工程	L	398.38	326.94	175.79	85.29
	M	463.58	405.22	268.64	130.43
	H	566.53	479.59	339.86	159.67
提水工程	L	93.12	76.95	64.15	26.49
	M	110.27	101.36	75.11	32.64
	H	132.18	123.95	94.22	45.7
井灌工程	L	87.87	77.8	55.22	28.92
	M	101.57	90.1	80.79	37.84
	II	134.94	108.9	97.29	45.78

注：L、M、H 分别表示来水水平为低、中、高

四、分析及讨论

1. 单一目标函数模型结果与分析

根据上述基础数据,运用 LINGO 11 分别对本章所建立的目标函数一和目标函数二进行求解,得到不同流量水平下 4 种极端情境下的不同水源配水量。在低、中、高 3 种流量水平下,若只追求实现灌区经济效益最大,则 3 个供水工程在 4 个生育阶段均有配水,最大配水量分别为 $1686 \times 10^4 m^3$、$1859 \times 10^4 m^3$、$2121 \times 10^4 m^3$;若只考虑灌区灌溉用水量最小,则井灌工程在抽穗期、乳熟期均没有配水。

提水工程在高流量水平下，抽穗期、乳熟期内也没有配水，在低流量水平下只有乳熟期未配水。具体配水情况结果见图 8-13。

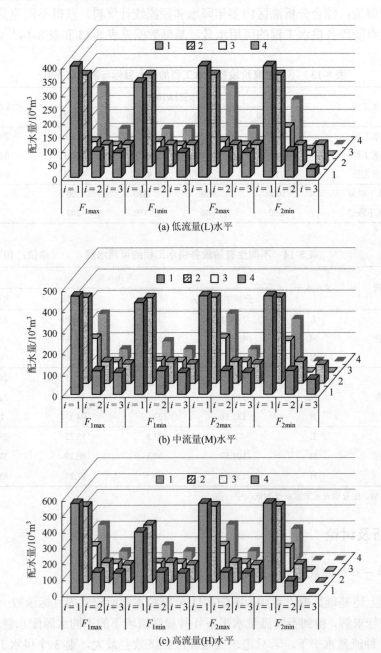

图 8-13　单目标情境不同水源的各生育期配水量

1 为分蘖中期；2 为拔节期；3 为抽穗期；4 为乳熟期；$i=1$ 表示引水工程；$i=2$ 表示提水工程；$i=3$ 表示井灌工程

2. 线性隶属度目标函数模型结果与分析

根据本章所述原理，运用 LINGO 11 对模型进行综合求解。得到不同 β_1 和 β_2 组合下不同流量三种供水工程在不同生育阶段的最优配水量，以 $\beta_1 = 1$、$\beta_2 = 1$，即隶属度函数为线性情况为例，模型运行结果见表 8-15。从表中可以看出，三个水源中，引水工程和提水工程在四个生育阶段内都有配水，而井灌工程则在部分生育期不予配水，尤其是在高流量水平下，只有在拔节期井灌工程才有配水。这是因为井灌工程的供水费用在三个供水工程中是最高的，在能够保证作物各生育阶段最低需水量的前提下，水量分配顺序为优先采用引水工程，然后采用提水工程，最后采用井灌工程。另外，模型运行结果是经济效益最大和灌溉用水最小两个目标综合作用的结果，以寻求用水效益和用水量之间的平衡，达到综合效益最优。以中流量为例，若单纯追求经济效益最大，则三个供水工程在四个生育阶段均有分配，若只考虑灌溉用水量最小，则提水工程和井灌工程在抽穗期和乳熟期均未配水，这两个生育阶段的最小需水要求仅由引水工程来满足，综合考虑两个目标函数，提水工程在抽穗期和乳熟期有配水，但配水量较单纯考虑经济效益最大目标下有所调整，井灌工程在这两个生育期则不配水。高流量、中流量的总配水量分别为 $1860.08 \times 10^4 \text{m}^3$、$1729.61 \times 10^4 \text{m}^3$，低流量下由于三个水源的总可供水量满足不了水稻的最小需水要求，需要从柳河水库调水 $190 \times 10^4 \text{m}^3$，调水后，低流量的最优总配水量为 $1642.86 \times 10^4 \text{m}^3$。图 8-14 展示了各流量水平下作物各生育阶段的缺水量，即平均需水量与最优配水量之间的差值。三个流量水平下均存在缺水现象，高流量、中流量和低流量总缺水量分别为 $315 \times 10^4 \text{m}^3$、$445 \times 10^4 \text{m}^3$ 和 $532 \times 10^4 \text{m}^3$。

表 8-15 $\beta_1 = 1$ 和 $\beta_2 = 1$ 情况下模型最优配水结果　　　（单位：10^4m^3）

来水水平	供水工程	配水量			
		分蘖中期	拔节期	抽穗期	乳熟期
H	引水工程	566.53	479.59	160.03	223.91
	提水工程	132.18	123.95	49.75	55.61
	井灌工程	0	68.53	0	0
M	引水工程	463.58	408.54	160.03	223.91
	提水工程	110.27	101.36	49.75	45.92
	井灌工程	76.15	90.10	0	0
L	引水工程	469.01	445.26	157.82	103.26
	提水工程	93.12	76.95	35.03	55.61
	井灌工程	87.87	77.80	0	41.13

注：L、M、H 分别表示来水水平低、中、高

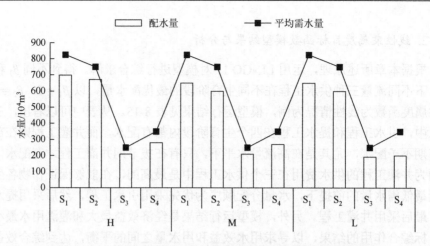

图 8-14　不同流量水平下不同生育阶段的配水量与平均需水量

S_1、S_2、S_3、S_4 分别代表分蘖中期、拔节期、抽穗期、乳熟期；L、M、H 分别表示来水水平低、中、高

3. 非线性隶属度目标函数模型结果与分析

水资源优化配置过程中的不确定性是不容忽视的，上述研究考虑目标函数和约束条件的模糊性，采用模糊多目标规化建模方法，构建模型方程组。此外，敏感性分析有助于进一步了解模型目标函数和各参数之间的相互关系。上文分析了 $\beta_1 = 1$ 和 $\beta_2 = 1$，即模糊多目标规划中隶属度函数为线性的配水结果，实际上，目标函数为非线性隶属度函数也是常见的，如图 8-12 所示。本节研究将 β_1 和 β_2 进行如下组合来分析不同情境下配水方案的变化。情境一：令 $\beta_1 = 1$，$\beta_2 = 0.3$、$\beta_2 = 0.5$、$\beta_2 = 0.7$、$\beta_2 = 1$、$\beta_2 = 3$、$\beta_2 = 7$、$\beta_2 = 10$ 依次变化；情境二：令 $\beta_2 = 1$，$\beta_1 = 0.3$、$\beta_1 = 0.5$、$\beta_1 = 0.7$、$\beta_1 = 1$、$\beta_1 = 3$、$\beta_1 = 7$、$\beta_1 = 10$ 依次变化。

（1）图 8-15 为两种情境下三种水源在不同流量下的最优配水量，（a）为情境一的结果，（b）为情境二的结果。对于境境一，高流量水平下的引水工程配水量保持不变；提水工程在 $\beta_2 = 0.7$ 时有略微下降趋势；井灌工程在这期间配水量均为 0，但在 $\beta_2 = 10$ 时发生显著变化，提水工程和井灌工程均有大幅度提升。表明对于高流量水平，$\beta_1 = 1$、$\beta_2 = 10$ 情境下模型稳定性较差，决策者在进行决策时，应避免此种情境。中流量和低流量下的引水工程和提水工程配水均维持稳定状态，井灌工程配水有略微调整，但变化不显著。对于情境二，在 $\beta_2 = 1$ 下，从 $\beta_1 = 7$ 开始三个流量水平下的三个供水工程的配水量均发生显著变化，表明在此种情境下，$\beta_1 = 7$ 之后，模型稳定性发生变化。在 $\beta_1 = 7$ 之前的各组合情境中，高流量的引水工程和井灌工程的配水保持不变，提水工程的配水随 β_1 的增大有增大趋势；中流量下引水工程配水保持不变，提水工程和井灌工程的配水随 β_1 的增大有增大趋势；低流量下引水工程和提水工程配水保持不变，井灌工程的配水随 β_1 的增大有增大趋势，上述结果表明，引水工程的配水是最稳定的，井灌工程的配水最不稳定，尤其是在低流量水平下具有较大的敏感性。

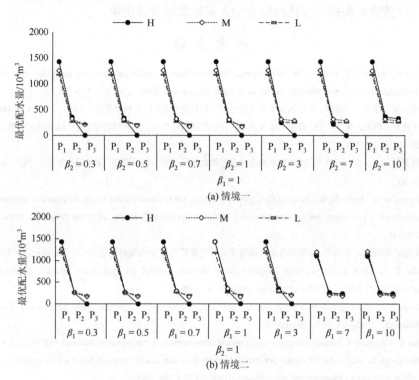

图 8-15 两种情境下三种水源在不同流量下的最优配水量

P₁、P₂、P₃ 分别代表引水工程、提水工程、井灌工程；L、H、M 分别表示低流量、中流量、高流量

（2）以中流量为例，图 8-16 为不同情境组合不同流量水平下不同生育阶段的水量变化情况，情境一中，拔节期在任意 β_2 情况下的配水量均保持不变，分蘖中期、抽穗期和乳熟期在 β_2 小于等于 1 的情况下略微变化，在 β_2 大于 1 的情况下趋于稳

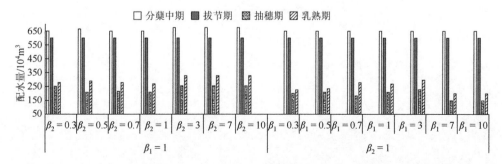

图 8-16 不同情境组合不同流量水平下不同生育阶段的水量变化情况

定。对于情境二，分蘖中期和拔节期的配水均保持稳定，抽穗期和乳熟期在 β_1 小于 7 时略微变化，β_1 大于等于 7 时趋于稳定。不同的情境组合会导致不同的配水结果，决策者可根据实际情况结合个人偏好做出最终决策。

参 考 文 献

[1]　Li Y P，Huang G H，Nie S L. An interval-parameter multi-stage stochastic programming model for water resources management under uncertainty[J]. Advances in Water Resources，2006，29（5）：776-789.

[2]　崔远来，茆智，李远华. 水稻水分生产函数时空变异规律研究[J]. 水科学进展，2002，13（04）：484-491.

[3]　王克全，付强，季飞，等. 查哈阳灌区水稻水分生产函数模型及其应用试验研究[J]. 灌溉排水学报，2008，27（03）：109-111.

[4]　程卫国，卢文喜，安永凯. 吉林省水稻水分生产函数模型的适应性研究[J]. 灌溉排水学报，2015，34（2）：61-66.

[5]　Huang G H，Baetz B W，Patry G G. Capacity planning for municipal solid waste management systems under uncertainty-a grey fuzzy dynamic programming（GFDP）approach[J]. Journal of Urban Planning，1994，120：132-156.

[6]　茆智，崔远来，李远华. 水稻水分生产函数及其时空变异理论与应用[M]. 北京：科学出版社，2003.

[7]　Dai Z Y，Li Y P. A multistage irrigation water allocation model for agricultural land-use planning under uncertainty[J]. Agricultural Water Management，2013，129：69-79.

[8]　Birge J R. Decomposition and partitioning methods for multistage stochastic linear programs[J]. Operations Research，1985，33（5）：989-1007.

[9]　Bai D，Carpenter T. Making a case for robust optimization models[J]. Management Science，1997，43（7）：895-907.

[10]　Sasikumar K，Mujumdar P P. Fuzzy optimization model for water quality management of a river system[J]. Journal of Water Resources Planning and Management，1998，124（2）：79-88.

[11]　付强，刘银凤，刘东，等. 基于区间多阶段随机规划模型的灌区多水源优化配置[J]. 农业工程学报，2016，32（1）：132-139.

第九章 灌区灌溉制度优化

随着黑龙江省社会经济快速发展，松花江流域水资源问题日益严重。为了保证粮食安全及水资源的可持续利用，研究一定水量如何在作物的生育期进行合理分配，以实现作物产量最大或效益最高的传统灌溉方式已经不适合该地区的发展，而需要根据作物需水规律，用系统科学的方法分析非充分灌溉条件下的灌溉制度，把有限的灌溉水量在作物生育期内进行最优分配，以获取最优灌溉制度。这不仅是目前节水农业领域研究的热点之一，还是缓解水资源日趋紧张矛盾的需要。

近年来，由于气候变化和其他方面水资源需求的增加，可用于灌溉的水资源一直在减少[1, 2]。因此，在满足作物生理需水的前提下，减少田间水量损失，提高天然降水利用率，减少灌溉次数和灌水量，制定最优节水灌溉制度，对区域水资源的管理和可持续发展至关重要。本章以松花江下游部分灌区为例，从作物对水分短缺胁迫响应的角度，对作物需水量与有效降水量的耦合度及作物水分敏感指数进行分析，获取作物关键生育期，利用率定验证后的土壤水分评价工具（soil and water assessment tool，SWAT）模型，分别对 3 个典型年的玉米和大豆进行灌溉制度模拟，并将层次分析法与灰色关联度法相耦合，实现不同情境条件下灌溉制度的优选，得到研究区最优灌溉制度方案，旨在为该流域农业种植和流域水管理提供理论依据。

第一节 SWAT 模型

一、模型简介

水文模型是一种能够模拟动态水文过程的工具，它考虑了水在不同环境中的时空分布。近年来，越来越多的水文模型被用来指导农田作物灌溉，并取得了众多的研究成果。SWAT 模型是一个基于物理的连续分布式水文模型，用于预测管理对未测量流域的水、泥沙和农业化学物质产量的影响。SWAT 模型考虑了下垫面的空间变异性及计算时段的连续性，使得其在模拟预测人类活动和自然变化对大尺度复杂流域的水文过程、水土流失、农业管理实践（如种植、施肥、灌溉和排水）和生物量的影响方面具有很大优势。因此，SWAT 模型被用来在流域和田间尺度上指导农业灌溉管理和水文过程。

SWAT 模型是一个基于过程的连续水文模型,该模型的主要组成部分包括气候、水文、土壤温度、作物生长、营养物质、农药、土地管理、河道选择和水库选择等,在此基础上,将作物参数、管理(如种植模式和灌水效率等)、灌溉等引入模型。模型灌溉模块的主要目的是评估灌水量、作物生长对灌区系统的影响,其核心是罗列系统中的各种土地和用水管理措施。HRUs 管理文件(.mgt)用于汇总措施,该文件包括农业种植、作物收获、灌溉、施用营养物、喷洒杀虫剂和耕作操作的输入数据。在 SWAT 模型中,灌溉可以按照预先设定的时间表进行,也可以使用热力单元根据气候和作物生长情况自动启动,在模型中定义作物水分胁迫或土壤水分亏缺阈值(AUTO_WSTR:water stress threshold)可以触发自动灌溉[3]。

二、SWAT 模型率定与验证

模型构建之后需进一步对其进行率定及验证。SWAT 模型包含大量的水文参数,并非所有参数都对模型结果有显著影响,因此,需要选择对研究区影响较大的参数进行率定,减少实测值与模拟值的累计误差,来提高模型计算的准确性。本章采用 SWAT-CUP(SWAT Calibration and Uncertainty Programs)软件中内部敏感性分析方法拉丁超立方体(LH-OAT)[4]确定参数,并通过 SWAT-CUP 模型中 SUFI-2 算法对选取的敏感性较强的参数进行每次为 1000 次的迭代,率定参数的最优值。率定之后利用研究区实测月径流数据对径流模拟过程进行验证。验证基于在独立数据量中使用校准参数的模型,以便通过几个测试来评估模型对事件的适用性[5, 6]。在验证阶段之后,如果模型达到了令人满意的性能,就可以根据不同的场景[7]进行模拟。

本章选取决定系数(R^2)、纳什系数(NS)和百分比偏差(percent bias,PBIAS,%)来评估模型效率,见式(9-1)~式(9-3)。R^2 衡量模拟值与实测值的相关程度,范围在 0~1,$R^2 = 1$ 表明完全相关,$R^2 = 0$ 表明不相关。NS 可用来评价模型模拟的精度,它直观地体现了实测与模拟流量过程的拟合程度的好坏,NS 越接近于 1 表明模型效率越高,当 NS 为负值时,模型模拟值不如实测值的均值效果好[8]。PBIAS 衡量的是模拟数据比观察到的数据大或小的平均趋势,PBIAS 的最优值为 0.0,数值较低表明模型仿真准确。当三个指标与给定的标准相一致(NS>0.5,R^2>0.7,PBIAS<±25%)时,该模型被认为适用于研究区的模拟[9]。

$$NS = 1 - \sum_{i=1}^{n}(Q_{obs} - Q_{sim})^2 \bigg/ \sum_{i=1}^{n}(Q_{obs} - \bar{Q}_{obs})^2 \qquad (9\text{-}1)$$

$$R^2 = \left[\sum_{i=1}^{n}(Q_{obs,i} - \bar{Q}_{obs})(Q_{sim,i} - \bar{Q}_{sim})\right]^2 \bigg/ \sum_{i=1}^{n}(Q_{obs,i} - \bar{Q}_{obs})^2 \sum_{i=1}^{n}(Q_{sim,i} - \bar{Q}_{sim})^2 \qquad (9\text{-}2)$$

$$\text{PBIAS} = \sum_{i=1}^{n}(Q_{\text{obs}} - Q_{\text{sim}}) \Big/ \sum_{i=1}^{n} Q_{\text{obs}} \qquad (9\text{-}3)$$

式中，Q_{obs}——实际观测流量 m³/s；

Q_{sim}——模拟流量 m³/s；

$\bar{Q}_{\text{obs}}$——实际观测流量的平均值 m³/s；

$\bar{Q}_{\text{sim}}$——模拟流量的平均值 m³/s；

i——第 i 个观测或模拟数据。

第二节 研究方法

一、水量计算

本章采用 CROPWAT 8.0 计算参考作物蒸散发和有效降水量。参考作物蒸发、蒸腾量 ET_0 是水循环的主要要素之一，受气温、日照时数、风速等的变化影响。作物生长期的有效降水量 P_e 指能够提供给作物蒸发、蒸腾，从而减少作物对灌溉水需求的降水量。对于旱田作物，有效降水量指总降水量中能够保存在作物根系层中用于满足作物蒸发、蒸腾需要的那部分降水量，不包括地表径流和渗漏至作物根系吸水层以下的部分。CROPWAT 模型中 ET_0 计算采用彭曼公式，P_e 的计算采用美国农业部土壤保持局推荐公式。

作物需水量 ET_c 指作物在土壤水分和养分适宜、管理良好、生长正常、大面积高产条件下的棵间土面（或水面）蒸发量与植株蒸腾量之和。作物需水量受土壤、作物、气候等多种因素影响。确定作物需水量的方法主要通过田间测定，也可采用理论计算的方法。本章采用作物系数法计算作物需水量，计算方法见式（9-4）。作物系数 K_c 主要取决于冠层的动态、冠层对光线的吸收、冠层的粗糙度，这些因素影响湍流、作物生理、叶片年龄和表面湿度。

$$ET_c = K_c \times ET_0 \qquad (9\text{-}4)$$

式中，ET_c——作物需水量，mm；

K_c——作物系数；

ET_0——参考作物蒸发、蒸腾量，mm。

二、有效降水量和作物需水量的耦合度

作物需水量与有效降水量的耦合度，是指作物生长季内不同生育时期有效降水满足作物生长需水的程度，其值为 0~1，如式（9-5）所示。

$$\lambda_i = \begin{cases} 1 & P_i \geqslant \mathrm{ET}_{ci} \\ P_i / \mathrm{ET}_{ci} & P_i < \mathrm{ET}_{ci} \end{cases} \tag{9-5}$$

式中，λ_i——第 i 生育时期的作物生长需水量与有效降水量的耦合度；

P_i——第 i 生育时期内有效降水量，mm；

ET_{ci}——第 i 生育时期内作物生长需水量，mm。

三、作物水分生产函数敏感性指数

作物水分生产函数是指在农业种植水平基本一致的情况下，作物产量与所消耗的水量之间的函数关系。它为评价农业生产、水生产力和利润最大化的多目标优化提供了一个框架。在大量的灌溉试验基础上，国外学者提出了一系列不同形式的作物水分响应模型，常见的作物水分生产函数模型有 Jensen 模型、Blank 模型、Stewart 模型等。基于前人的研究，Jensen 函数能够较好地反映玉米和大豆作物产量与所消耗的水量之间的函数关系。因此，本章分析研究区玉米、大豆的作物水分生产函数选用 Jensen 函数，见式（7-22）。

四、灌溉制度最优评价方法

本章采用层次分析法对影响灌溉制度制定的因素进行分析。由于层次分析法确定的权重值存在很大的主观因素，其结果很难令人信服，结合灰色关联度分析法进行优势互补，以得到更为合理、科学的评价结果。选取的影响灌溉制度制定的因素包括灌水次数、水分利用率、灌溉定额及作物产量。作物产量及水分利用率（water use efficiency，WUE）取自校准后的 SWAT 模型。水分利用率定义为作物产量除以生育期蒸散量[10]，计算公式如下：

$$\mathrm{WUE} = Y / \mathrm{ET}_a \tag{9-6}$$

式中，Y——作物产量，$\mathrm{kg/hm}^2$；

ET_a——作物生育期的蒸散量，mm。

第三节　实例分析

一、研究区域

本章以松花江干流下游佳木斯市至同江市沿岸为研究区。该区位于黑龙江省东北部，三江平原腹地。地理位置为 129°31′E～132°29′E，46°22′N～48°05′N，研究区位置如图 9-1 所示。佳木斯以下松花江干流区间流域面积 13365km²，耕地面积 692670hm²，地面高程一般在 60～80m。该区域属中温带大陆季风气候，四季分明，冬长夏短。研究区年平均气温 2.6℃，多年平均风速为 3.8m/s，多年平均降水量 450～650mm。研究区松花江属季节性封冻河流，封冻期为 11 月下旬至翌年 4 月中旬。研究区水土资源丰富，农、林、牧、副、渔业发展较快，种植业已成为国民经济的重要支柱，且水田以种植水稻为主，旱作物以玉米、大豆等农作物为主。随着研究区域内社会进步和经济发展速度的加快，对水资源的需求将进一步增强，特别在农业灌溉方面存在诸多问题，区域内水资源承载能力已不能完全满足该地区社会及国民经济发展的要求。为了解决这一问题，本节以 SWAT 模型为工具综合制定研究区玉米、大豆最优灌溉制度。

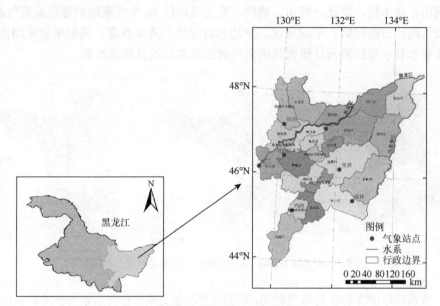

图 9-1 研究区域概况图

二、基础数据

SWAT 模型需要地形、土地利用、土壤和气象数据。研究区地形数据是用 ArcGIS 对从中国科学院地理空间数据云（http：//www.gscloud.cn/）下载的分辨率为 30m 的数字高程模型（digital elevation model，DEM）进行拼接、裁剪获取的。由于 SWAT 模型采用的土地利用分类系统是美国地质调查局（United States Geological Survey，USGS）的土地利用分类系统，需要通过建立索引表对流域内的土地利用类型进行代码转换，土地利用重分类见图 9-2。流域土地利用类型划分为 5 类，分别为农田、林地、草地、城市用地及水域，农田和林地是两种主要的土地利用类型。土壤数据来自联合国粮食及农业组织（Food and Agriculture Organization of the United Nations，FAO）和国际应用系统分析研究所（International

Institute for Applied Systems Analysis，IIASA）构建的世界土壤数据库（Harmonized World Soil Database，HWSD）（http://www.fao.org/soils-portal/soil-survey/soil-maps-and-databases/harmonized-world-soil-database-v12/en/），使用由美国华盛顿州立大学开发的土壤水分特征软件 SPAW 转换为 USGS 标准的土壤参数，并导入模型数据库。李峰平[8]通过运用 SPAW 软件建立土壤数据库，建立了 SWAT 模型研究变化条件下松花江流域水文与水资源响应，结果表明，SPAW 软件适用于松花江流域土壤水分数据的计算。在松花江流域下游提取 13 种土壤类型，土壤类型空间分布如图 9-2 所示。气象数据来自国家气象科学数据中心，选取汤原、依兰、桦南、双鸭山、佳木斯、萝北、桦川、鹤岗、富锦及同江 10 个气象站的逐日最高气温、最低气温、日照时数、平均风速、平均相对湿度和降水数据。模型率定采用由黑龙江省水利水电勘测设计研究院提供的萝北水文站的月径流数据。

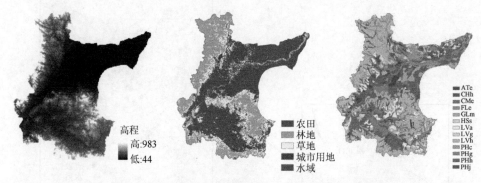

图 9-2　研究区 SWAT 模型数据库（彩图见封底二维码）

假设每年作物系数 K_c 取值相同，研究区作物生育期和作物系数均参考表 9-1，各作物数据由黑龙江省统计年鉴获得。如表 9-1 所示，玉米和大豆生育阶段均分为 4 段。

表 9-1　作物系数和生育期

作物		生育阶段				种植日期（月/日）	收获日期（月/日）	总天数/d
		初期	生长前期	中期	后期			
玉米	生育期	播种—拔节期	拔节—抽穗期	抽穗—灌浆期	灌浆—成熟期	5/9	9/28	143
	时间（月/日）	5/9～6/15	6/16～7/28	7/29～8/29	8/30～9/28			
	作物系数	0.30	—	1.10	0.35			
大豆	生育期	播种—开花期	开花—结荚期	结荚—鼓粒期	鼓粒—成熟期	5/1	9/28	151
	时间（月/日）	5/1～6/19	6/20～7/24	7/25～9/2	9/3～9/28			
	作物系数	0.32	—	0.96	0.32			

三、模型评估

结合研究区的特点，采用萝北水文站 2005～2009 年的实测月径流数据，对选取的 10 个敏感参数（CN_2、ESCO、CH_K_2、SOL_AWC、SOL_K、ALPHA_BF、GW_DELAY、GWQMN、REVAPMN、GW_REVAP）[①]进行率定，从而校正径流模拟过程。经过反复调整后确定径流敏感参数取值，计算得到率定期径流的评价指标 R^2 为 0.79，NS 为 0.67，PBIAS 为–1.87%。利用研究区出口 2010～2014 年的实测月径流数据对径流模拟过程进行验证，验证期径流的评价指标 R^2 为 0.76，NS 为 0.75，PBIAS 为 7.3%。研究区出口实测径流与模拟径流关系如图 9-3 所示，模型模拟的月径流过程与实测结果总体变化一致，说明 SWAT 模型适用于该研究区域。

四、基于耦合度与敏感性指数的作物关键生育期确定

1. 作物需水量与有效降水量的耦合度计算

根据研究区气象站多年降水资料，用 P Ⅲ 频率曲线确定出 3 个典型年：丰水年（降水频率为 25%），平水年（降水频率为 50%），枯水年（降水频率为 85%）。

作物需水量与有效降水量的耦合度见图 9-4。有效降水量基本呈先增大后减小的趋势。作物需水量与有效降水量的耦合度总体呈先减小后增大的变化趋势。

从图 9-4 可以看出，玉米拔节—抽穗期和抽穗—灌浆期有效降水量较多，播种—拔节期有效降水量较少。丰水年各生育阶段降水充沛，有效降水量最大；丰水年和平水年各阶段作物需水量与有效降水量的耦合度除拔节—抽穗期外都接近 100%，说明降水基本满足玉米生长需水要求，并可以为玉米后一生育阶段提供水分；枯水年玉米中后期缺水最严重。大豆开花—结荚期和结荚—鼓粒期作物需水量与有效降水量耦合度较低，播种—开花期和鼓粒—成熟期耦合度较高。与玉米类似，丰水年降水基本满足需水要求；平水年和枯水年大豆中后期缺水严重。

---

① CN_2，正常湿润情况植被覆盖值；ESCO，土壤蒸发补偿系数；CH_K_2，水力传导系数；SOL_AWC，土层可利用有效水（mm）；SOL_K，饱和水力传导系数（mm/nr）；ALPHA_BF，基流分割系数；GW_DELAY，地下水延迟系数；GWQMN，浅水层补给深度（mm）；REVAPMN，浅水极限蒸发深度（mm）；GW_REVAP，地下水蒸发系数。

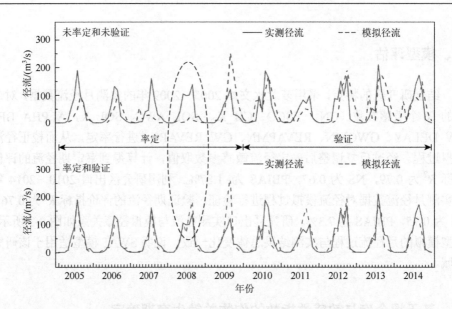

图 9-3 研究区出口实测径流与模拟径流关系图

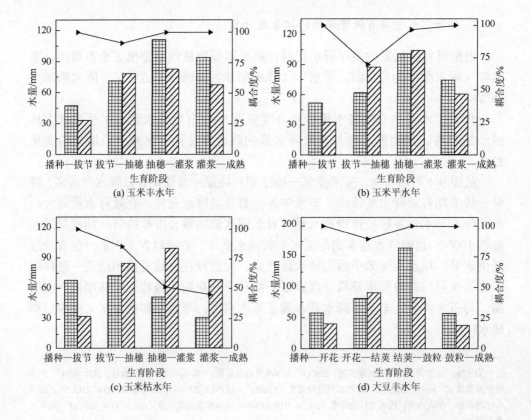

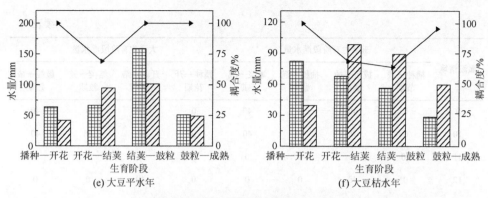

(e) 大豆平水年 (f) 大豆枯水年

▦ 有效降水量 ▨ 作物需水量 ➤ 耦合度

图 9-4 作物需水量与有效降水量的耦合度

2. 作物水分生产函数敏感性指数确定

通过设置生育阶段不同灌溉情境来确定生育阶段敏感性指数，并使用敏感性指数函数来构造作物水分生产函数[11, 12]。为了构造相对处理 Y/Y_m 及对应的相对腾发量 ET_{ai}/ET_{mi}，首先假设一个充分灌溉情境 CK，该情境下玉米和大豆不受水分胁迫影响，每个生育阶段灌水量均相同。在此基础上设置非充分灌溉情境，每次灌水量与 CK 一致，通过排列组合共设计 14 个灌溉情境，如表 9-2 所示。由表 9-2 可知，处理 1~14 为非充分灌溉，各处理条件下每个生育阶段设置灌水量均为 40mm。

表 9-2 作物水分生产函数灌溉情境 （单位：mm）

灌溉情境	玉米生育阶段灌水量				大豆生育阶段灌水量			
	播种—拔节期	拔节—抽穗期	抽穗—灌浆期	灌浆—成熟期	播种—开花期	开花—结荚期	结荚—鼓粒期	鼓粒—成熟期
CK	40	40	40	40	40	40	40	40
1	40	40	40	0	40	40	40	0
2	40	40	0	40	40	40	0	40
3	40	0	40	40	40	0	40	40
4	0	40	40	40	0	40	40	40
5	40	40	0	0	40	40	0	0
6	40	0	40	0	40	0	40	0
7	40	0	0	40	40	0	0	40
8	0	40	40	0	0	40	40	0

续表

灌溉情境	玉米生育阶段灌水量				大豆生育阶段灌水量			
	播种—拔节期	拔节—抽穗期	抽穗—灌浆期	灌浆—成熟期	播种—开花期	开花—结荚期	结荚—鼓粒期	鼓粒—成熟期
9	0	40	0	40	0	40	0	40
10	0	0	40	40	0	0	40	40
11	40	0	0	0	40	0	0	0
12	0	40	0	0	0	40	0	0
13	0	0	40	0	0	0	40	0
14	0	0	0	40	0	0	0	40

将表 9-2 中灌溉情境作为农业管理措施分别输入 SWAT 模型中，按照设定的灌溉方式运行，运行时段为 1985~2014 年，模拟得到 15 套 1985~2014 年玉米和大豆产量及各生育阶段的腾发量，通过 SPSS 软件进行非线性回归分析计算得到 1985~2014 年 Jensen 模型的水分生产函数敏感性指数，如表 9-3 所示。

表 9-3　水分生产函数敏感性指数

子流域编号	玉米生育阶段				大豆生育阶段			
	播种—拔节期	拔节—抽穗期	抽穗—灌浆期	灌浆—成熟期	播种—开花期	开花—结荚期	结荚—鼓粒期	鼓粒—成熟期
5	0.04	0.04	0.32	0.26	0.17	0.36	0.49	0.28
6	0.03	0.34	0.42	0.34	0.21	0.42	0.40	0.26
7	0.05	0.05	0.39	0.13	0.20	0.38	0.42	0.27
8	0.03	0.35	0.43	0.06	0.10	0.45	0.45	0.28
9	0.02	0.11	0.30	0.02	0.19	0.36	0.42	0.27
10	0.03	0.14	0.47	0.02	0.18	0.38	0.45	0.23
11	0.05	0.31	0.47	0.18	0.25	0.35	0.55	0.25
12	0.05	0.29	0.46	0.01	0.24	0.36	0.52	0.27
13	0.01	0.23	0.32	0.06	0.20	0.41	0.51	0.24
14	0.01	0.23	0.50	0.32	0.24	0.42	0.45	0.26
15	0.04	0.18	0.39	0.15	0.10	0.32	0.56	0.23
16	0.05	0.30	0.34	0.29	0.23	0.45	0.46	0.28
17	0.05	0.18	0.44	0.09	0.17	0.37	0.38	0.23
18	0.04	0.13	0.36	0.08	0.12	0.32	0.55	0.25
19	0.03	0.36	0.32	0.14	0.23	0.44	0.39	0.26
20	0.04	0.14	0.48	0.26	0.21	0.39	0.40	0.27

续表

子流域编号	玉米生育阶段				大豆生育阶段			
	播种—拔节期	拔节—抽穗期	抽穗—灌浆期	灌浆—成熟期	播种—开花期	开花—结荚期	结荚—鼓粒期	鼓粒—成熟期
21	0.02	0.09	0.45	0.10	0.15	0.39	0.48	0.24
22	0.03	0.01	0.41	0.06	0.22	0.38	0.56	0.23
23	0.05	0.05	0.41	0.27	0.12	0.41	0.55	0.28
24	0.01	0.33	0.42	0.35	0.25	0.32	0.37	0.27
25	0.03	0.31	0.47	0.11	0.13	0.40	0.41	0.28
26	0.02	0.32	0.48	0.17	0.13	0.35	0.46	0.26
27	0.01	0.35	0.44	0.19	0.10	0.36	0.53	0.26
28	0.05	0.41	0.43	0.06	0.24	0.38	0.57	0.23
29	0.02	0.20	0.42	0.11	0.24	0.43	0.45	0.24
30	0.01	0.26	0.48	0.28	0.19	0.37	0.42	0.26
31	0.05	0.05	0.31	0.33	0.14	0.34	0.57	0.23
平均	0.03	0.21	0.41	0.17	0.18	0.38	0.47	0.26

注：第1～4子流域内没有密集种植用地的土地利用类型，因而这4个子流域没有种植玉米和大豆

表 9-3 显示，玉米播种—拔节期水分生产函数敏感性指数全区平均值为 0.03，在所有生育阶段中为最小；拔节—抽穗期、抽穗—灌浆期和灌浆—成熟期水分生产函数敏感性指数的平均值分别为 0.21、0.41 和 0.17。大豆开花—结荚期和结荚—鼓粒期水分生产函数敏感性指数平均值均较高，但是在播种—开花期和鼓粒—成熟期水分生产函数敏感性指数全区平均值相对较低。

3. 确定关键生育期

基于前述作物需水量与有效降水量耦合度、作物水分生产函数敏感性指数的分析结果可知：在玉米的生育阶段，拔节—抽穗期和抽穗—灌浆期为关键生育期；在大豆生育阶段，开花—结荚期和结荚—鼓粒期为关键生育期。孙景生等研究表明[13]，玉米各生育阶段受到水分胁迫都会对植株产生不利影响，当缺水发生在拔节—抽穗期和抽穗—灌浆期前后时影响最明显。韩晓增等[14]对大豆的研究也表明，大豆的开花—结荚期和结荚—鼓粒期对水分的要求更高。这与本章的研究结果一致。

五、灌溉情境设定

本章对同一典型年下的作物设置 16 种不同灌溉定额及灌水次数的灌溉情境。

设置原则如下：①情境 1 为 SWAT 模型自动灌溉模拟的作物基本灌溉制度。②情境 2～16 均仅在关键生育期进行灌溉。③情境 2、情境 5、情境 8、情境 11、情境 14 的灌溉定额分别为情境 1 在关键生育期灌溉定额的 1 倍、1/3、2/3、4/3、5/3，灌水次数均为 1 次。④情境 3、情境 4 的灌溉定额等于情境 2，每个生育阶段灌水次数分别为 2 次、3 次，每次灌溉定额为情境 2 的算数平均值，同理对情境 6、情境 7，情境 9、情境 10、情境 12、情境 13、情境 15、情境 16 进行设置。不同典型年下两种作物具体灌溉情境见图 9-5。以图 9-5（a）为例，柱体颜色相同的情境表示生育阶段内总灌溉定额相同，同一灌溉情境下柱体的数量代表灌水次数，柱高表示作物在每个生育阶段的灌溉定额。

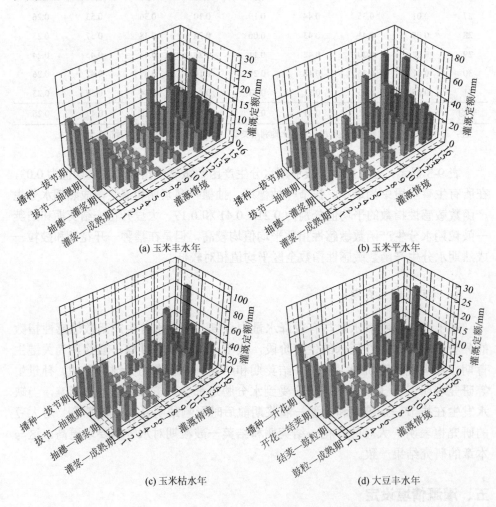

(a) 玉米丰水年

(b) 玉米平水年

(c) 玉米枯水年

(d) 大豆丰水年

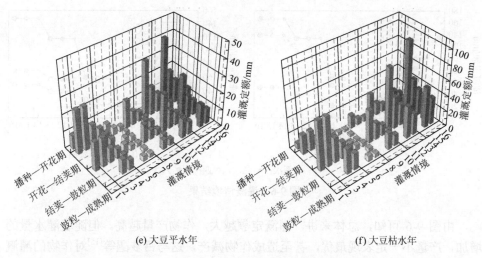

(e) 大豆平水年　　　　　(f) 大豆枯水年

图 9-5　不同典型年下两种作物具体灌溉情境

六、灌溉情境结果分析

不同灌溉情境下作物的产量、水分利用率及灌溉定额的情况如图 9-6 所示，图中气泡点的大小表示不同的灌水次数。

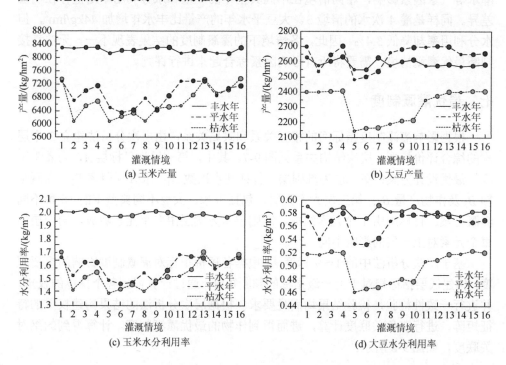

(a) 玉米产量　　　　　　　　　　　　　(b) 大豆产量

(c) 玉米水分利用率　　　　　　　　　　(d) 大豆水分利用率

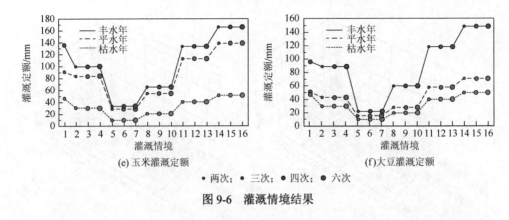

(e) 玉米灌溉定额　　　　　　　(f) 大豆灌溉定额

● 两次；　● 三次；　● 四次；　● 六次

图 9-6　灌溉情境结果

由图 9-6 可知，总体来讲，灌溉定额越大，作物产量越高。但随着灌水量的增加，产量不一定表现最优，甚至造成作物减产，这与吕梦醒等[15]对作物的灌溉制度优化研究得出的结论一致。对产量和水分利用率来说，两者的最高点并不一定重合。枯水年大豆情景 3 的产量虽较情景 4 有所下降，而水分利用率表现为上升状态。而对于同一灌溉定额，由于灌水次数的不同，作物产量和水分利用率会有不同程度的变化。平水年的玉米情境 5、情境 6 和情境 7 的灌溉定额一致，情境 6 的产量比情境 5 的减少 146kg/hm²，情境 7 却比情境 6 增加 23kg/hm²。由于降水等气象因素影响，相同情境在不同典型年的产量和水分利用率增值存在明显差异。同样是灌 4 次水的情境 3，大豆平水年的产量比丰水年增加 44kg/hm²，但水分利用率却降低 3.4%。因此，各情境下的灌溉制度的结果表现不一，无法直接判断最优灌溉情境，需要将所有影响因素综合起来进行评判。

七、最优灌溉制度

根据影响灌溉制度指标间的相互关系和隶属关系，由层次分析法建立 3 个层次的综合评价模型，层次结构关系见图 9-7。其中，第一层为目标层 A，为灌溉制度的最优设计方案；第二层为准则层，包括灌水次数 B_1、水分利用率 B_2、灌溉定额 B_3 及作物产量 B_4；第三层为方案层，包括玉米、大豆不同典型年的 16 种不同灌溉方案。目标层由 1 个元素组成，准则层与方案层由多个元素组成，同一层的每个元素对上一层的影响不同。

基于层次分析法中的 1～9 标度法，根据各评价指标对灌溉制度影响的重要程度，构建低层指标相对于上一级指标的判断矩阵，通过计算得到各个指标的权重，并进行一致性检验，检验结果均满足要求。根据层次分析法的结果构建权重的特征矩阵，进行灰色关联度计算，进而得到作物的最优灌溉制度。计算得到的绝对关联度，如图 9-8 所示。

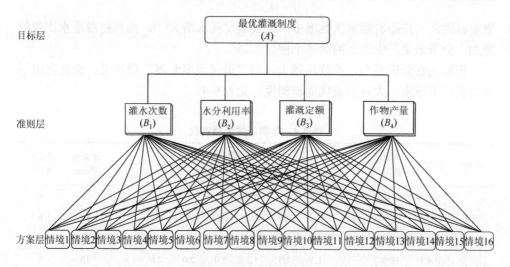

图 9-7　层次结构关系

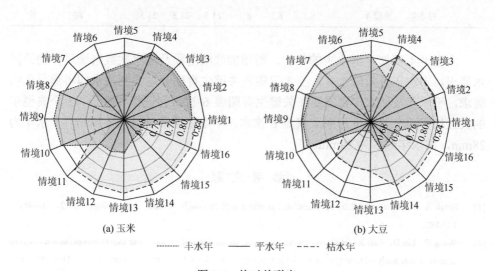

(a) 玉米　　　　　　　　　　　　　　(b) 大豆

------ 丰水年　　——— 平水年　　- - - 枯水年

图 9-8　绝对关联度

从图 9-8 可以看出，不同灌溉情境下，灌溉制度的优劣有明显差异。作物生长过程中并不是灌溉水分越多越好，仅在关键生育期进行灌水的处理比在全生育阶段灌溉的处理表现更佳，适度亏缺更有利于作物产量和水分利用率的提升，这与 Candogan 和 Yazgan[16]的研究结果一致。Payero 等[17]认为灌溉量降低，耗水量也随着降低，一定范围内的水分胁迫有助于显著提高玉米水分利用效率。相同灌溉定额条件下，灌水次数的增加会带来作物产量的增加也会提升水分利用率，但随着灌水次数增多，灌溉制度不一定表现最优，水分利用率也会呈现下降趋势，重要原因之一是随着灌水次数增多，土壤蒸发耗水增大[18]，而且随着灌水次数的增加，会带来生产生活上的诸多不便。

　　根据关联分析原则，关联度越大，与"最优灌溉制度"越接近。由此得出不同典型年下玉米、大豆的最优灌溉制度，见表9-4。

表 9-4　作物最优灌溉制度

作物	典型年	最优灌溉情境	生育阶段灌溉水量/mm						灌溉定额/mm	灌水次数/次
			初期	生长前期		中期		后期		
玉米	丰水年	情境 9	5.0		5.0	5.5		5.5	21	4
	平水年	情境 4	13.3	13.3	13.3	14.7	14.7	14.7	84	6
	枯水年	情境 13	16.7	16.7	16.7	28.0	28.0	28.0	134	6
大豆	丰水年	情境 7	1.3	1.3	1.3	2.0	2.0	2.0	10	6
	平水年	情境 10	5.7	5.7	5.7	3.7	3.7	3.7	28	6
	枯水年	情境 4	8.3	8.3	8.3	21.3	21.3	21.3	89	6

　　由表 9-4 可知，降水少的年份，需增加灌溉定额及灌水次数来满足作物的需水要求。丰水年有效降水多，玉米仅需在关键生育期分别灌两次水即可满足作物需求，平水年及枯水年则需要在关键生育期灌 6 次水保证作物生长。3 个典型年的大豆均需要在关键生育期采取灌 6 次水，丰水年灌溉定额为 10mm，平水年为 28mm，枯水年最多为 89mm。

<h1 align="center">参 考 文 献</h1>

[1]　Singh A . An overview of the optimization modelling applications[J]. Journal of Hydrology，2012，466-467：167-182.

[2]　Wang Y，Liu D，Cao X，et al. Agricultural water rights trading and virtual water export compensation coupling model： a case study of an irrigation district in China[J]. Agricultural Water Management，2017，180：99-106.

[3]　Uniyal B，Dietrich J，Vu N，et al. Simulation of regional irrigation requirement with SWAT in different agro-climatic zones driven by observed climate and two reanalysis datasets[J]. Science of the Total Environment，2019，649：846-865.

[4]　Abbaspour K，Yang J，Maximov I，et al. Modelling hydrology and water quality in the pre-alpine/alpine Thur watershed using SWAT[J]. Journal of Hydrology，2007，333（2-4）：413-430.

[5]　Pereira D，Martinez M，Almeida A，et al. Hydrological simulation using SWAT model in headwater basin in southeast Brazil[J]. Engenharia Agrícola，2014，34：789-799.

[6]　Arnold J G，Moriasi D N，Gassman P W，et al. SWAT：model use，calibration，and validation[J]. Transactions of the Asabe，2012，55：1345-1352.

[7]　Marek G，Gowda P，Evett S，et al.Calibration and validation of SWAT model for predicting daily ET over irrigated crops in Texas high plains using lysimetric data[J]. Transactions of the ASABE，2017，59：611-622.

[8]　李峰平. 变化环境下松花江流域水文与水资源响应研究[D]. 长春：中国科学院东北地理与农业生态研究所，2015.

[9]　Moriasi D，Arnold J，Liew M，et al. Model evaluation guidelines for systematic quantification of accuracy in watershed simulations[J]. Transactions of the Asabe，2007，50（3）：885-900.

[10]　Aydinsakir K. Yield and quality characteristics of drip-irrigated soybean under different irrigation levels[J]. Agronomy Journal，2018，110：1473-1481.

[11]　Smilovic M，Gleeson T，Adamowski J. Crop kites：determining crop-water production functions using crop coefficients and sensitivity indices [J]. Advances in Water Resources，2016，97：193-204.

[12]　Igbadun H，Tarimo A，Salim B，et al. Evaluation of selected crop water production functions for an irrigated maize crop[J]. Agricultural Water Management，2007，94（1-3）：1-10.

[13]　孙景生，肖俊夫，张寄阳，等. 夏玉米产量与水分关系及其高效用水灌溉制度[J]. 灌溉排水学报，1998，（3）：17-21.

[14]　韩晓增，乔云发，张秋英，等. 不同土壤水分条件对大豆产量的影响[J]. 大豆科学，2003，22（4）：269-272.

[15]　吕梦醒，张展羽，冯宝平，等. 基于 SWAT 模型的浊漳河干流灌溉制度优化研究[J]. 节水灌溉，2015，（1）：90-95.

[16]　Candogan B，Yazgan S. Yield and quality response of soybean to full and deficit irrigation at different growth stages under sub-humid climatic conditions[J]. Agricultural Science，2016，22：129-144.

[17]　Payero J，Tarkalson D，Irmak S，et al. Effect of irrigation amounts applied with subsurface drip irrigation on corn evapotranspiration，yield，water use efficiency，and dry matter production in a semiarid climate[J]. Agricultural Water Management，2008，95（8）：895-908.

[18]　张喜英. 华北典型区域农田耗水与节水灌溉研究[J]. 中国生态农业学报，2018，26（10）：35-45.

第十章　灌区节水潜力计算与评价

对于工程技术与技术节水，哪种节水方式的效果最好，投入力度多少才能达到预期效果；与此同时，灌溉水利用效率的预期最大值和节水潜力是多少，这些问题关乎灌区的发展方向，也是灌区在建设过程中必须考虑的问题。节水潜力评价是衡量地区节水发展成效与水资源可持续发展的一个重要指标。合理评价灌区灌溉节水潜力，不仅对设定农业节水目标、开发节水技术、制定节水政策、实施先进节水管理等具有重要的指导意义，还对灌区农业水资源的可持续利用和当地经济的可持续发展具有重大的现实意义。现阶段对灌区节水潜力评价的研究，还未形成完整的评价指标体系，对不同地域的灌区，由于节水目标的不同，对于评价指标体系的建立角度也不同；在评价方法方面，人工神经网络、主成分分析、集对分析等方法计算得出的评价结果存在较大的差异。基于上述问题，本章根据黑龙江省灌区特点及数据获取的难易程度，综合用水定额、灌溉用水效率、灌区种植指数、灌区效益、灌区环境共 5 个层面，建立了适应于黑龙江省灌区的灌溉节水潜力评价指标体系，并利用方法集评价模型进行评价，该方法通过循环修正的方式，减小了单一方法评价结果之间的差异性，使评价结果更具说服力。

第一节　灌溉节水潜力定义

灌区节水是指在一定的时间段内，通过科学的节水措施，减少灌区灌溉用水量的灌区水量调控内容；节水潜力则是指目标灌溉水量与当前灌溉水量的差值，它是一种趋近于最大可能性的节水量，其构成方式如图 10-1 所示。

1. 工程节水

通过渠道改造、管道维护及地面灌溉设施改进等节水措施减少毛灌水量、提升灌溉水利用效率，这种通过工程措施减少可回收水量的过程称为工程节水。

2. 真实节水

虽然工程节水能够提高灌溉水利用效率，减少渗漏及多余径流等无效水，但作物腾发量及不可回收水量，才是灌区真正被消耗的水量。因此，在灌区水量循环过程中降低无效蒸发才是真正意义上的作物节水，可通过改进灌溉制度、改良作物抗旱性及调整种植结构等方式来减少作物腾发量，这部分节水量称为真实节水，或资源性节水潜力。

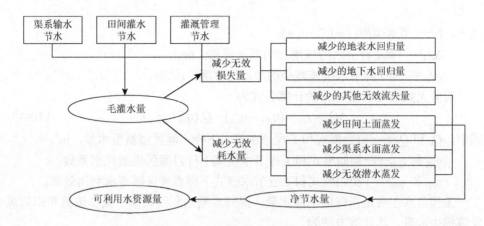

图 10-1　灌区灌溉节水潜力构成图

第二节　节水潜力计算

一、工程节水潜力计算方法

净灌溉定额是指单位面积上的灌溉用水量 Q 与灌溉水利用效率 η 的乘积，表达式为

$$Q = \frac{I}{\eta} \tag{10-1}$$

式中，Q——单位面积上的灌溉用水量，m^3；

　　　I——净灌溉定额，m^3/hm^2；

　　　η——灌溉水利用效率。

净节水量指运用节水方法及节水措施，灌区所减少的无效消耗水及无效流失水的总量。

$$\Delta Q_J = \Delta Q_H + \Delta Q_S \tag{10-2}$$

式中，ΔQ_J——净节水量，m^3；

　　　ΔQ_H——灌区无效消耗水量，m^3；

　　　ΔQ_S——灌区无效流失水量，m^3。

其中，灌区无效消耗水量 ΔQ_H 为多种节水措施增加的节水面积及其对应的减

少净灌溉定额的乘积，计算公式为

$$\Delta Q_H = \sum_{i=1}^{n} (\Delta A_i \times \Delta I_i) \tag{10-3}$$

式中，i——节水措施($i = 1, 2, \cdots, n$)；

$\quad\quad \Delta A_i$——第 i 种节水措施增加的节水面积，hm^2；

$\quad\quad \Delta I_i$——第 i 种节水措施减少的净灌溉定额，m^3/hm^2。

灌区无效流失水量 ΔQ_S 的计算公式为

$$\Delta Q_S = Q_0 \times (\eta_{H0} - \eta_{G0}) - Q_t(\eta_{Ht} - \eta_{Gt}) \tag{10-4}$$

式中，Q_0 和 Q_t——初始模式和工程节水模式下样点灌区灌溉引水量，m^3；

$\quad\quad \eta_{H0}$ 和 η_{Ht}——初始模式和工程节水模式下样点灌区灌溉耗水系数；

$\quad\quad \eta_{G0}$ 和 η_{Gt}——初始模式和工程节水模式下样点灌区灌溉水利用效率。

工程节水主要是指降低毛灌水量，提高灌溉水利用效率，减少渗漏和田间蒸发等损失水量。其计算方法为

$$\Delta Q_M = Q_0 - Q_t = A_0 \left(\frac{I_{Z0}}{\eta_{G0}} - \frac{I_{Zt}}{\eta_{Gt}} \right) \tag{10-5}$$

式中，ΔQ_M——毛灌水量，m^3；

$\quad\quad I_{Z0}$ 和 I_{Zt}——初始模式和工程节水模式下的样点灌区综合净灌溉定额，m^3；

$\quad\quad \eta_{G0}$ 和 η_{Gt}——初始模式和工程节水模式下的样点灌区灌溉水利用效率。

其中，I_{Z0}、I_{Zt} 和 η_{Gt} 的计算公式如下：

$$I_{Z0} = Q_0 \times \eta_{G0} \tag{10-6}$$

$$I_{Zt} = \frac{A_0 \times I_{Z0} - \sum_{i=1}^{n} (\Delta A_i \times \Delta I_i)}{A_0} = I_{Z0} - \frac{\Delta Q_H}{A_0} \tag{10-7}$$

$$\eta_{Gt} = \frac{\sum_{i=1}^{n} (A_i \times \eta_{Gi})}{A_0} \tag{10-8}$$

二、真实节水潜力计算方法

作物节水的原理是通过调整与管理作物在不同生育期的需水量以减少作物真实耗水量。本章以水分生产率作为中间变量，计算样点灌区真实节水量。

主要步骤：①根据预期节水潜力假设目标水分生产率 CWP_{aim}；②将不同样点灌区的水分生产率结合样点灌区粮食总产量代入真实节水潜力公式，分别计算不同样点灌区实际水分生产率 CWP_{ai} 与规划水平年目标水分生产率 CWP_{aim} 的差值；

③将全部样点灌区真实节水潜力进行叠加，其计算公式为

$$SAV = \sum_{i=1}^{n} \frac{CY_{ai}}{CWP_{ai}} - \frac{CY_{ai}}{CWP_{aim}}$$　　　　　（10-9）

式中，i——样点灌区（$i = 1, 2, \cdots, n$）；

　　　　SAV——样点灌区真实节水量，m^3；

　　　　CY_{ai}——第 i 个样点灌区的作物实际产量，kg；

　　　　CWP_{ai}——第 i 个低于目标水分生产率的样点灌区的实际水分生产率，kg/m^3；

　　　　CWP_{aim}——目标水分生产率，kg/m$^{3[1, 2]}$。

三、实例分析

筛选了 2011～2016 年灌溉用水数据进行调查统计，取其平均值作为现状年标准值，在假设各灌区种植作物结构、有效灌溉面积和基础配套设施均不发生改变的情况下，分别讨论节灌率提高 5%、10%、15%、20%、25% 五种节水情境，将全省样点灌区的工程节水潜力按照不同农业分区和不同类型灌区进行了对比分析，结果如下[3]。

1. 不同农业分区节水潜力分析

（1）黑龙江省样点灌区。全省样点灌区现状节灌率为 36.18%，其相关数值如表 10-1 所示。在全省样点灌区节灌率提高 5% 的模式下，渠道防渗面积增加 6.16×10^{4}hm^2，较现状标准值增长了 12.79%；在节灌率提高 10% 的条件下，渠道防渗面积增加了 12.45×10^{4}hm^2，增长了 25.85%；在节灌率提高 15% 时，渠道防渗面积增加了 17.09×10^{4}hm^2，增长了为 35.49%；在节灌率提高 20% 时，渠道防渗面积较标准现状年增加了 21.73×10^{4}hm^2，增长了 45.12%；在节灌率提高 25% 时，渠道防渗面积增加 25.15×10^{4}hm^2，增长了 52.22%；由此可见，在节灌率提高 25% 情况下，渠道防渗面积增加幅度最大。在五种节灌率条件下，管道输水面积增长分别为 0.98×10^{4}hm^2、2.54×10^{4}hm^2、3.63×10^{4}hm^2、5.09×10^{4}hm^2、6.03×10^{4}hm^2，相对于现状标准值增长率分别为 18.11%、46.95%、67.10%、94.09%、111.46%。根据结果可知，节灌率提高 25% 时，管道输水面积增长幅度最大。同理，在节灌率提高 25% 的条件下，喷灌和微灌最大增长面积分别为 13.2×10^{4}hm^2 和 9.65×10^{4}hm^2，增长率分别达到了 80.93% 和 116.13%。从统计结果可以看出，样点灌区节灌率越大，节水灌溉面积增长幅度越大，其中，渠道防渗面积增加面积最大，增长率最高，渠道防渗是减少全省样点灌区灌溉损失水量最有效的方法，其可以减少灌溉用水量，提升灌溉水利用效率。将样点灌区情况扩大至全省范围分析可知，黑龙江省灌区可以通过加大渠道防渗修建面积的方式，有效提升灌溉水利用效率。

表 10-1　工程节水情境不同农业分区样点灌区节水灌溉面积发展

区域	情境	有效灌溉面积/10^4hm^2	节水灌溉面积/10^4hm^2					节灌率/%
			渠道防渗	管道输水	喷灌	微灌	合计	
黑龙江省样点灌区	SC_0	216.11	48.16	5.41	16.31	8.31	78.19	36.18
	SC_5	216.11	54.32	6.39	18.96	9.33	89.00	41.18
	SC_{10}	216.11	60.61	7.95	20.39	10.85	99.80	46.18
	SC_{15}	216.11	65.25	9.04	22.76	13.56	110.61	51.18
	SC_{20}	216.11	69.89	10.50	25.18	15.84	121.41	56.18
	SC_{25}	216.11	73.31	11.44	29.51	17.96	132.22	61.18
三江平原地区	SC_0	108.81	23.51	3.34	8.67	5.35	40.87	37.56
	SC_5	108.81	27.51	3.73	9.11	5.96	46.31	42.56
	SC_{10}	108.81	31.11	4.18	10.34	6.12	51.75	47.56
	SC_{15}	108.81	34.15	4.33	11.85	6.86	57.19	52.56
	SC_{20}	108.81	38.52	5.07	12.02	7.02	62.63	57.56
	SC_{25}	108.81	39.55	6.88	13.25	8.39	68.07	62.56
张广才、老爷岭山地地区	SC_0	36.53	8.42	1.52	3.34	2.52	15.80	43.25
	SC_5	36.53	9.87	1.51	3.64	2.61	17.63	48.26
	SC_{10}	36.53	10.52	1.62	4.52	2.79	19.45	53.24
	SC_{15}	36.53	11.46	1.99	4.96	2.87	21.28	58.25
	SC_{20}	36.53	12.47	2.37	5.09	3.18	23.11	63.26
	SC_{25}	36.53	13.02	2.64	5.86	3.41	24.93	68.25
松嫩平原地区	SC_0	65.87	10.23	3.02	4.25	4.02	21.52	32.67
	SC_5	65.87	12.23	3.34	4.89	4.35	24.81	37.67
	SC_{10}	65.87	14.07	3.82	5.35	4.87	28.11	42.67
	SC_{15}	65.87	15.89	4.53	5.87	5.11	31.40	47.67
	SC_{20}	65.87	17.34	5.01	6.88	5.46	34.69	52.66
	SC_{25}	65.87	19.05	5.73	7.35	5.86	37.99	57.67

注：SC_5 代表节水灌溉率提升 5%，依次类推

（2）三江平原地区。三江平原现状节灌率为 37.56%，在样点灌区节灌率分别提高 5%、10%、15%、20%、25% 的节水模式下，三江平原样点灌区渠道防渗面积、管道输水面积、喷灌面积、微灌面积均随节灌率变化呈正相关增长趋势，在节灌率提高 25% 的情况下，渠道防渗面积增加 $16.04 \times 10^4 hm^2$，相对于现状值增长 68.23%；管道输水面积提高 $3.54 \times 10^4 hm^2$，相对于现状值增长 105.99%；喷灌面积增加 $4.58 \times 10^4 hm^2$，增长率为 52.83%；微灌面积增加 $3.04 \times 10^4 hm^2$，与现状值相比增长 56.82%。根据结果及三江平原地理情况分析可知，三江平原水资源丰富，可利用水量较为充足，样点灌区在节灌率提高的情况下，防渗渠道面积增加最多，

节水量提高最大；并且三江平原地域辽阔、样点灌区较多、土地平坦开阔、高程变化较小，管道输水有助于减少输水损失量，快速提升节水率。建议三江平原地区着重发展防渗渠道并修建输水管道。

（3）张广才、老爷岭山地地区。张广才、老爷岭样点灌区现状节灌率为43.25%，在五种不同的节灌率情境下，在节灌率提高25%的情况下，样点灌区渠道防渗面积增加 4.6×10⁴hm²，其增长率为 54.63%；管道输水面积相对现状增加 1.12×10⁴hm²，增长率为73.68%；喷灌面积增加2.52×10⁴hm²，相对增长率为75.45%；微灌面积增加0.89×10⁴hm²，增长率为35.32%。根据结果趋势可知，在节灌率提高25%的情况下，样点灌区喷灌面积增幅最大，其次为管道输水面积、渠道防渗面积和微灌面积，但四者的增幅差异不大。结合张广才、老爷岭山地地区实际情况分析，张广才、老爷岭山地地区地处黑龙江省东南部，多条河流交汇于此，水资源较为充足，农业灌溉引水中可利用的地表水资源丰富，但区域内多为丘陵地带，高程变化较大，输水损失较大，因此，提高管道输水面积可以帮助样点灌区快速提高其节灌率，提升节水潜力。建议该地区通过增加渠道防渗面积，实行喷灌和微灌的灌溉方式，提升农业节水能力。

（4）松嫩平原地区。松嫩平原现状节灌率为 32.67%，在样点灌区提高 25%节灌率的情况下，其节水灌溉面积变化最大的为渠道防渗面积，与现状相比增加了8.82×10⁴hm²，增长率为86.22%；增长幅度最大的是管道输水面积，面积增加了 2.71×10⁴hm²，增长率为 89.74%；喷灌与微灌方式分别增加了3.10×10⁴hm²和 1.84×10⁴hm²，增幅分别达到 72.94%和 45.77%。结合松嫩平原样点灌区变化趋势和区域特点，分析原因可知：松嫩平原处于黑龙江省西南部，地区海拔较三江平原高，区域整体较为干旱缺水，在样点灌区节灌率提升25%的情况下各种节水设施面积均大幅度上涨。针对松嫩平原自然资源特点，可以在其分区内大面积布设输水管道、加修渠道防渗面积，同时在松嫩平原地区实行喷灌、微灌等灌溉制度，降低无效蒸发，减少灌溉水量，进而提升松嫩平原农业节水潜力。

在黑龙江省样点灌区节灌率提升 5 种不同频率的模式下，其毛灌溉定额、综合净灌溉定额和灌溉水利用效率也随之发生变化,其整体走向趋势如图10-2所示。随着节灌率逐渐提高，不同农业分区的样点灌区毛灌溉定额均呈现逐步下降的趋势，灌溉水利用效率均呈现逐年上升的趋势，而综合净灌溉定额基本保持不变。分析其原因可知，毛灌溉定额与田间实际耗水量、地区有效降水及田间渗漏量有关，综合不同农业分区地理差异分析，三江平原地区和张广才、老爷岭山地地区因所处地域水资源量较松嫩平原地区丰富，其样点灌区灌溉水量充足，现状水平年毛灌溉定额分别达到了735.88m³/hm²和597.36m³/hm²，其数值较松嫩平原样点灌区高，但因其节水措施不够完备、灌溉方式有待改进、灌区管理程度不足等，三江平原及张广才、老爷岭样点灌区灌溉水利用效率并不高，仅为 53.13%及

51.96%，因区域节水措施不同、灌区种植作物方式及灌区管理水平差异，松嫩平原样点灌区的现状灌溉水利用效率达到 58.79%，略高于三江平原和张广才、老爷岭样点灌区。随着样点灌区节灌率的提升，其毛灌溉定额呈现逐年降低趋势，综合净灌溉定额呈现缓慢增长趋势。在节灌率提升 25% 时，松嫩平原样点灌区综合净灌溉定额下降幅度最快，相比现状值降低了 18.02%［图 10-2（d）］；张广才、老爷岭和三江平原样点灌区毛灌溉定额分别下降 111.59m^3/hm^2 和 93.9m^3/hm^2，下降幅度分别为 15.16% 和 15.72%，幅度略低于松嫩平原样点灌区［图 10-2（b）和（c）］；灌溉水利用效率增幅最快的是松嫩平原地区，其次是三江平原地区，增长最为缓慢的是张广才、老爷岭山地地区，三大分区在 SC$_{25}$ 条件下灌溉水利用效率增长幅度分别为 18.18%、15.96% 和 14.37%。综合三大农业分区样点灌区情况分析其趋势，如图 10-2（a）所示，黑龙江省样点灌区的毛灌溉定额呈逐年降低态势，灌溉水利用效率呈现缓慢增长趋势，而综合净灌溉定额基本保持不变。分析其变化原因可知，黑龙江省东南地区水资源较为丰富，灌溉水利用效率受毛灌溉水量影响大，毛灌溉定额下降速度最快，灌溉

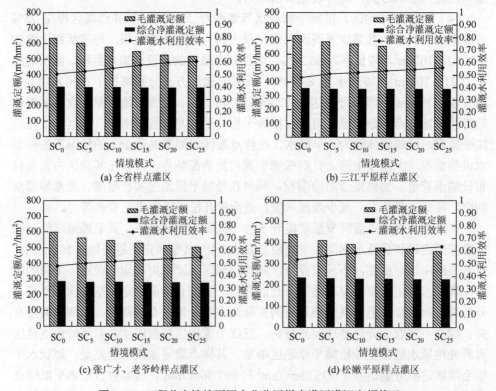

图 10-2　工程节水情境不同农业分区样点灌区灌溉定额状况

水利用效率相对增长快。而西南地区较为干旱，综合净灌溉定额下降缓慢；随着节灌率的逐步提升，增加渠道防渗及管道输水面积对于松嫩平原样点灌区灌溉节水具有促进作用。张广才、老爷岭山地地区属于过渡带地区，在样点灌区节灌率提高的情况下，毛灌溉定额缓慢降低，灌溉水利用效率缓慢提升。综合净灌溉定额主要与作物所需灌溉水量有关，因此，不同农业分区的样点灌区综合净灌溉定额不随节灌率变化而发生显著改变。从整体角度分析，黑龙江省样点灌区灌溉水利用效率随着节灌率的提高有所提升，净灌溉定额有一定程度的降低，综合净灌溉定额基本保持不变［图10-2（a）］。

根据上述毛节水量与净节水量的计算方法，计算不同农业分区样点灌区的毛节水量和净节水量，如图10-3和图10-4所示。随着节灌率的提升，不同农业分区样点灌区的毛节水量与净节水量呈现相近似的增长趋势。当节灌率提升25%时，三江平原样点灌区节水量最高，其毛节水量和净节水量分别为$12100 \times 10^4 \text{m}^3$和$625.65 \times 10^4 \text{m}^3$；其次为松嫩平原样点灌区，其毛节水量和净节水量分别为$5190 \times 10^4 \text{m}^3$和$480.85 \times 10^4 \text{m}^3$；节水量提升最低的是张广才、老爷岭样点灌区，其毛节水量和净节水量仅为$3430 \times 10^4 \text{m}^3$和$376.99 \times 10^4 \text{m}^3$。结合样点灌区不同节灌率情境下毛灌溉定额、综合净灌溉定额和灌溉水利用效率的变化趋势分析可知，毛节水量与净节水量都具有逐年增加的趋势，但增长幅度两者相差悬殊，通过三大农业分区样点灌区节水量数据可知，每个分区其毛节水量均是净节水量的数10倍左右，可见工程节水提升的多为毛节水量，净节水量虽有节水作用但其节水量并不高。对比三大农业分区样点灌区节水量可以发现，三江平原样点灌区因其所处位置是可利用水资源较为丰富的地区，并且其大、中型灌区较多，在工程节水措施下提高的节水量最多。其次为松嫩平原样点灌区，因其所处地区较为干旱缺水，通过增建管道输水设备等措施可最大限度地减少无效损失水量，因此节水量得到了明显提升。张广才、老爷岭山地地区地处黑龙江省中部，其样点灌区水资源较为充足，节水设施也较为

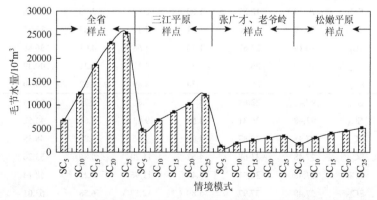

图10-3　工程节水情境不同农业分区样点灌区毛节水量变化趋势图

齐备，农业节水工作开展得较为全面，所能减少的节水量有限。全省样点灌区的节水量得到了大幅提升，其中毛节水量占主要部分，净节水量的提升幅度较弱，可见工程节水措施对黑龙江省样点灌区节水潜力提升具有较大的作用。

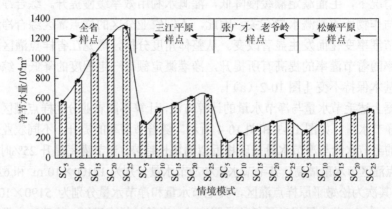

图 10-4　工程节水情境不同农业分区样点灌区净节水量变化趋势图

2. 不同类型灌区工程节水潜力分析

所选取的样点灌区节灌率在不同的提升频率下，其节水面积均呈增长趋势，如表 10-2 所示，在样点灌区节灌率达到 25% 时各类型增长面积出现峰值，因此本节取节灌率提升 25% 模式为例，对节水工程面积发展情况进行分析。

表 10-2　工程节水情境不同类型样点灌区节水灌溉面积发展

区域	情境	有效灌溉面积/10^4hm²	节水灌溉面积/10^4hm²					节灌率/%
			渠道防渗	管道输水	喷灌	微灌	合计	
大型样点灌区	SC_0	70.19	16.35	0.86	6.02	3.12	26.35	37.54
	SC_5	70.19	18.52	1.00	6.58	3.76	29.86	42.54
	SC_{10}	70.19	21.06	1.31	7.11	3.89	33.37	47.54
	SC_{15}	70.19	23.67	1.50	7.68	4.03	36.88	52.54
	SC_{20}	70.19	26.49	1.57	8.12	4.21	40.39	57.54
	SC_{25}	70.19	28.75	1.74	8.89	4.52	43.90	62.54
中型样点灌区	SC_0	97.48	23.64	3.16	7.86	3.98	38.64	39.64
	SC_5	97.48	26.31	3.51	9.03	4.67	43.52	44.65
	SC_{10}	97.48	29.87	4.08	9.56	4.88	48.39	49.64
	SC_{15}	97.48	31.68	4.52	11.20	5.86	53.26	54.64
	SC_{20}	97.48	34.51	5.44	11.96	6.23	58.14	59.64
	SC_{25}	97.48	37.97	5.89	12.57	6.58	63.01	64.64

区域	情境	有效灌溉面积/10^4hm^2	节水灌溉面积/10^4hm^2					节灌率/%
			渠道防渗	管道输水	喷灌	微灌	合计	
小型样点灌区	SC_0	10.89	2.16	0.21	0.86	0.42	3.65	33.52
	SC_5	10.89	2.48	0.28	0.95	0.48	4.19	38.48
	SC_{10}	10.89	2.89	0.30	1.03	0.52	4.74	43.53
	SC_{15}	10.89	3.05	0.35	1.21	0.67	5.28	48.48
	SC_{20}	10.89	3.39	0.43	1.32	0.69	5.83	53.54
	SC_{25}	10.89	3.82	0.46	1.38	0.71	6.37	58.49
纯井样点灌区	SC_0	18.85	5.27	0.19	1.99	1.10	8.55	45.36
	SC_5	18.85	5.99	0.21	2.11	1.18	9.49	50.34
	SC_{10}	18.85	6.33	0.25	2.54	1.32	10.44	55.38
	SC_{15}	18.85	6.81	0.28	2.84	1.45	11.38	60.37
	SC_{20}	18.85	7.44	0.35	2.97	1.56	12.32	65.36
	SC_{25}	18.85	8.22	0.38	3.02	1.64	13.26	70.34

（1）大型样点灌区。当节灌率提升 25%时，其渠道防渗面积增加最多，其值为 $12.4\times10^4hm^2$，相对于现状提高了 75.84%；管道输水面积增长幅度最大，相较现状年增加了 $0.88\times10^4hm^2$，增长率达到了 102.33%；喷灌和微灌提升幅度相近，增长值分别为 $2.87\times10^4hm^2$ 和 $1.4\times10^4hm^2$，增幅分别为 47.67%和 44.87%。根据其变化趋势可知，大型样点灌区由于其有效灌溉面积较大，灌溉用水在灌区内部途经的距离较长，当节灌率提升 25%时，渠道渗漏量和管道损失量对灌溉水量的影响较大，同时管道输水面积和渠道防渗面积均有大幅增长。

（2）中型样点灌区。在样点灌区节灌率提高 25%的模式下，灌区内渠道防渗面积、管道输水面积、喷灌面积、微灌面积均有大幅提高，其中，增长幅度最大的是管道输水面积，增长率为 86.39%；其次为微灌面积，其增长率达到了 65.33%；增加量最大的是渠道防渗面积，增加 $14.33\times10^4hm^2$，增长率为 60.62%；喷灌面积的增长率为 59.92%，略低于渠道防渗面积。分析其趋势变化可知，中型样点灌区在节水潜力上有较大的增长空间，因其灌溉面积适中，作物灌溉方式调节灵活，增建管道输水面积、渠道防渗面积和改进灌溉方式都对中型灌区节水潜力的影响较大。

（3）小型样点灌区。在小型样点灌区节灌率提升 25%情况下，小型灌区的渠道防渗面积增加 $1.66\times10^4hm^2$，增长率达到了 76.85%；管道输水面积增加 $0.25\times10^4hm^2$，相比现状增长 119.05%；喷灌面积和微灌面积分别增加 $0.52\times10^4hm^2$ 和 $0.29\times10^4hm^2$，增长率分别为 60.47%和 69.05%。虽然其增长幅度大，但对比发现，小型样点灌区节水面积改变量很小，根据小型灌区特点分析可知，样点灌区有效灌溉面积不大，灌区内水量运输途经距离短，修建渠道和管道进行节水灌溉的适用性不强。

（4）纯井样点灌区。随着节灌率的不断增加，节水面积也随之呈现增长趋势，当节灌率增长 25%时，样点灌区渠道防渗面积增加 $2.95 \times 10^4 \text{hm}^2$，增长率为 55.98%；管道输水面积增加 $0.19 \times 10^4 \text{hm}^2$，但其增加幅度达到 100%；喷灌面积和微灌面积的增长率接近，分别增加 $1.03 \times 10^4 \text{hm}^2$ 和 $0.54 \times 10^4 \text{hm}^2$，增长率达到了 51.76%和 49.09%。分析其原因，纯井灌区中包含不同面积规模的灌区，因此其影响因素较为复杂，对纯井灌区进行节水改造时，应对具体灌区的不同地域和不同特点进行有针对性的节水建设。

在节灌率提升 5%、10%、15%、20%、25%的节水情境下，黑龙江省样点灌区毛灌溉定额呈下降趋势，灌溉水利用效率呈上升趋势，综合净灌溉定额增长缓慢，如图 10-5 所示。在节灌率提高 25%的情况下，大型样点灌区毛灌溉定额由现状的 $638.74 \text{m}^3/\text{hm}^2$ 下降到 $528.76 \text{m}^3/\text{hm}^2$，降低了 17.22%，如图 10-5（a）所示，其灌溉水利用效率提高幅度也十分显著。中型样点灌区毛灌溉定额由 $912.33 \text{m}^3/\text{hm}^2$ 降低为 $815.16 \text{m}^3/\text{hm}^2$，与现状值相比下降了 10.65%，其灌溉水利用效率增长明显，如图 10-5（b）所示。相比之下，小型样点灌区毛灌溉定额下降较少，其值下降了 $47.68 \text{m}^3/\text{hm}^2$，相比标准值降低了 7.58%，如图 10-5（c）所示，其灌溉水利用效率增长趋势也较大、中型样点灌区缓慢。纯井样点灌区毛灌溉定额降低幅度微弱，如图 10-5（d）所示，仅从 SC_0 时的 $371.29 \text{m}^3/\text{hm}^2$ 下降到 SC_{25} 时的 $351.34 \text{m}^3/\text{hm}^2$，下降幅度仅为 5.37%，其灌溉水利用效率变化更加微弱，整体仅略微增长 2.48%。综合黑龙省灌区特征分析不同类型样点灌区趋势变化可知，大、中型样点灌区因其有效灌溉面积较大、灌区内渠道和管道较多，无效损失及无效蒸发水量较大，在现状情况下灌溉水利用效率较低，研究中通过工程节水措施提升灌区节灌率，可减少水量损失，提高灌溉水利用效率，可以清晰地看到大、中型样点灌区具有很大的节水潜力提升空间。小型样点灌区和纯井样点灌区，因其数量多、面积小，灌区内部损失水量较少，单个灌区可调节能力较强，现状情况下灌区灌溉水利用效率较高，工程节水措施对其节水潜力提升效果并不十分明显。

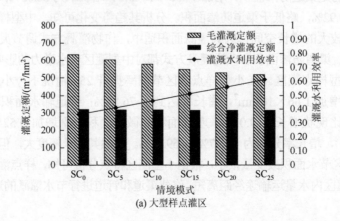

(a) 大型样点灌区

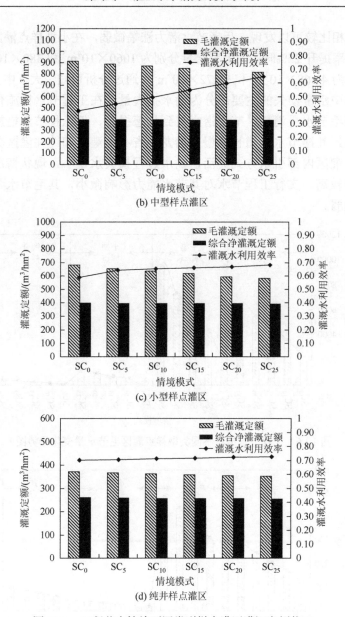

图 10-5　工程节水情境不同类型样点灌区灌溉定额状况

通过分析工程节水措施下样点灌区节水潜力可知，同一类型样点灌区毛节水量与净节水量在节灌率提升的情况下变化趋势相近，如图 10-6 和图 10-7 所示。其中，大型样点灌区最大毛节水量达到 $6460 \times 10^4 m^3$，最大净节水量为 $282.87 \times 10^4 m^3$；中型样点灌区在 SC_{25} 情况下的毛节水量达到最高，其值为 $9470 \times 10^4 m^3$，净节水量同时也达到最大峰值，其值为 $486.43 \times 10^4 m^3$；将其与小型样点灌区和纯井样点灌区相比较可以发现，后者节水潜力涨幅微弱，在小型样点灌区和纯井样点灌区节灌率提升 25% 时，其毛节水量分别为 $1060×10^4m^3$ 和 $380×10^4m^3$，净节水量仅分别为 $42.68×10^4m^3$ 和 $99.72×10^4m^3$。通过分析可知，大、中型样点灌区在灌溉过程中水量损失的主要部分为输水损失量，在工程节水措施作用下，可以大幅降低毛节水量消耗，节水潜力得到显著提升，但工程节水措施对净节水量影响较弱，其净节水量增长缓慢；黑龙江省小型灌区和纯井灌区分布广、面积小，样点灌区内部引水方式灵活，输水过程损失水量小，现状情况下其灌溉水利用效率较高，实行工程节水对其节水能力影响微小，其毛节水量和净节水量均涨幅微弱。

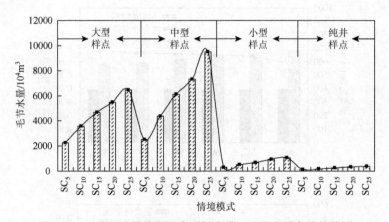

图 10-6　工程节水情境不同类型样点灌区毛节水量变化趋势图

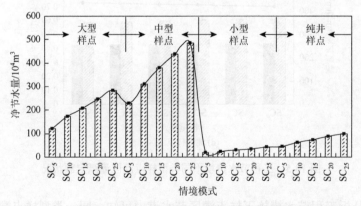

图 10-7　工程节水情境不同类型样点灌区净节水量变化趋势图

四、真实节水潜力分析

真实节水是通过改变土壤湿度和改良作物抗旱能力等方法在不减产的情况

下，最大幅度地减少灌溉用水无效损失量和无效蒸发量，保持作物田间持水率，节约灌溉水量，其减少的水量相当于在相同用水量的情况下提高作物产出量，最大限度地提高灌区水分生产率。水分生产率的数值反映的是作物水分利用情况，水分生产率累积频率曲线反映了灌区生产的节水程度，其累积频率曲线分布高窄，斜率大，说明灌区水分利用效率较高；反之，累积频率曲线矮宽，斜率较小，说明灌区水分利用效率较低，具有较大的节水潜力。

本节根据 2014～2016 年各样点灌区水分生产率均值，绘制不同农业分区、不同类型样点灌区的水分生产率累积频率曲线。通过水分生产率累积频率曲线的形态确定近期、远期目标水分生产率，将累积频率在 55%处的水分生产率作为样点灌区的近期目标水分生产率；将累积频率在 75%处的水分生产率作为样点灌区的远期目标水分生产率。将全省 60%样点灌区水分生产率达到近期目标值作为近期目标，将全省 80%样点灌区水分生产率达到远期目标值作为远期目标。样点灌区水分生产率低于目标水分生产率是可以提高节水潜力的灌区，该灌区的真实节水量是其水分生产率达到目标水分生产率时的节约水量。

1. 不同农业分区真实节水潜力分析

通过计算样点灌区平均水分生产率并绘制累积频率曲线可以发现，全省及不同农业分区的样点灌区水分生产率累积频率曲线均呈矮宽的形态（图 10-8），说明不同农业分区的样点灌区具有很大的节水潜力。根据真实节水目标综合水分生产率累积频率曲线可以分别确定不同样点灌区近期、远期目标水分生产率：黑龙江省样点灌区近期目标水分生产率为 1.21kg/m^3，远期目标水分生产率为 1.48kg/m^3；三江平原样点灌区近期目标水分生产率为 1.25kg/m^3，远期目标水分生产率为 1.49kg/m^3；张广才、老爷岭样点灌区近期和远期目标水分生产率分别为 1.29kg/m^3 和 1.55kg/m^3；松嫩平原样点灌区近期和远期的目标水分生产率分别为 1.28kg/m^3 和 1.55kg/m^3。

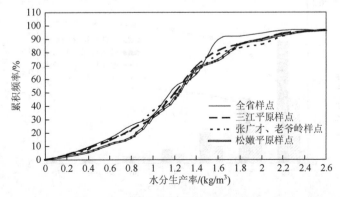

图 10-8　真实节水情境不同农业分区样点灌区水分生产率累积频率曲线

　　根据不同农业分区的样点灌区真实节水目标值和其 2014~2016 年粮食产量平均值计算样点灌区真实节水量，其变化趋势如图 10-9 所示。其中，三江平原样点灌区近期、远期目标累积真实节水量最高，近期目标累积节水量为 $0.34 \times 10^8 m^3$，远期目标累计节水量为 $0.63 \times 10^8 m^3$ [图 10-9（b）]；其次为张广才、老爷岭样点灌区，其近期、远期目标累积节水量分别为 $0.26 \times 10^8 m^3$、$0.46 \times 10^8 m^3$ [图 10-9（c）]；松嫩平原样点灌区真实节水量最低，其近期、远期目标累积节水量分别为 $0.19 \times 10^8 m^3$ 和 $0.33 \times 10^8 m^3$ [图 10-9（d）]。对三大分区样点灌区真实节水量统计求和，其值为全省样点灌区真实节水累积量，其近期目标累积总量为 $0.79 \times 10^8 m^3$，远期目标累积总量为 $1.42 \times 10^8 m^3$。综合农业分区特征分析其趋势可以发现，三江平原样点灌区可利用水量较为丰富，传统的灌溉方式无效蒸发损失量较大，在调整作物种植结构、改进灌溉制度、重点种植抗旱品种作物等真实节水措施下，其样点灌区真实节水潜力得到了显著提升；张广才、老爷岭地区可利用水资源量相比三江平原略少，其样点灌区节水量略低；相比之下，松嫩平原地区较为干旱，其样

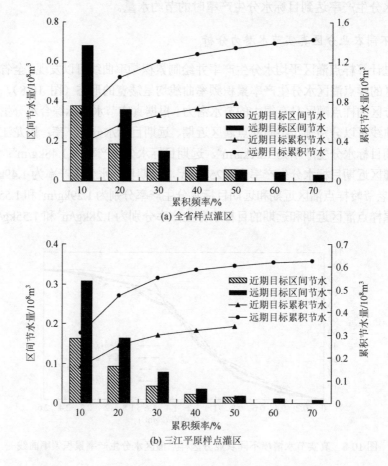

(a) 全省样点灌区

(b) 三江平原样点灌区

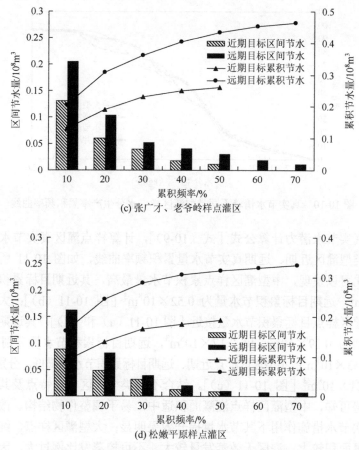

(c) 张广才、老爷岭样点灌区

(d) 松嫩平原样点灌区

图 10-9　真实节水情境不同农业分区样点灌区节水量

点灌区因可利用水量较少，可控蒸发量较小，其真实节水提升潜力较小。纵观全省累积节水量曲线［图 10-9（a）］可以发现，由于传统灌溉制度中无效蒸发量较大，真实节水措施对黑龙江省样点灌区的节水潜力具有较明显的提升作用，可以在全省区域范围内调整种植结构、优化灌溉制度，试行真实节水方法，提升黑龙江省真实节水潜力。

2. 不同类型灌区真实节水潜力分析

计算样点灌区水分生产率，绘制不同类型灌区样点水分生产率累积频率曲线（图 10-10），观察其趋势变化并确定近期、远期节水目标水分生产率。其中，大型灌区样点近期目标水分生产率最高，其值为 1.31kg/m³，远期目标水分生产率为 1.75kg/m³；中型灌区样点近期目标值为 1.26kg/m³，远期目标值为 1.58kg/m³；小型灌区样点近期、远期目标值分别为 1.27kg/m³、1.64kg/m³；纯井灌区样点近期、远期目标水分生产率最低，分别为 1.11kg/m³、1.52kg/m³。

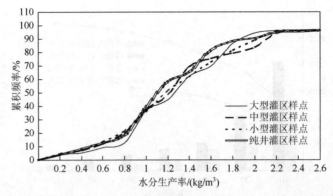

图 10-10　真实节水情境不同类型灌区样点水分生产率累积频率曲线

　　根据真实节水潜力计算公式 [式 (10-9)]，计算样点灌区真实节水量，同时绘制不同类型灌区近期、远期真实节水量累积频率曲线，如图 10-11 所示。根据其趋势变化可以发现，中型灌区样点累积节水量最高，其近期目标累积节水量为 $0.29 \times 10^8 m^3$，远期目标累积节水量为 $0.52 \times 10^8 m^3$ [图 10-11 (b)]；大型灌区样点和纯井灌区样点目标累积节水量接近 [图 10-11 (a) 和 (d)]，其近期目标累积节水量分别为 $0.19 \times 10^8 m^3$ 和 $0.17 \times 10^8 m^3$，远期目标累积节水量分别为 $0.36 \times 10^8 m^3$ 和 $0.33 \times 10^8 m^3$；小型灌区样点近期、远期目标累积节水量最低，分别为 $0.13 \times 10^8 m^3$、$0.21 \times 10^8 m^3$ [图 10-11 (c)]。结合不同类型灌区样点特点及其真实节水量变化趋势可知，中型灌区样点灌溉面积适中，易于调整作物结构、改进灌溉制度，在真实节水措施作用下其节水量提升效果明显；大型灌区样点、纯井灌区样点综合灌溉面积较大，灌区无效蒸发量较大，不可控蒸发比例过大，因此，其真实节水潜力较小；小型灌区样点灌溉面积较小，区间累积节水量较低，其真实节水量最低。因此，全省可以在中型灌区主要发展真实节水，提升其节水潜力。

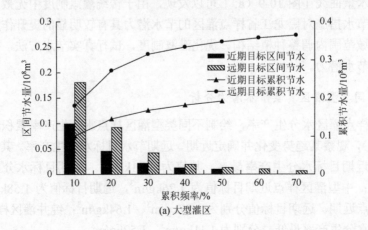

(a) 大型灌区

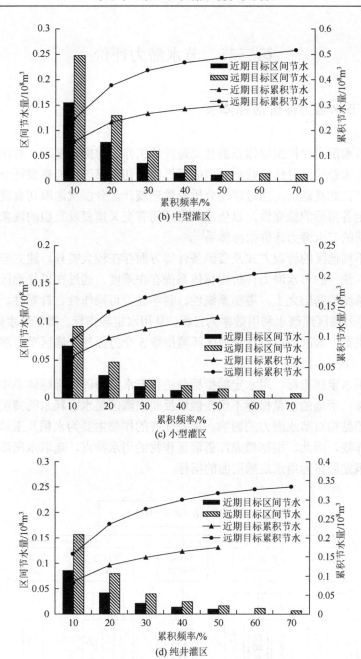

(b) 中型灌区

(c) 小型灌区

(d) 纯井灌区

图 10-11　真实节水情境不同类型灌区节水量

第三节　节水潜力评价

一、灌区节水潜力评价指标体系

灌区节水潜力评价指标体系的建立是评价工作的前提与基础。总结以往研究的结论和专家经验，并结合数据获取的可行性，初步筛选出能够表征节水潜力的相关指标，在此基础上，通过理论分析及数理统计，分层次选取切合度较大的指标，并判定各指标的独立性，以免造成指标间有交叉重复及重组的现象，进而获得科学合理的节水潜力评价指标体系[3]。

由于不同地区的管理方式及资源条件等方面存在较大差异，建立起对各个地区均适用、统一的节水潜力评价指标体系尚存在难度。通过在以往灌区节水潜力评价研究总结的基础之上，遵循系统性、科学性、可操作性、针对性、动态性的原则，以提升灌区灌溉水利用效率为目标，从用水定额指标、灌溉用水效率指标、灌区种植指数、灌区效益指标和灌区环境指数 5 个方面建立灌区节水潜力评价指标体系[4-6]（图 10-12）。

（1）用水定额指标：用水定额指标是进行节水潜力评价指标体系中不可或缺的重要指标；所选的水量指标不仅要能够反映该灌区需水、耗水的情况，还要考虑作物种植结构对节水潜力的影响。黑龙江省的作物主要为水稻及玉米、小麦、大豆等旱作物，因此，根据黑龙江省灌区作物的用水特点，选取水田灌溉定额及旱作物灌溉定额作为用水定额层面的指标。

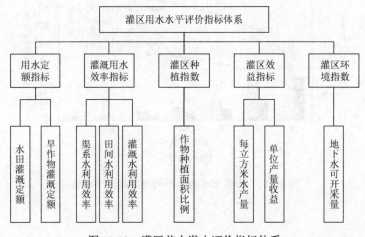

图 10-12　灌区节水潜力评价指标体系

（2）灌溉用水效率指标：提升灌溉用水效率是减少灌溉水量的有效途径，也是灌区节水工作的主要目标，两者相互依存。综合考虑灌区不同环节的用水效率，将灌溉水利用效率、渠系水利用效率及田间水利用效率作为灌溉用水效率层面的指标。

（3）灌区种植指数：作物种植面积比例是影响灌溉节水潜力的一个主要因素，若单位面积的节水量一定，种植面积越大，耗水量越大，节水潜力也越大，因此种植面积与节水潜力存在着相互作用的复杂关系。

（4）灌区效益指标：灌区节水的前提是保证粮食产量和提升灌区效益，每立方米水产量可以表征每立方米水的粮食产出情况；单位产量收益受水价、粮食效益等因素影响，因此，可以用来表征灌溉水投入产出的管理情况。

（5）灌区环境指数：目前，黑龙江省部分灌区存在地下水开采过度的现象，考虑灌区的长期稳定发展及农业水资源可持续利用等问题，不能盲目地以牺牲环境为代价，地区的自然环境决定了地区的特殊性，必须根据实际情况来挖掘其潜力。因此，选取地下水可开采量作为灌区环境层面的指标。

二、研究方法

方法集模型是以独立评价模型为基础，通过合理的组合算法将单一评价方法得出的结果进行优化组合的综合评价模型。该评价方法能够消除单一评价方法产生的系统偏差，进而解决多种方法评价结果存在差异的问题[7-9]。综合考虑主客观评价模型，选取人工神经网络、主成分分析、模糊综合评价和集对分析模型作为方法集模型中单一评价方法，表 10-3 对上述 4 种评价方法的原理及优缺点进行了简单介绍[10-14]。

表 10-3　灌区节水潜力评价方法

评价方法	原理	优点	缺点
人工神经网络	通过数学方法模拟人脑功能，建立"学习"模型	能够处理非线性和非局域性的复杂关系	收敛速度慢，易陷入局值
主成分分析	对多个指标通过降维、减少指标个数	原理及操作简单	处理非线性结构问题的效果较差
模糊综合评价	应用模糊关系原理，根据多个因素对被评判数据等级隶属度进行综合评价	克服了以往数学处理方法结果单一的缺陷，算法简单易行	无法识别和解决评价指标间的相关性
集对分析模型	对集对中两个集合的确定性与不确定性关系进行分析	有效地分析和处理不确定信息，揭示潜在的规律	确定性与不确定性关系的表征含糊

1. 评价步骤

步骤 1：用单一评价方法，即人工神经网络、主成分分析、模糊综合评价、集对分析模型对灌区节水潜力进行评价，并将得到的评价结果进行排序。

步骤 2：利用 Kendall 方法对单一评价方法得出的排序结果进行一致性检验，如排序结果具有一致性，表明各单一评价方法的排序结果基本一致，进入步骤 3；若不一致，则筛选评价方法，重新检验。

步骤 3：利用算数平均值法、Borda 模型和 Copeland 模型构成的组合评价模型对单一评价方法进行综合评价，得出结果并排序。

步骤 4：利用 Spearman 法对步骤 3 中得出的排序结果与步骤 2 中的排序结果进行检验，若未通过检验，则循环步骤 3、步骤 4。

2. Kendall 检验

Kendall 检验是在组合评价前，用以检验各单一评价方法的排序结果之间是否具有一致性的一种检验方法。一般通过检验统计量 χ^2 来表征评价结果之间的分歧程度，检验统计量 χ^2 的公式如下：

$$W = \frac{12S}{m^2(n^3 - n)} \tag{10-10}$$

$$S = \sum_{i=1}^{n}\left[r_{ki} - \frac{m(n+1)}{2} \right]^2 \tag{10-11}$$

$$\chi^2 = m(n-1)W \tag{10-12}$$

式中，W——协同系数；

　　　S——偏差平方和；

　　　m——单一评价方法数量；

　　　n——灌区数量，个；

　　　r_{ki}——第 i 个灌区通过第 k 种评价方法得出的排序。

假设：H_0，m 种评价方法的结果不具有一致性；H_1，m 种评价方法的结果具有一致性。若 χ^2 大于显著性水平 α 下的临界值 $\chi^2_{\alpha/2}(n-1)$，则拒绝 H_0，接受 H_1，即各单一评价方法的排序结果具有一致性[15]。

若各评价方法得出的结果通过 Kendall 检验，则进一步采用组合评价方法进行综合评价，采用算数平均值法、Borda 模型和 Copeland 模型三种组合评价方法进行综合评价。

（1）算数平均值法：该方法将单一评价方法的排序转换为分数 R_{ki}，即第 k 个灌区在第 i 种评价方法下的得分情况，进而计算出组合评价平均值 $\overline{R_k}$，并按平均值重新排序，公式为

$$\overline{R_k} = \frac{1}{m}\sum_{i=1}^{m}R_{ki} \qquad (10\text{-}13)$$

式中，$R_{ki} = n - r_{ki} + 1$；

    r_{ki}——第 k 个灌区在第 i 种评价方法下的排序，（$k = 1, 2, \cdots, n; i = 1, 2, \cdots, m$）；

    m——单一评价方法数量；

    n——灌区数量。

当两个灌区的评价值相等时，则按式（10-14）计算标准差，标准差越小的排序越靠前。

$$\sigma_i = \sqrt{\frac{1}{m}\sum_{k=1}^{m}R_{ik}} \qquad (10\text{-}14)$$

（2）Borda 法：该方法遵循少数服从多数的原则，若评价排序结果中灌区 y_i 的排序高于 y_j 的个数大于灌区 y_j 排序高于灌区 y_i 的个数，则记作 $y_i > y_j$，若个数相等，则记作 $y_i = y_j$。

定义 Borda 矩阵 $\boldsymbol{B} = \{b_{ij}\}_{n\times n}$：

$$b_{ij} = \begin{cases} 1 & y_i > y_j \\ 0 & \text{其他} \end{cases} \qquad (10\text{-}15)$$

定义灌区 y_i 的得分为 $b_i = \sum_{j=1}^{n}b_{ij}$，则按得分 b_i 重新排序，若两个灌区的得分相等，则标准差小的排序优先[16]。

（3）Copeland 法：该方法在 Borda 模型的计算"优于"的基础上考虑了"次于"与"相等"的情况，公式如下：

$$C_{ij} = \begin{cases} 1 & y_i > y_j \\ 0 & \text{其他} \\ -1 & y_i < y_j \end{cases} \qquad (10\text{-}16)$$

同理定义灌区 y_i 的得分为 $c_i = \sum_{j=1}^{n}c_{ij}$，根据 c_i 的大小排序，在 $c_i = c_j$ 的情况下，标准差小者排序优先[17]。

3. Spearman 检验

利用 Spearman 法对通过组合评价方法得出的排序结果与各单一评价方法的排序结果的密切程度进行检验，便于选出最优的组合评价结果。计算过程如下。构造统计量 $t_k(k = 1, 2, 3)$：

$$t_k = \frac{1}{m} \sum_{j=1}^{m} \rho_{jk} \sqrt{\frac{n-2}{1-\rho_k^2}} \qquad (10\text{-}17)$$

$$\rho_{jk} = 1 - \frac{6 \sum_{i=1}^{n} (x_{ik} - x_{ij})^2}{n(n^2 - 1)} \qquad (10\text{-}18)$$

式中，n——灌区个数；

       m——单一评价方法数量；

       ρ_{jk}——第 k 种组合评价方法和第 j 种评价方法的等级相关系数；

       x_{ik}、x_{ij}——第 i 个灌区在第 k 种组合评价方法和第 j 种单一评价方法下的排序。

假设：H_0，第 k 种组合评价方法与原 m 种单一评价方法无关；H_1，第 k 种组合评价方法与 m 种单一评价方法存在关系；在给定的显著性水平 α 下，查表对应临界值 C_α，当 $t_k > C_\alpha$ 时，拒绝 H_0，接受 H_1，即两种评价结果相关[18, 19]。

三、实例分析

本节以黑龙江省 23 个样点灌区为例，对其节水潜力进行评价[20]。

1. 单一方法评价结果

分别利用人工神经网络、主成分分析、模糊综合评价、集对分析模型对 23 个样点灌区的节水潜力进行评价，评价结果及排序见表 10-4。

表 10-4　单一方法评价得分

灌区名称	人工神经网络		主成分分析		模糊综合评价		集对分析模型	
	得分	排序	得分	排序	得分	排序	得分	排序
江东	79.75	10	221.01	11	81.63	10	15.73	10
西泉眼	81.23	8	238.57	8	82.14	8	18.35	8
跃进	75.71	14	179.1	14	80.83	12	13.74	14
卫星运河	65.92	19	95.79	19	78.23	17	5.83	19
音河	66.24	18	101.9	18	77.78	19	5.88	18
八五九	87.23	5	312.38	4	82.57	5	20.58	5
悦来	93.89	1	336.38	1	84.72	1	23.95	1
查哈阳	64.86	20	94.19	20	77.5	20	4.46	21
梧桐河	66.75	17	112.75	17	79.24	15	6.7	17
倭肯河	64.13	23	0.48	23	75.49	23	2.62	23

续表

灌区名称	人工神经网络		主成分分析		模糊综合评价		集对分析模型	
	得分	排序	得分	排序	得分	排序	得分	排序
龙凤山	70.03	15	132.91	16	80.79	13	13.14	15
香磨山	85.44	6	241.6	6	82.35	6	20.16	6
引汤	64.42	22	93.52	22	76.47	18	4.78	20
蛤蟆通	67.65	16	162.86	15	79.04	16	12.35	16
幸福	81.03	9	232.46	9	82.1	9	19.91	7
龙头桥	82.8	7	241.11	7	82.22	7	16.34	9
江川	91.52	4	311.65	5	83.05	4	21.43	4
鸡东	77.08	13	196.3	13	81.14	11	13.91	13
长阁	77.78	11	228.19	10	81.63	10	14.97	11
兴凯湖	64.73	21	80.93	21	78.09	21	2.63	22
响水	91.95	3	319.83	3	83.78	2	21.82	3
友谊	77.53	12	197.85	12	80.04	14	14.21	12
绥滨	92.01	2	327.01	2	83.19	3	23.53	2

从表 10-4 可以看出，各单一评价方法得出的排序结果不同，因此，有必要进一步利用组合评价法对单一评价方法得出的不同排序结果进行修正。利用 Kendall 检验对表 10-4 中的排序结果的一致性进行检验，经计算 $\chi^2 = 83.657$，当显著性水平 $\alpha = 0.01$ 时，经查表得 $\chi^2_{\alpha/2}(22) = 42.7956$，即 $\chi^2 > \chi^2_{\alpha/2}(22)$，故拒绝 H_0，接受 H_1，即在显著性水平 $\alpha = 0.01$ 的条件下，4 种评价方法得出的评价排序基本一致，可进一步进行组合评价。

2. 方法集评价结果

在表 10-4 的基础上，分别利用算数平均值法、Borda 模型和 Copeland 模型进行组合评价，经过两次迭代修正，最终得出结果见表 10-5。从表中可以看出，各组合评价方法得出的排序结果完全相同，利用 Spearman 法分别检验算数平均值法、Borda 模型、Copeland 模型这三种组合评价模型的排序结果与单一评价结果的关联度 t_a、t_b、t_c，得 $t_a = 43.029$，$t_b = 43.029$，$t_c = 43.029$，经查表，在显著性水平 $\alpha = 0.01$ 下，$t_{\alpha/2}(22) = 2.819$，显然 $t_a = t_b = t_c > t_{\alpha/2}(22)$，表明组合评价方法的排序结果与单一评价方法的排序结果相关。这表明上述方法集模型能够有效地修正不同排序结果的非一致性。

表 10-5 组合评价得分及排序

灌区名称	算数平均值法		Borda 模型		Copeland 模型		标准差
	得分	排序	得分	排序	得分	排序	
江东	15.75	10	15	10	4	10	0
西泉眼	18	8	17	8	10	8	0
跃进	12.5	14	11	14	−2	14	0
卫星运河	7.5	19	5	19	−10	19	0
音河	7.75	18	6	18	−10	18	0
八五九	21.25	5	20	5	18	5	0
悦来	25	1	24	1	6	1	0
查哈阳	5.75	20	5	20	−12	20	0
梧桐河	9.5	17	7	17	−8	17	0
倭肯河	2.75	23	2	23	−20	23	0
龙凤山	11.25	15	10	15	−2	15	0
香磨山	20	6	19	6	16	6	0
引汤	5.5	21	4	21	−14	21	0
蛤蟆通	10.25	16	8	16	−4	16	0
幸福	17.5	9	16	9	8	9	0
龙头桥	18.5	7	18	7	12	7	0
江川	21.75	4	21	4	20	4	0
鸡东	13.5	12	13	12	0	12	0
长阁	15.5	11	14	11	2	11	0
兴凯湖	4.75	22	4	22	−16	22	0
响水	23.25	3	22	3	22	3	0
友谊	13.5	13	12	13	−2	13	0
绥滨	23.75	2	23	2	24	2	0

参 考 文 献

[1] 彭致功, 刘钰, 许迪, 等. 基于 RS 数据和 GIS 方法估算区域作物节水潜力[J]. 农业工程学报, 2009, 25（7）: 8-12.

[2] 李泽鸣. 基于 HJ-1A/1B 数据的内蒙古河套灌区真实节水潜力分析[D]. 呼和浩特: 内蒙古农业大学, 2014.

[3] 张硕. 黑龙江省灌区灌溉节水潜力分析与评价[D]. 哈尔滨: 东北农业大学, 2019.

[4] 崔远来, 刘路广. 灌区水文模型构建与灌溉用水评价[M]. 北京: 科学出版社, 2015.

[5] 姜新慧, 徐其士. 农业灌溉节水潜力评价[J]. 华北水利水电大学学报（自然科学版）, 2012, 33（3）: 27-29.

[6] 马学明, 赵西宁, 冯浩, 等. 塔里木河流域农业节水潜力综合评价体系研究[J]. 干旱地区农业研究, 2009,

27（3）：112-118.

[7] 汤洁，赵凤琴，林年丰，等. 多种模型集成的方法在土壤养分评价中的应用[J]. 东北师大学报（自然科学版），2005，37（1）：109-112.

[8] 王刚，黄丽华，高阳. 基于方法集的农业产业化综合评价模型[J]. 系统工程理论与实践，2009，29（4）：161-168.

[9] 李浩鑫，邵东国，何思聪，等. 基于循环修正的灌溉用水效率综合评价方法[J]. 农业工程学报，2014，30（5）：65-72.

[10] 王福林. 农业系统工程[M]. 北京：中国农业出版社，2006.

[11] Gardner M W，Dorling S R. Artificial neural network（the multilayer perceptron）—a review of applications in atmospheric sciences[J]. Atmospheric Environment，1998，32（14）：2627-2636.

[12] Vidal R，Ma Y，Sastry S S. Robust Principal Component Analysis[M]. New York：Springer，2016.

[13] Lai C G，Chen X H，CHen X Y，et al. A fuzzy comprehensive evaluation model for flood risk based on the combination weight of game theory[J]. Natural Hazards，2015，77（2）：1243-1259.

[14] Du C Y，Yu J J，Zhong H，et al. Operating mechanism and set pair analysis model of a sustainable water resources system[J]. Frontiers of Environmental Science & Engineering，2015，9（2）：288-297.

[15] Terpstra T J. The asymptotic normality and consistency of kendall's test against trend，when ties are present in one ranking[J]. Indagationes Mathematicae，1952，55（3）27-33.

[16] 任英伟，王一旋，吴守荣. 基于模糊 Borda 法的多项目优先级组合评价研究[J]. 价值工程，2014，33（5）：176-178.

[17] 李成东，金青，黄颖，等. Copeland 计分排序法在化学物质生态危害评价中的应用[J]. 环境科学研究，2011，24（10）：1161-1165.

[18] Sedgwick P. Spearman's rank correlation coefficient[J]. BMJ，2014，349（1）：7327.

[19] 何艳频，孙爱峰. Spearman 等级相关系数计算公式及其相互关系的探讨[J]. 中国现代药物应用，2007，1（7）：72-73.

[20] 刘巍. 黑龙江省灌溉水利用效率时空分异规律及节水潜力研究[D]. 哈尔滨：东北农业大学，2017.

第十一章　水足迹理论下的农业用水分析

　　水足迹（water footprint，WF）是荷兰学者 Hoekstra 于 2002 年首先提出的，它是一个国家、一个地区或一个人，在一定时期内消费的产品和服务所需要的淡水资源的数量[1-3]，它也可以表示生产某一产品或提供某种服务所消耗的淡水资源量[4]，它是虚拟水理论的继承和发展，通常包括蓝水足迹、绿水足迹和灰水足迹[5]。蓝水是河流、湖泊或地下含水层中的地表水资源或地下水资源；绿水是储存在土壤非饱和含水层中被植物以蒸散发的形式利用的降水资源；灰水是解决产品生产过程中所产生的污染所需要的生态水资源[6]。水足迹理论不仅能够对传统的灌溉水资源进行分析评价，还将降水资源纳入了其分析评价体系中，而且，水足迹理论还能应用到生态用水消耗量的分析和评价中，在水资源分析领域的适用范围广。本章对黑龙江省粮食作物生产的水资源利用情况与粮食作物产出之间的关系进行了分析，分析黑龙江省的粮食作物水分生产率等粮食作物生产用水指标，能够有效地揭示黑龙江省粮食作物生产用水的效益产出，提高黑龙江省粮食作物生产水资源管理水平，保障粮食作物生产安全和水资源安全。

第一节　生态水足迹理论

一、水资源生态足迹

　　水资源生态足迹可以理解为使用的水资源通过面积的形式表现出来，一个地区的水资源使用情况，可以包含该地区内不同用水账户的使用，可以利用转化成的面积对其进行对比，最终得到可用于其他地区相互比较的平衡值。水资源生态足迹是在生态足迹模型的基础上进行转变，从另一个全新的角度来研究水资源的消耗，是定量描述水资源可持续能力的一种重要方法。根据水资源生态足迹的内涵，并结合黑龙江省的实际用水情况，将用水账户分为农田灌溉、林牧渔畜、工业用水、城镇公共、居民生活和生态用水六大类进行计算。水资源生态足迹及相应账户的计算模型如下：

$$\mathrm{EF}_{\omega} = N \times \mathrm{ef}_{\omega} = N \times \gamma_{\omega} \times [W / P_{\omega}] \tag{11-1}$$

式中，EF_{ω}——水资源总生态足迹，hm^2；

N——人口数；

ef_ω——人均水资源生态足迹，hm^2/人；

γ_ω——水资源的全球均衡因子；

W——人均消耗的水资源量，m^3；

P_ω——水资源全球平均生产能力，m^3/hm^2。

水资源生态足迹是水资源使用的生态生产面积的总和。

（1）农田灌溉 WEF：

$$EF_f = N \times ef_f = N \times \gamma_\omega \times (W_f / P_\omega) \tag{11-2}$$

式中，EF_f——农田灌溉用水生态足迹，hm^2；

ef_f——人均农田灌溉用水生态足迹，hm^2/人；

W_f——人均消耗的农田灌溉水资源量，m^3。

（2）林牧渔畜 WEF：

$$EF_l = N \times ef_l = N \times \gamma_\omega \times (W_l / P_\omega) \tag{11-3}$$

式中，EF_l——林牧渔畜用水生态足迹，hm^2；

ef_l——人均林牧渔畜用水生态足迹，hm^2/人；

W_l——人均消耗的林牧渔畜水资源量，m^3。

（3）工业用水 WEF：

$$EF_i = N \times ef_i = N \times \gamma_\omega \times (W_i / P_\omega) \tag{11-4}$$

式中，EF_i——工业用水生态足迹，hm^2；

ef_i——人均工业用水生态足迹，hm^2/人；

W_i——人均消耗的工业水资源量，m^3。

（4）城镇公共 WEF：

$$EF_u = N \times ef_u = N \times \gamma_\omega \times (W_u / P_\omega) \tag{11-5}$$

式中，EF_u——城镇公共用水生态足迹，hm^2；

ef_u——人均城镇公共用水生态足迹，hm^2/人；

W_u——人均消耗的城镇公共水资源量，m^3。

（5）居民生活 WEF：

$$EF_d = N \times ef_d = N \times \gamma_\omega \times (W_d / P_\omega) \tag{11-6}$$

式中，EF_d——居民生活用水生态足迹，hm^2；

ef_d——人均居民生活用水生态足迹，hm^2/人；

W_d——人均消耗的居民生活水资源量，m^3。

（6）生态用水 WEF：

$$EF_e = N \times ef_e = N \times \gamma_\omega \times (W_e / P_\omega) \qquad (11\text{-}7)$$

式中，EF_e——生态用水生态足迹，hm^2；

　　　　ef_e——人均生态用水生态足迹，hm^2/cap；

　　　　W_e——人均消耗的生态水资源量，m^3。

二、水资源生态承载力

　　研究水资源承载力过程中应该将生态环境和社会经济考虑进来，考虑生物生产的能力在不同土地及地区中各不相同，因而实际面积要转换成可比变量，产量因子就是这个过程中进行转换的有利参数，可以将生物生产性土地变成可比的面积。全球平均生态生产力的产量因子经过计算得到后，就可以进一步得出区域水资源生态承载力[7]。同时，根据世界生态环保相关组织的建议，生态承载力应减去 12%的面积用于生物多样性保护的生态弥补。在生态足迹模型中，水资源生态承载力模型如下[8]：

$$EC_\omega = N \times ec_\omega = (1 - 12\%) \times \psi \times \gamma_\omega \times (Q / P_\omega) \qquad (11\text{-}8)$$

式中，EC_ω——水资源生态承载力，hm^2；

　　　　ec_ω——人均水资源生态承载力，hm^2/cap；

　　　　ψ——研究区水资源的产量因子；

　　　　Q——水资源总量，m^3。

三、水资源生态赤字和生态盈余

　　生态盈亏通过承载力与生态足迹的差值计算得到，水资源生态足迹通过水资源生态盈亏来衡量水资源可持续利用情况。生态盈亏可以用来全面衡量一个国家或区域的生产消耗活动是否与该区域生态系统可承载的能力相符合，即是否是可持续发展状态。

$$Budget = EC_\omega - EF_\omega \qquad (11\text{-}9)$$

　　当某区域水资源的生态承载力小于生态足迹时，表明水资源处于生态赤字状态，水资源供给不足，与该区域的生态环境发展状况不符；当水资源的生态承载力大于生态足迹时，表明水资源处于生态盈余状态，水资源量既可以满足可持续的生态环境发展，又存在剩余量可以保障区域内对水资源的其他需求，因此，该区域水资源利用具有一定程度上的生态可持续性；如果生态承载力等于生态足迹，表明水资源处于生态平衡状态。

四、水资源生态承载力与降水量相关系数

该系数可以表示变量之间的相关程度，是统计分析指标，其计算公式如下：

$$r_{ER} = \frac{\sum (EC_\omega - \overline{EC_\omega})(RF - \overline{RF})}{\sqrt{\sum (EC_\omega - \overline{EC_\omega})^2} \sqrt{(RF - \overline{RF})^2}}$$　　　　　（11-10）

式中，r_{ER}——水资源生态承载力与降水量相关系数；

EC_ω——水资源生态承载力，hm^2；

$\overline{EC_\omega}$——水资源生态承载力均值，hm^2；

RF——各年份降水量值，mm；

$\overline{RF}$——各年份降水量均值，mm。

五、万元国内生产总值水资源生态足迹

万元国内生产总值水资源生态足迹是指研究区水资源生态足迹与其国内生产总值（gross domestic product，GDP）的比值，可以用来衡量该地区的水资源利用效率[9]，计算公式如下：

$$万元GDP水资源生态足迹 = \frac{EF}{GDP}$$　　　　　（11-11）

六、实例分析

本章从多尺度评价方法框架对黑龙江省水资源状况进行研究，逐步深入全面地进行扩展研究，多角度、全方位、动态地应用水资源生态足迹方法，主要分三个尺度对水资源进行评价。首先，从城市角度分别计算了黑龙江省各个城市的地表水、地下水及总体水资源的生态承载力。然后，分析各城市地表水、地下水及总体水资源生态承载力的空间分布差异。然而，城市的水资源相对固定，水资源在流域系统中是动态的，所以第二个尺度就是从二级分区的五大流域对黑龙江省水资源进行评价，主要是对各流域生态盈余情况进行分析，了解各流域的可持续发展状况。最后，从全省的角度，对全省水资源生态承载力进行计算，并计算其与降水量的相关系数。计算全省水资源生态盈亏状况，了解其可持续发展趋势，通过计算不同生态足迹账户所占百分比，了解水资源的具体使用情况，进一步了解黑龙江省水资源生态足迹与经济发展的关系，计算黑龙江省万元 GDP 水资源生态足迹，从而对黑龙江省水资源进行深入评价[10]。

　　本小节研究涉及的计算参数主要参照黄林楠等[11]的研究成果，世界水资源平均生产能力为 3140m³/hm²，水资源的全球均衡因子为 5.19；区域水资源产量因子为该区域水资源量平均生产能力与世界水资源平均生产能力的比值，即用区域单位面积产水模数与全球产水模数表示[12, 13]。

　　1. 基于生态足迹法对行政区水资源时空差异性研究

　　黑龙江省共有 13 个市（地区），各个地区的水资源分布不均，根据黑龙江各市（地区）2000～2011 年的产水模数，计算出平均产水模数，然后计算得到各市（地区）多年来的水资源产量因子（ψ），见表 11-1，从而根据生态足迹计算公式得到各市（地区）地表水、地下水及总体水资源的生态承载力，见表 11-2；并用 ArcGIS 绘制了 2009～2011 年黑龙江省各市（地区）水资源生态承载力的空间差异图，见图 11-1。

表 11-1　黑龙江省各市（地区）水资源平均产水模数和水资源产量因子

项目	哈尔滨	齐齐哈尔	牡丹江	佳木斯	绥化	黑河	大庆	大兴安岭	鸡西	双鸭山	伊春	七台河	鹤岗
平均产水模数/(10⁴m³/km²)	19.04	8.41	21.20	11.98	11.42	12.86	7.04	17.53	13.79	12.34	22.06	10.11	21.16
水资源产量因子	0.61	0.27	0.68	0.38	0.36	0.41	0.22	0.56	0.44	0.39	0.70	0.32	0.67

表 11-2　黑龙江省各市（地区）地表水、地下水、总体水资源生态承载力（单位：10⁴hm²）

地区	地表水生态承载力			地下水生态承载力			总体水资源生态承载力		
	2009 年	2010 年	2011 年	2009 年	2010 年	2011 年	2009 年	2010 年	2011 年
哈尔滨	1107.84	1189.33	657.55	389.36	368.28	340.77	1304.15	1374.88	803.41
齐齐哈尔	76.42	43.20	55.57	146.37	119.47	115.89	180.49	126.65	143.23
牡丹江	1051.58	1078.78	741.31	203.55	189.41	174.37	1064.05	1091.84	751.89
佳木斯	224.24	236.62	124.75	144.26	141.61	104.52	315.38	329.25	191.74
绥化	207.83	148.45	96.35	175.21	155.20	142.01	342.09	266.67	209.03
黑河	700.60	455.20	324.89	235.26	193.93	173.48	805.97	539.82	414.17
大庆	10.66	8.86	8.96	55.97	46.53	50.78	51.62	42.40	48.16
大兴安岭	1335.02	999.19	930.77	273.68	237.11	135.86	1343.33	1010.51	941.11
鸡西	236.99	251.39	113.34	81.34	71.10	52.93	264.64	278.33	133.25
双鸭山	153.50	195.76	117.59	65.46	58.09	35.57	179.03	221.74	131.72
伊春	1182.19	820.64	707.63	220.74	197.12	171.76	1205.41	840.19	726.87
七台河	37.14	39.61	14.29	16.06	14.48	7.91	43.89	45.61	17.64
鹤岗	399.95	336.12	246.75	116.65	109.93	104.08	476.06	406.18	311.95

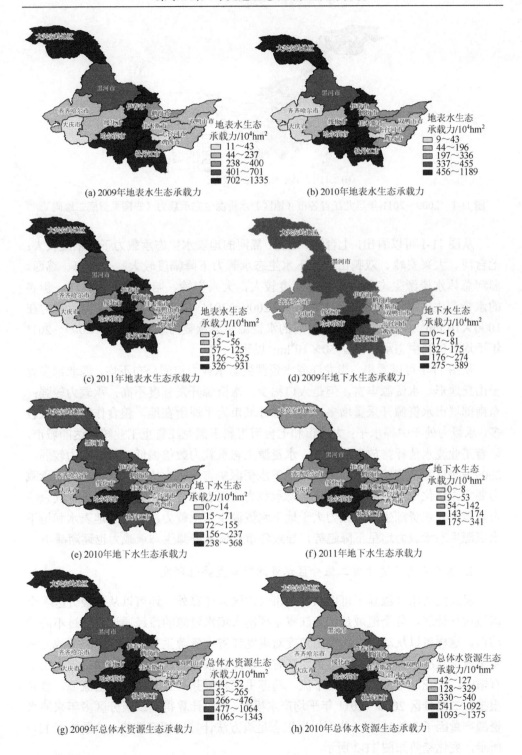

(a) 2009年地表水生态承载力　　　　(b) 2010年地表水生态承载力

(c) 2011年地表水生态承载力　　　　(d) 2009年地下水生态承载力

(e) 2010年地下水生态承载力　　　　(f) 2011年地下水生态承载力

(g) 2009年总体水资源生态承载力　　　　(h) 2010年总体水资源生态承载力

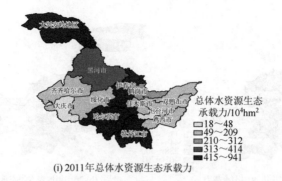

(i) 2011年总体水资源生态承载力

图 11-1　2009～2011 年黑龙江省各市（地区）水资源生态承载力（彩图见封底二维码）

从图 11-1 可以看出，七台河、绥化、黑河的地表水生态承载力下降幅度较大；七台河、大兴安岭、双鸭山的地下水生态承载力下降幅度较大；七台河、鸡西、黑河总体水资源生态承载力下降幅度较大，大兴安岭、哈尔滨、牡丹江、伊春的水资源生态承载力较强；大兴安岭 2009～2011 年平均水资源生态承载力在 $1000 \times 10^4 hm^2$ 以上；大庆、七台河的水资源生态承载力较弱，大庆 2009～2011 年平均水资源生态承载力在 $50 \times 10^4 hm^2$ 以下。

从图 11-1 可以看出，黑龙江省水资源生态承载力空间分布不均，西北部多处于山丘地形，水资源丰富，但是人口稀少，水资源开发程度不高，承载力较强；东南部城市水资源开采量增多，且大部分城市为平原所在地，粮食作物需水量较多，承载力处于中等水平；大庆市和七台河市属于黑龙江省重工业较发达的城市，随着工业废水达标排放率的增加，水资源生态承载力数值偏低，承载能力较弱。2009～2011年齐齐哈尔市和大庆市地下水资源生态承载力比地表水资源生态承载力要大，绥化市地下水资源逐年生态承载力比地表水资源生态承载力大，其余各市均是地表水资源生态承载力大于地下水资源生态承载力。各市的地表水和地下水资源生态承载力均呈下降趋势，导致各市总体水资源生态承载力也逐渐减小。

2. 基于生态足迹法对二级分区水资源时空差异性研究

黑龙江省水资源除了可以从各个市（地区）计算外，还可以从二级分区各个流域进行计算，各个流域是黑龙江省主要出入境水资源的流经通道，经过不同的城市，这样可以从动态、大范围角度对黑龙江省水资源生态足迹、生态承载力和生态盈余状况进行分析。根据黑龙江省水资源公报中的统计资料可知，省内主要有嫩江、松花江干流、黑龙江干流、乌苏里江和绥芬河五大二级分区流域。首先根据各二级分区 2000～2011 年平均产水模数，相应计算得到二级分区多年来的水资源产量因子（表 11-3），从而根据生态足迹方法计算出相应数值，结果如表 11-4 所示，变化趋势如图 11-2 所示。

从表 11-4 可以看出，嫩江流域水资源 2003 年之前生态承载力水平逐渐增加，到 2003 年生态承载力达到最高（$691.94 \times 10^4 hm^2$），之后波动下降；嫩江流域的水资源生态足迹变化较小，2000～2011 年总体在 $1000 \times 10^4 hm^2$ 上下浮动；由于生态足迹比生态承载力大，嫩江流域水资源处于生态赤字状态，并与生态承载力呈近似走势。

松花江干流水资源生态承载力和生态足迹水平都较高，处于 $1500 \times 10^4 hm^2$ 以上，2009 年生态承载力水平达到最高（$4231.35 \times 10^4 hm^2$），之后又逐渐降低；生态足迹在 $1823.94 \times 10^4 \sim 2655.16 \times 10^4 hm^2$ 波动，2000～2003 年呈下降趋势，达到最低值 $1823.94 \times 10^4 hm^2$，之后整体呈上升趋势；2000 年、2001 年、2007 年、2008 年、2011 年出现生态赤字，整体趋势与生态承载力相近。

黑龙江干流水资源生态承载力 2009 年达到最高值（$2060.07 \times 10^4 hm^2$），由于黑龙江干流流经多个城市，其生态承载力变化波动较大；生态足迹在 $267.43 \times 10^4 \sim 495.36 \times 10^4 hm^2$，2000～2003 年为下降趋势，2003～2011 年整体呈上升趋势，波动较平缓；由于生态承载力均大于生态足迹，黑龙江干流水资源处于生态盈余状态，整体趋势与生态承载力相近。

乌苏里江水资源生态承载力波动较小；生态足迹大于生态承载力，2003 年后逐渐呈上升状态，2010 年达到最高值（$1494.19 \times 10^4 hm^2$）；乌苏里江处于生态赤字状态，并且赤字状态逐渐严重，2011 年生态赤字达到 $-1110.56 \times 10^4 hm^2$。

绥芬河水资源生态承载力 2003 年达到最低值（$44.70 \times 10^4 hm^2$），随后有所上升；2004～2009 年变化趋势不大，2010 年增加到 $130.92 \times 10^4 hm^2$，随后又下降到 $83.35 \times 10^4 hm^2$；生态足迹在 2000～2010 年在 $27.60 \times 10^4 \sim 49.92 \times 10^4 hm^2$ 轻微波动，2011 年为 $13.06 \times 10^4 hm^2$，处于最低水平；绥芬河水资源处于生态盈余状态，由于 2003 年生态承载力较低，当年生态盈余值较低，为 $6.35 \times 10^4 hm^2$，整体变化趋势与生态承载力相近。

表 11-3　二级分区流域水资源产量因子

二级分区	嫩江	松花江	黑龙江	乌苏里江	绥芬河
产量因子	0.29	0.60	0.51	0.40	0.52

表 11-4　二级分区流域水资源生态承载力、生态足迹和生态盈余　　　（单位：$10^4 hm^2$）

年份	嫩江			松花江干流			黑龙江干流		
	生态承载力	生态足迹	生态盈余	生态承载力	生态足迹	生态盈余	生态承载力	生态足迹	生态盈余
2000	238.53	1058.00	−819.47	2498.23	2501.94	−3.71	1335.92	316.85	1019.06
2001	242.84	952.38	−709.54	2188.07	2351.70	−163.63	1472.86	306.28	1166.58
2002	262.45	774.37	−511.92	2939.30	2030.22	909.08	936.53	304.95	631.58
2003	691.94	986.60	−294.66	2958.32	1823.94	1134.39	1976.47	267.43	1709.04

年份	嫩江			松花江干流			黑龙江干流		
	生态承载力	生态足迹	生态盈余	生态承载力	生态足迹	生态盈余	生态承载力	生态足迹	生态盈余
2004	385.41	1027.59	−642.18	2306.23	1940.80	365.44	1611.28	270.41	1340.87
2005	433.16	1076.02	−642.86	3451.06	2011.21	1439.85	1243.34	289.91	953.43
2006	461.46	1065.11	−603.65	2682.72	2105.75	576.97	1581.53	312.39	1269.14
2007	268.65	1040.31	−771.66	1927.04	1985.59	−58.55	858.49	386.27	472.22
2008	295.01	1035.52	−740.51	1882.09	2145.42	−263.33	806.05	372.39	433.66
2009	538.02	1072.88	−534.85	4231.35	2316.49	1914.86	2060.07	399.99	1660.08
2010	391.06	1064.94	−673.88	3847.62	2337.32	1510.30	1515.36	437.68	1077.68
2011	349.01	1223.62	−874.61	2569.71	2655.16	−85.46	1373.75	495.36	878.39

年份	乌苏里江			绥芬河		
	生态承载力	生态足迹	生态盈余	生态承载力	生态足迹	生态盈余
2000	466.44	995.69	−529.25	126.24	32.40	93.84
2001	450.03	1111.06	−661.03	94.70	31.07	63.62
2002	518.74	1032.71	−513.97	137.58	27.60	109.98
2003	299.22	946.60	−647.37	44.70	38.35	6.35
2004	394.35	1006.26	−611.91	87.13	43.14	43.99
2005	388.18	1068.58	−680.40	89.33	41.98	47.34
2006	501.34	1197.67	−696.32	88.95	49.92	39.03
2007	465.33	1358.16	−892.83	88.04	45.62	42.42
2008	333.84	1322.79	−988.95	77.98	33.06	44.92
2009	515.19	1405.10	−889.91	82.67	32.73	49.94
2010	571.98	1494.19	−922.21	130.92	37.69	93.24
2011	326.28	1436.84	−1110.56	83.35	13.06	70.29

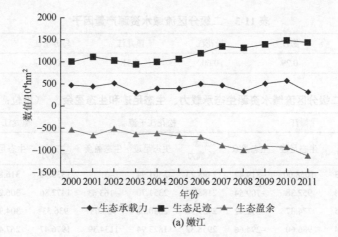

(a) 嫩江

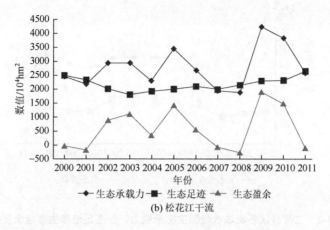

(b) 松花江干流

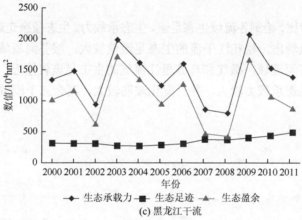

(c) 黑龙江干流

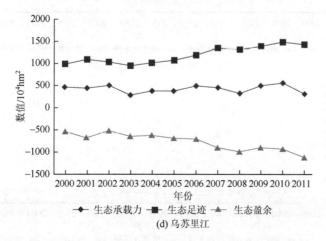

(d) 乌苏里江

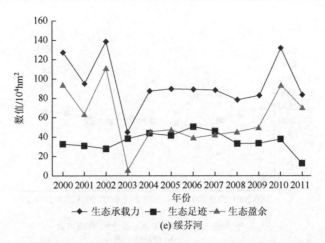

(e) 绥芬河

图 11-2 二级分区各流域水资源生态承载力、生态足迹和生态盈余变化图

为了横向对比,绘制各流域生态足迹、生态承载力、生态盈余走趋图,如图 11-3 所示。由图可以看出,松花江干流的生态足迹值较大,绥芬河流域最小,黑龙江干流仅大于绥芬河流域,嫩江和乌苏里江流域的生态足迹较接近;松花江干流和黑龙江干流的生态承载力较大,并且变化波动较大,其余三个流域的生态承载力

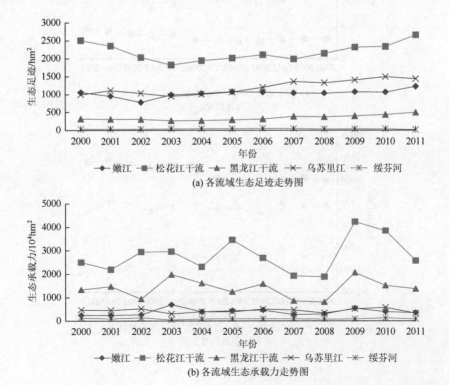

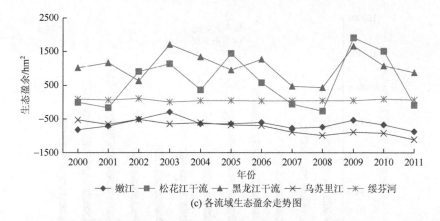

(c) 各流域生态盈余走势图

图 11-3   各流域生态足迹、生态承载力、生态盈余走势图

较小，变化浮动较小，并都在 $1000×10^4hm^2$ 以下；各流域的生态盈余状况差别较大，黑龙江干流生态盈余状态较好，松花江干流则有部分年份出现生态赤字，绥芬河流域各年均为生态盈余，处于中等水平，嫩江和乌苏里江流域生态盈余状况较差，均处于生态赤字，可见，黑龙江干流、松花江干流和绥芬河流域处于可持续发展状态，嫩江和乌苏里江流域处于不可持续发展状态。

3. 基于生态足迹法对全省水资源时空差异性研究

在了解各个行政区和二级分区的基础上，对整个黑龙江省水资源进行分析，根据 2000~2011 年黑龙江水资源指标数据，首先计算出黑龙江多年来的水资源产量因子为 0.48；然后按照本节的计算模型，计算出黑龙江省水资源生态足迹和生态承载力，如图 11-4 所示。由图可以看出，黑龙江省水资源生态足迹在 2000~2003 年逐渐减少，最低值为 $4062.91×10^4hm^2$，从 2003 年之后，生态足迹逐年增加，2011 年生态足迹达到最高值 $5824.04×10^4hm^2$；黑龙江省水资源生态承载力变化波动较大，2003 年生态承载力水平较高，随后呈现下降趋势，2009 年生态承载力水平达到最高值，为 $9909.03×10^4hm^2$，之后的两年呈现下降趋势。黑龙江省水资源生态承载力与各年份之间的降水量呈极显著的正比关系，如图 11-5 所示，通过计算，相关系数为 0.89。黑龙江省水资源生态承载力和生态足迹之间的关系，可以通过生态盈余（赤字）来计算，如图 11-6 所示。从图中可以看出，2000 年、2001 年、2007 年、2008 年、2011 年黑龙江省处于生态赤字状态，2003 年、2009 年的生态盈余情况较为突出。

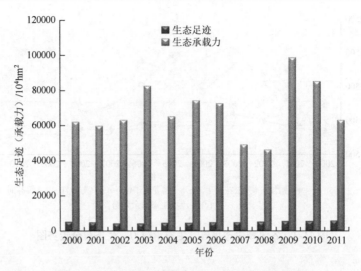

图 11-4 黑龙江省水资源生态足迹和生态承载力

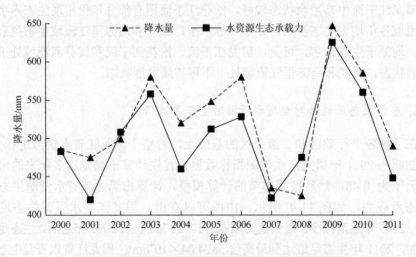

图 11-5 黑龙江省水资源生态承载力与降水量的关系

黑龙江省水资源生态足迹账户主要分为农田灌溉、林牧渔畜、工业用水、城镇公共、生活用水及生态用水六个部分。通过生态足迹模型计算各个账户的水资源生态足迹值，并将各账户所占比例绘制成图，如图 11-7 所示。由图可以看出，农田灌溉账户占主要部分，所占百分比呈逐年上升趋势，2011 年在 70% 以上；林牧渔畜账户所占比例较小，均在 7%以下；工业用水账户 2000~2011 年所占百分比逐渐下降，从 32%下降到 15%以下；城镇公共账户和生态用水账户所占比例都较小，都在 1%左右；生活用水账户各年所占比例较均匀，均在 5%左右。

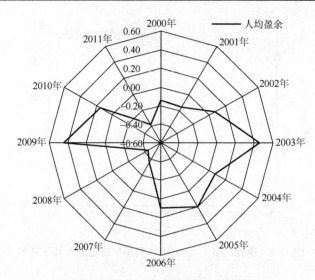

图 11-6 黑龙江省水资源生态盈余情况

图中数值表示水资源生态承载力，单位为 10^4hm^2

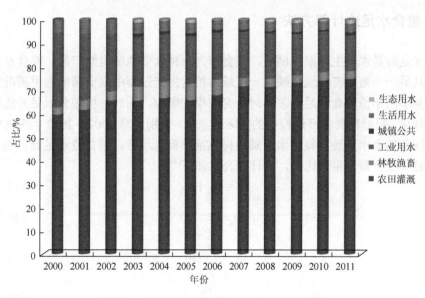

图 11-7 各账户水资源生态足迹所占百分比

4. 黑龙江省万元 GDP 水资源生态足迹

如图 11-8 所示，黑龙江省万元 GDP 水资源生态足迹大致呈下降趋势，从 2000 年的 $1.56 \times 10^4hm^2$ 下降到 2011 年的 $0.46 \times 10^4hm^2$，年均降低 10.51%，说明黑龙江省的水资源利用率在逐年提高。

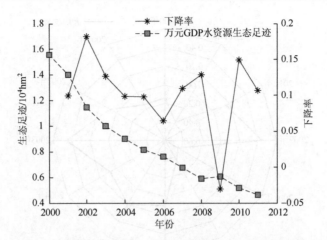

图 11-8　黑龙江省万元 GDP 水资源生态足迹及其下降率

第二节　粮食水足迹

一、粮食水足迹计算方法

水足迹是水分生产率的倒数，粮食作为一种水资源密集型产品，粮食水足迹能够从另一个角度有效地反映某一区域内粮食生产过程中水资源的利用情况。为了避免不同年份粮食水足迹差异对研究结果的影响，同时分析粮食水足迹的时序变化规律，根据粮食生产过程中的实际用水量，分别计算 2007～2012 年黑龙江省各地区的粮食水足迹。粮食水足迹指标包括粮食水足迹、粮食蓝水足迹、粮食绿水足迹和粮食蓝水足迹比例，其计算公式如下[14]：

$$w_{\text{f}} = w_{\text{fb}} + w_{\text{fg}} \tag{11-12}$$

$$w_{\text{fb}} = \frac{I_{\text{g}}}{y} \cdot 10 \tag{11-13}$$

$$w_{\text{fg}} = \frac{P_{\text{e}}}{y} \cdot 10 \tag{11-14}$$

$$r_{\text{b}} = \frac{w_{\text{fb}}}{w_{\text{f}}} \tag{11-15}$$

式中，w_{f}——单位产量的粮食水足迹，m^3/kg；

　　　w_{fb}——单位产量的粮食蓝水足迹，m^3/kg；

　　　w_{fg}——单位产量的粮食绿水足迹，m^3/kg；

　　　I_{g}——粮食作物生育期内单位面积的毛灌溉水量，mm；

　　　P_{e}——粮食作物生育期内的有效降水量，mm；

r_b——粮食蓝水足迹比例；

y——单位面积粮食产量，t。

二、粮食水足迹分析

1. 空间分布分析

分别对黑龙江省 13 个地区 2007~2012 年的粮食蓝水足迹、粮食绿水足迹、粮食水足迹和粮食蓝水足迹比例进行计算，得到黑龙江省各地区的粮食水足迹空间分布状况。黑龙江省各地区粮食蓝水足迹空间分布如图 11-9 所示，黑龙江省各地区粮食蓝水足迹的空间分布差异显著，大体上呈北部低，南部高，东部高，西部低的趋势。其中，鹤岗的粮食蓝水足迹最高，最高为全省粮食蓝水足迹平均值的 3.57倍，鸡西、佳木斯、哈尔滨的粮食蓝水足迹也较高；大兴安岭的粮食蓝水足迹最低，最低值仅为全省粮食蓝水足迹平均值的 2%，黑河的粮食蓝水足迹水平也较低，仅高于大兴安岭的粮食蓝水足迹。粮食蓝水足迹反映了粮食生产过程中消耗的灌溉水资源，在灌水比例一定的情况下，粮食蓝水足迹越低，灌溉水资源的利用效率越高。

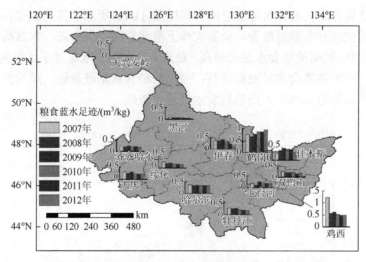

图 11-9　黑龙江省各地区粮食蓝水足迹空间分布图（彩图见封底二维码）

黑龙江省各地区粮食绿水足迹空间分布状况如图 11-10 所示，黑龙江省各地区的粮食绿水足迹的空间分布也具有一定的差异性，大体上呈北部高，南部低，东部高，西部低的趋势。其中，大兴安岭的粮食绿水足迹最高，最高值为全省粮食绿水足迹平均值的 2.33 倍，其次，黑河的粮食绿水足迹也较高；大庆的粮食绿水足迹最低，最低仅为全省粮食绿水足迹平均值的 44%，哈尔滨、绥化、鸡西、双鸭山的粮食绿水足迹均较低。粮食绿水足迹能够反映粮食生产过程中粮食作物对降水资源的依赖情况，粮食绿水足迹越高，粮食作物对降水资源的依赖性越高。

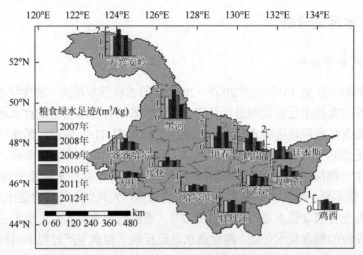

图 11-10　黑龙江省各地区粮食绿水足迹空间分布图（彩图见封底二维码）

黑龙江省各地区粮食水足迹空间分布如图 11-11 所示，黑龙江省各地区的粮食水足迹的空间分布差异显著，全省大体上呈北部高，南部低，东部高，西部低的趋势。其中，鹤岗的粮食水足迹最高，最高为全省粮食水足迹平均值的 1.99 倍，大兴安岭、黑河的粮食水足迹均较高；绥化的粮食水足迹最低，最低仅为全省粮食水足迹平均值的 54%，大庆的粮食水足迹也较低。

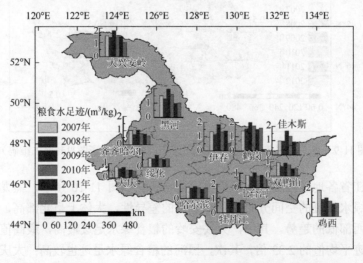

图 11-11　黑龙江省各地区粮食水足迹空间分布图（彩图见封底二维码）

　　蓝水足迹、绿水足迹的大小不足以表示粮食生产用水的组成状况，而粮食的蓝水足迹比例可以反映不同区域水足迹的构成。黑龙江省各地区粮食蓝水足迹比例分布如图 11-12 所示，黑龙江省各地区的粮食蓝水足迹比例的空间分布差异显著，大体上呈北部低，南部高，东部高，西部低的趋势。黑龙江省绝大多数地区的 6 年平均蓝水足迹比例均在 50% 以下，这说明了黑龙江省与中国南方省（区市）相比，其灌溉系统并不发达，粮食作物的生产更加依赖于对降水资源的利用。

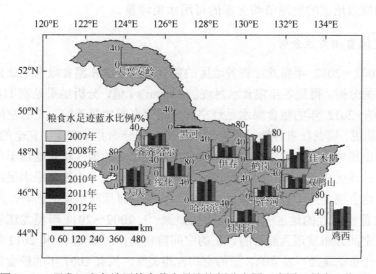

图 11-12　黑龙江省各地区粮食蓝水足迹比例分布图（彩图见封底二维码）

　　在黑龙江省各地区中，仅地处三江平原的鸡西和鹤岗两地的粮食蓝水足迹比例略高于 50%，这主要是由于这两地水田面积比例较高，而水稻生产的耗水量明显大于其他粮食作物。这两地在粮食蓝水足迹比例高的同时，灌溉水资源的供给压力也较大，水资源风险也相对较大，因此，这两地应适当减少水田面积或采用先进的节水灌溉技术，减少粮食灌溉水引用量，这样能够缓解该地区的水资源压力。而同处于三江平原的佳木斯、七台河、双鸭山等地区的蓝水足迹比例相对较低。处于松嫩平原的哈尔滨、大庆、齐齐哈尔、绥化等地区的粮食水足迹均较低，粮食蓝水足迹比例处于全省中等水平，灌溉水资源和降水资源的利用效率均较高，结合这些地区较高的粮食作物单位面积产量水平，较为适合进行粮食作物的生产活动。粮食蓝水足迹比例最低的大兴安岭和黑河，其粮食蓝水足迹比例均不足 5%，粮食生产用水几乎完全依赖于降水资源，且两地的粮食单位面积产量均不高，不适宜进行灌溉农业的生产，两地应控制本地区水田的面积，以满足水资源可持续发展的需要。同时通过适当的用水策略，缓解可用水资源短缺的情况，促进区域经济发展。牡丹江和伊春的粮食绿水足迹均处于中等水平，而粮食蓝水足迹较低，蓝水足迹比例较低。由于耕地规模大、现代化程度高、综合生产能力强，黑龙江省农垦总局仅用了全省 19.94%的粮食作物种植面积就生产出了全省 35.40%的粮食作物产量，但同时也消耗了全省 30.53%的粮食作物灌溉用水量，粮食作物的生产比较依赖于灌溉水资源，水资源消耗量较大。这势必会增加周边地区的水资源压力，不利于周边地区的发展。黑龙江省农垦总局应在保证粮食作物产量不减少的情况下，采用科学合理的措施，尽量减少灌溉水资源的消耗量，为周边地区的发展节约更多的可用水资源量。

2. 空间自相关性分析

对 2007～2012 年黑龙江省各地区的粮食蓝水足迹和粮食绿水足迹分别进行空间自相关分析，得到各年粮食水足迹的 Moran's I 值，分析结果见表 11-5。黑龙江省 2007～2012 年的粮食绿水足迹空间分布存在着极显著的、正的空间自相关性，也就是说，黑龙江省各地区粮食绿水足迹空间分布并非表现出完全的随机性，而是表现出相似值之间的空间集聚，粮食绿水足迹高的地区相对地趋于与粮食绿水足迹高的地区相邻，粮食绿水足迹低的地区相对地趋于与粮食绿水足迹低的地区相邻。这主要是由于粮食绿水足迹受粮食作物生育期降水量的影响，而降水量在地理位置相邻近的地区空间上呈相似集聚[15]。2009～2011 年黑龙江省的粮食蓝水足迹空间分布呈现为显著的、正的空间自相关；而 2008 年和 2012 年的蓝水足迹空间分布呈现为不显著的、正的空间自相关性，只有 2007 年的粮食蓝水足迹空间分布表现为不显著的、负的空间自相关性，Moran's I 值只有–0.020。

表 11-5　黑龙江省粮食蓝水足迹和绿水足迹 Moran's I 值

参数	粮食蓝水足迹						粮食绿水足迹					
	2007年	2008年	2009年	2010年	2011年	2012年	2007年	2008年	2009年	2010年	2011年	2012年
Moran's I 值	–0.020	0.234	0.285	0.267	0.238	0.073	0.462	0.480	0.526	0.525	0.358	0.369
Z 值	0.439	1.771	2.062	2.155	2.029	1.096	3.124	3.215	3.333	3.465	2.952	2.541
P 值	0.660	0.766	0.039	0.031	0.042	0.273	0.002	0.001	0.001	0.001	0.010	0.011

黑龙江省 2007～2012 年粮食蓝水足迹的空间分布整体上也呈现为正的空间自相关性，表现为相似值之间的空间集聚，粮食蓝水足迹高的地区相对地趋于与粮食蓝水足迹高的地区相邻，粮食蓝水足迹低的地区相对地趋于与粮食蓝水足迹低的地区相邻。这主要是由于黑龙江省各相邻地区的区域灌溉特征、粮食作物生产管理方式和粮食生产投入状况等社会经济条件在地理空间上呈现出一定的相似性[16]。黑

龙江省各地区的粮食蓝水足迹虽然差异明显，但在相邻区域是具有一定的相似性的，黑龙江省各地区应根据自身实际情况，借鉴其相邻地区的粮食作物种植策略和灌溉管理的成功经验，因地制宜地发展符合地区特点的粮食作物生产方式。

3. 时序变化分析

进一步计算得到黑龙江省粮食水足迹平均值，如表 11-6 所示。2007～2012 年黑龙江省粮食蓝水足迹整体上呈现逐年下降的趋势。粮食蓝水足迹在 2008～2009 年呈现出了异常的上升趋势，这主要是由于虽然 2009 年相比 2008 年粮食播种面积激增，但是 2009 年春旱、夏涝、伏旱、寡照和低温等多重自然灾害导致粮食作物的单位面积产量显著降低[17]，最终导致黑龙江省 2008～2009 年的粮食蓝水足迹异常增多，同时也使得 2007～2012 年分成了 2007～2008 年和 2009～2012 年两个不同的时期。

表 11-6　黑龙江省粮食水足迹平均值

年份	粮食蓝水足迹/(m^3/kg)	粮食绿水足迹/(m^3/kg)	粮食水足迹/(m^3/kg)	粮食蓝水足迹比例/%
2007	0.39	0.76	1.15	33.91
2008	0.32	0.69	1.01	31.68
2009	0.34	0.98	1.32	25.76
2010	0.31	0.73	1.04	29.81
2011	0.30	0.61	0.91	32.97
2012	0.28	0.55	0.83	33.73

黑龙江省的粮食绿水足迹在 2007～2008 年和 2009～2012 年两个不同的时期分别呈逐年下降趋势，而在 2009 年有显著的增加。一方面，2009 年粮食作物单位面积产量的显著降低同样也影响到了 2009 年的粮食绿水足迹，导致了 2009 年的粮食绿水足迹增多；另一方面，粮食绿水足迹主要来源于作物生育期的有效降水，由于 2009 年是一个典型的丰水年，降水量异常丰富也是 2009 年的粮食绿水足迹较 2008 年增加较多的一个主要原因。2007～2012 年黑龙江省各地区生育期平均降水量分别为 271.66mm、296.16mm、355.74mm、324.62mm、300.33mm和 338.50mm。2008 年的生育期平均降水量高于 2007 年，2008 年的粮食绿水足迹却较 2007 年减少了。同样，2012 年的降水量高于 2010 年和 2011 年，粮食绿水足迹在 2009～2012 年却呈逐年下降的趋势，这都表明了黑龙江省的粮食绿水足迹在整体上是呈现逐年下降的趋势的。

黑龙江省粮食水足迹在 2007～2008 年呈现减少的趋势，2009～2012 年的粮食水足迹同样呈现逐年减少的趋势，而 2009 年的粮食水足迹由于粮食蓝水足迹和粮食绿水足迹均异常增多而较 2008 年呈增加趋势。在 2007～2008 年和 2009～2012 年两个时期内，粮食作物灌溉用水量的逐年增加虽然消耗了更多的水资源量，但同时也生产了更多的粮食，且生产单位质量的粮食消耗的水资源量减少了，获得的粮食作物增产的增益高于水资源消耗的增加。节约水资源并不仅要节约水资源的用量，更要提高水资源的利用效率，粮食水足迹正体现了这一水资源评价要求。

黑龙江省 2007～2012 年粮食蓝水足迹比例呈平稳趋势，6 年的均值为 31.31%，说明黑龙江省粮食生产用水结构 6 年间基本保持不变。灌溉水量虽然逐年增加，但并没有明显地影响到粮食作物的生产用水结构。仅在 2009 年由于生育期降水量较为充沛，粮食蓝水足迹比例相比其他年份较低。

参 考 文 献

[1] Hoekstra A Y，Hung P Q. Virtual Water Trade：A Quantification of Virtual Water Flows between Nations in Relation to International Crop Trade[R]. Delft：UNESCO-IHE，Value of the Water Research Report Series No. 1，2002.

[2] Hoekstra A Y，Chapagain A K. The water footprint of cotton consumption[J]. UNESCO-IHE Institute for Water Education，2005，47（6）：765-766.

[3] Hoekstra A Y，Chapagain A K. The water footprints of Morocco and the Netherlands：global water use as a result of domestic consumption of agricultural commodities[J]. Ecological Economics，2007，64（1）：143-151.

[4] 孙世坤，王玉宝，吴普特，等. 小麦生产水足迹区域差异及归因分析[J]. 农业工程学报，2015，31（13）：142-148.

[5] 诸大建，田园宏. 虚拟水与水足迹对比研究[J]. 同济大学学报（社会科学版）2012，23（4）：43-49.

[6] Hoekstra A Y，Chapagain A K，Aldaya M M，et al. The Water Footprint Assessment Manual：Setting the Global Standard[M]. London：Earthscan，2011.

[7] Yue D X，Xu X F，Li Z Z，et al. Spatiotemporal analysis of ecological footprint and biological capacity of Gansu，China 1991-2015：down from the environmental cliff[J]. Ecological Economics，2006，58：393-406.

[8] Wang S，Yang F L，Xu L，et al. Multi-scale analysis of the water resources carrying capacity of the Liaohe Basin based on ecological footprints[J]. Journal of Cleaner Production，2013，53：158-166.

[9] 谭秀娟，郑钦玉. 我国水资源生态足迹分析与预测[J]. 生态学报，2009，29（7）：3559-3568.

[10] 刘烨. 黑龙江省粮食作物水分生产率时空分布规律及影响因素分析[D]. 哈尔滨：东北农业大学，2017.

[11] 黄林楠，张伟新，姜翠玲，等. 水资源生态足迹计算方法[J]. 生态学报，2008，28（3）：1279-1286.

[12] 郑永丹. 中国主要粮食作物生育期时空格局及其变化[D]. 武汉：华中师范大学，2015.

[13] 傅蒙蒙，王燕平，任海祥，等. 东北大豆种质资源生育期性状的生态特征分析[J]. 大豆科学，2016，35（4）：541-549.

[14] 操信春，吴普特，王玉宝，等. 中国灌区粮食生产水足迹及用水评价[J]. 自然资源学报，2014，29（11）：1826-1835.

[15] 孙才志，陈丽新，刘玉玉. 中国农作物绿水占用指数估算及时空差异分析[J]. 水科学进展，2010，21（5）：637-643.

[16] 操信春. 中国粮食生产用水效率及其时空差异研究[D]. 杨凌：西北农林科技大学，2015.

[17] 马德全. 强基础 调结构 上科技 提标准 实现垦区农业连续大丰收[J]. 农场经济管理，2009，（8）：13-14.